유공압과 센서기술

工學博士　曺 秉 崎
工學博士　姜 馨 善
共著

普 文 堂

머리말

유·공압 시스템은 산업현장의 생산자동화를 위한 발전에 크게 기여하고 있는바 기계공학을 공부하는 학생들을 대상으로 유·공압 시스템을 좀더 효율적인 방법으로 가르치고 배울 수 있도록 이론적인 부분은 과감히 생략하고 실습을 위주로 집필하였다.

또한 유·공압 시스템에서 자주 사용되고 있는 센서기술을 부가함으로서 기계공학도들이 생산자동화 관련 산업현장에 적응하기 쉽도록 배려하였다.

본서의 주요구성은 1장~5장까지는 유압에 관한 이론지식을, 6장에서는 유압실습, 순수공압실습, 전기공압실습을 위한 실습과제를 중심으로 구성하였으며 7장~14장은 센서기술로 구성하였다.

모든 이론은 이해하기 쉽도록 다양한 그림을 삽입하였으며, 실습과제는 회로도를 중심으로 과제를 제시함으로서 자연스럽게 유·공압 관련 기호에 익숙하도록 하였다

실습과제는 초급부터 고급까지를 산업현장에서 필수적인 과제로 구성하였으며, 관련지식을 별도 정리하여 제시함으로서 이해하기 쉽도록 하였다.

본서에서 부족한 부분은 시간을 두고 보완하도록 할 것이며 끝으로 본서가 출판되도록 협조하여 주신 보문당 관계자 분께 감사드린다.

2006년 2월
저자 씀

차 례

6.2 순수 공압제어 실습과제 · 84

6.3 전기 공압제어 실습과제 · 106

제 1 장 유압의 개요

1.1 서 론

1. 유압의 정의

유압(hydraulics)이란 동력을 이용한 유압 펌프에 의하여 기계적 에너지를 유체의 압력에너지로 변화시켜 유압유에 저장하게 하며 이를 제어밸브에 의해서 압력(힘의 제어), 유량(속도의 제어), 방향전환(방향의 제어)의 3가지 기본제어 요소를 목적에 따라 조합하여 유압실린더나 유압모터 등의 작동기(actuator)를 통하여 다시 기계적 에너지로 전환하는 장치 또는 방식을 의미한다.

2. 유압의 역사적 배경

과학의 발전에 따라 자연의 에너지를 동력으로 사용하면서 동력을 유효하게 전달하고 경제적으로 활용하기 위한 유체동력기술은 1653년에 파스칼의 법칙이 발견되면서 개발이 시작되었다. 1850년 영국에서 산업 혁명이 일어날 무렵에 영국에서 유체동력 회사가 생겼다. 이 회사에서는 7000마력 상당의 펌프 시설을 갖추고 유압동력을 각 사용자에게 공급해 주었고 공급선은 120km 정도이고 이 동력을 이용해서 기계를 동작시키고 있는 예로서 콜리세움 극장의 회전무대, Tower Bridge의 개폐, 영국기계학회 건물 정문의 개폐 등등이었다.

1900년대에 와서는 전기가 동력화 됨으로서 유체동력의 이용이 쇠퇴하였으며 전력은 장거리 동력 전달에 있어서 유체동력 보다 우수하지만 장거리 수송이 없는 단일체 내의 동력전달에 있어서는 유체동력이 출력 대 중량의 비가 전력보다 우수하므로 1900년 후반부터 이용이 급속적으로 증가하였다.

1.2 유압의 용도

유압은 앞으로 응용범위가 대단히 넓어지겠으나 주된 용도를 알아보면 직선 운동이나 회전운동 그리고 큰 힘이 필요한 곳이나 속도를 바꾸는 경우 등에 주로 사용한다.

유압설비는 이동식과 고정식으로 크게 나눌 수 있다.

1. 이동식 유압(mobile hydraulics)

이동식 유압장비는 바퀴나 체인을 이용하여 이동이 가능한 장비이고 이동식 유압장비에서 밸브는 주로 수동으로 작동된다.

① 건설기계 : 굴삭기, 트럭, 크레인, 불도저, 로더
② 운반기계 : 자동차의 파워핸들, 토크컨버터, 청소차, 콘크리트믹서트럭, 포크 리프트
③ 선박 갑판기계 : 윈치, 조타기
④ 비행기 : 각종 비행기의 조종장치, 착륙바퀴 구동장치 등
⑤ 하역기계 : 상하역 크레인, 승강기의 콘베어장치 등
⑥ 농기계

2. 고정식 유압(stationary hydraulics)

고정식 유압장비는 한 장소에 견고하게 설치되어 가동되는 장비를 의미하며, 주로 전기신호, 즉 솔레노이드 밸브에 의하여 작동된다.

① 공작기계 : 자동조정선반, 다축드릴, 트랜스퍼머신
② 철강기계 : 시어링, 권선기
③ 금속기계 : 주조기
④ 합성수지기계 : 사출, 압출기
⑤ 목공기계 : 핫프레스, 목재 이송차
⑥ 제본・인쇄기계 : 제단기, 옵셋인쇄, 윤전기
⑦ 기타 : 소각로, 레저시설, 로켓트, 로봇

『그림 1-1 자동차 리프터

『그림 1-2 굴삭기

『그림 1-3 프레스금형

『그림 1-4 덤프실린더

1.3 유압의 특징

1. 유압의 장점

① system의 크기에 비해 큰 힘을 발생

② 정확한 위치제어가 가능

③ 큰 부하 상태에서의 시동 가능

④ 부하와 무관한 정밀한 운동

⑤ 정숙한 작동과 반전

⑥ 뛰어난 제어(힘, 방향, 속도) 및 조절성

⑦ 뛰어난 열방출성

2. 유압의 단점

① 폐유에 의한 주변 환경의 오염
② 이물질에 민감함
③ 고압사용으로 인한 위험성
④ 온도변화에 따른 작업조건의 변화
⑤ 낮은 효율

3. 유압장치의 구성

유압 시스템은 1) 동력공급(power supply), 2) 제어(control), 그리고 3) 출력(output) 부분으로 나누어질 수 있다. 동력공급 부분은 시스템에 유량을 공급하며, 가장 중요한 부품은 원동기(prime mover)와 펌프(pump)이다. 원동기는 펌프를 구동하는데 필요한 기계적인 동력을 제공하는 장치이다. 산업 시스템에서는 이 장치로서 일반적으로 전동기가 사용되며, 굴삭기나 농기계와 같은 차량의 경우에 원동기는 자동차의 엔진이다. 펌프는 원동기로부터 기계적 동력을 얻어서 이를 압력을 지닌 유체의 유동으로 변환시키는 역할을 한다.

유압 시스템의 출력 장치로는 액추에이터(actuator)와 부하(load)가 포함된다. 액추에이터는 유체의 동력을 기계적 동력으로 변환시켜 부하를 움직이는 역할을 한다. 액추에이터는 직선운동을 하는 실린더(선형 액추에이터)일 수도 있고, 또는 회전운동을 생성하는 유압 모터(회전 액추에이터)일 수도 있다.

제어장치는 유압 시스템의 중간에 위치하고 있으며 부품으로는 방향제어 밸브, 압력제어 밸브, 그리고 유량제어 밸브가 포함된다. 예를 들면 실린더가 전진하거나 후퇴하는 것과 같이 유체 흐름의 방향제어에 의해 액추에이터의 운동 방향을 조절할 수 있다. 파스칼의 법칙에서 서술했던 바와 같이, 유체의 압력을 제어하는 것은 출력의 힘을 조절하는 것이 된다. 또 유량을 제어하는 것은 액추에이터의 운동속도를 조절하는 것이다.

1) 압력원부

필요량의 오일을 모아두는 탱크, 탱크로부터 오일을 퍼내서 회로 내로 보내는 유압 펌프와 동력원을 보호하기 위한 안전밸브 등으로 구성되고 있으나 이 부분도 장치 고유의 필요성에 맞추어 여러 종류의 기기가 사용된다.

① 펌프 : 기어, 베인, 피스톤 펌프

② 전동기, 탱크, 릴리프 밸브, Shut-off 밸브, 압력게이지, Heat-exchange, 온도계

③ 휠터 : 흡입라인, 압력라인, 복귀라인

2) 제어부

오일의 압력을 조절하는 압력제어밸브, 오일의 흐르는 방향을 전환하고 작동기의 작동방향을 전환하는 방향전환밸브, 작동속도를 조정하는 유량조절밸브 등이 구성요소로 되어 있다.

① 압력제어 밸브 : 릴리프 밸브, 감압 밸브, 시퀀스 밸브, 무부하 밸브, 카운터 밸런스 밸브

② 방향제어 밸브 : 2/2, 3/2, 4/2, 4/3, 5/2-way 밸브

③ 유량제어 밸브 : 오리피스, 스로틀(작동속도를 조절)

▼표 1-1 유압장치의 구성

유압장치구성요소	구분	구성
	압력원	· 유압 펌프 · 엔진 또는 전동기 · 기름탱크 · 여과기 · 공기청정기 · 압력계
	제어부	· 압력제어밸브 · 유량제어밸브 · 방향제어밸브
	작동부	· 유압실린더 · 유압모터 · 요동모터
	배관 · 부속품	· 배관 · 축압기 · 증압기 · 각종 게이지

3) 작동부

- 직선운동 : cylinder(직선적으로 누르거나 끌거나 한다.)
- 회전운동 : motor(중량물을 와이어로프로 말아 올린다.)
- 요동운동 : 요동 motor(일정각을 회전)

『표 1-2 유압장치 내의 동력과 압력유

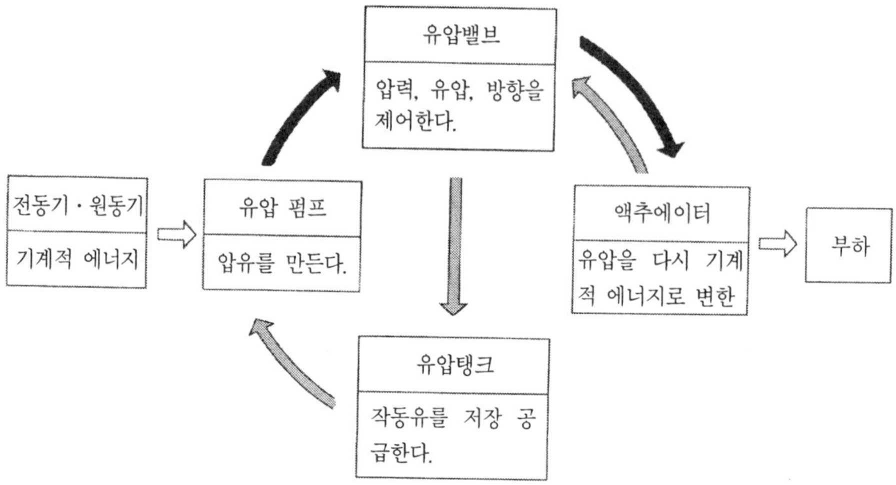

1.4 중요한 물리량과 단위

1. 물리량

물리량이란 물체의 특성, 즉 측정할 수 있는 상태나 과정이다. 예를 들면 속도(속력), 압력, 시간, 온도는 물리량이고 색은 물리량이 아니다.

- 길이 : Meter(m)
- 질량 : Kilogram(kg)
- 시간 : Second(s)
- 온도 : Kelvin(K) 혹은 Celsius(℃)

유압에서 중요한 물리량 즉 힘, 면적, 유량, 량, 압력, 속도 등은 위의 기본단위에서 유도할 수 있다. SI는 kg을 질량의 단위로써 정의한다.

2. 질량

질량은 일반적으로 무게라는 용어와 같이 사용한다. 지구상에서 1kg의 무게를 갖고 있는 정육면체 강재는 1kg의 질량을 가진다.

3. 힘

질량은 중력 가속도에 관계없이 자체적인 성질을 갖고 있는 질량단위를 설명하는데 있어서, 힘의 단위는 중력 가속도와 관련되어 결정된다.

Newton(1643-1729)법칙에서 힘 = 질량 × 가속도($F = m \times a$), 힘 = kg × m/s²

이것을 간단하게 Newton[N]이라 한다.

$$1\,\text{N} = 1\,\text{kg} \cdot \text{m/s}^2$$

4. 압력

압력이란 "물체의 단위면적에 가해지는 힘의 크기"이며 그 단위로는 지금까지 미터법 공학 단위인 [kg_f/cm^2]나 [kg_f/m^2]가 주로 사용되었으나 앞으로는 SI단위인 [N/m^2], 즉 Pa (Pascal이라고 읽는다)을 써야 할 것이다.

$$1\,\text{Pa} = 10^{-5}\,\text{bar}$$
$$1\,\text{bar} = 10^5\,\text{Pa} = 100\,\text{kPa}(=10\,\text{N/cm}^2) = 14.5\,\text{psi}(\text{lb/in}^2)$$

압력의 값은 일반적으로 대기압과 비교를 한다.

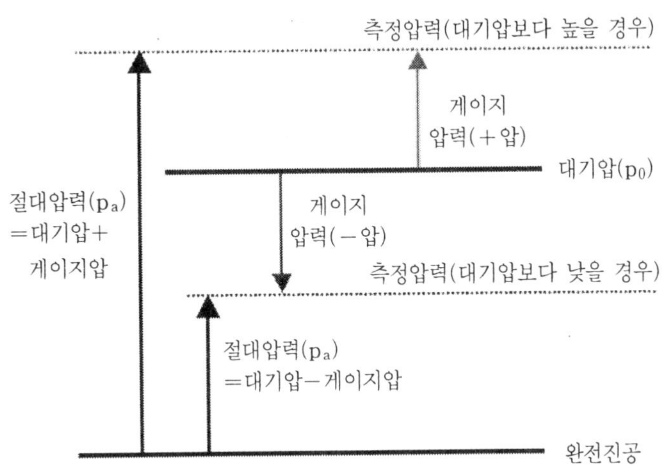

그림 1-5 압력계 읽음의 단위와 압력 사이의 관계

1) 대기압(atomospheric pressure)

지구를 둘러싼 공기를 대기라 하고 그 대기에 의하여 누르는 압력을 대기압이라 한다.
※표준대기압

$$1\,\text{atm} = 760\,\text{mmHg}(\text{수은주 높이}) = 10332\,\text{kg}_f/\text{m}^2 = 1.0332\,\text{kg}_f/\text{cm}^2$$
$$= 10.332\,\text{mAq}(\text{물의 높이}) = 101325\,\text{N/m}^2 = 1.01325\,\text{bar}$$

2) 게이지 압력(gauge pressure)

게이지에 의하여 측정된 압력이며 국소 대기압을 기준으로 하여 측정한 압력이다.

3) 절대 압력(absolute pressure)

완전진공을 기준으로 하여 측정한 압력이다.

5. 동력

일이란 소비된 에너지의 양으로 정의되고, 가해진 힘과 힘 때문에 이동한 거리와의 곱으로 계산된다($W=F \cdot S$). 만약 어떤 물체를 40m 이동하는데 300N의 힘이 필요했다고 하자. 이 경우 한 일은 $W=300\text{N} \cdot 40\text{m} = 1200\text{N} \cdot \text{m}\,[\text{J}]$이다. 그러나 일이라는 개념만으로는 알 수 없는 것이 물체를 얼마나 빨리 이동하였는가 이다. 이 일은 10초 아니면 5초만에 행해졌는가? 즉 동력(power)은 에너지가 얼마나 빨리 소모되었는가를 고려하는 것이다. 한 일을 일이 행해진 시간으로 나눔으로써 동력에 대한 식을 구하게 된다.

$$P = \frac{W}{t} = \frac{F \cdot S}{t} \tag{1.1}$$

만약 일이 $N \cdot m$이고 시간이 초(s)라고 하면, 동력은 $N \cdot \text{m/s}$로 될 것이다. 일반적으로 동력의 기호로는 대문자로 P를 사용하는 반면, 소문자 p는 압력의 기호로 사용된다. 위 식에서 s/t를 속도 v로 바꾸어 넣으면 다음과 같이 된다.

$$P = F \cdot v \tag{1.2}$$

만약 힘이 N이고 속도가 m/s라면, 동력의 단위는 $N \cdot \text{m/s}$가 된다. 동력은 마력(horse power; hp)으로도 표현한다. 이 두 가지 단위 사이에서 변환 관계는 다음과 같다.

$$1\,\text{hp} = 735\,\frac{N \cdot m}{s}$$

단위간의 변환 관계를 방정식에 적용했기 때문에 위 식에서 힘은 N, 속도는 m/s로 단위 사용을 제한한다. 다른 어떤 단위로도 사용하면 안 된다. 단위간의 변환 관계를 미리 고려하여 만들어진 이러한 방정식은 편리함 때문에 산업현장에서 많이 사용된다.

국제단위계에서 동력은 조합단위로서 와트(Watt ; W)를 사용하고 있다. W는 크기가 작은 단위이므로 일반적으로 킬로와트(kW)로 표현한다. 적합한 변환인수(1kW=1000W)를 식 (1.2)에 넣으면 국제단위계에서 사용하는 다음 식이 얻어진다.

$$\text{kW} = \frac{F \cdot v}{1000} \tag{1.3}$$

위 식에서 계산한 값의 단위가 킬로와트(kW)임을 나타내기 위해 kW란 기호를 사용하였다. 식 (1.3)에서 적용되는 단위는 F(힘)는 N, v(속도)는 m/s이다.

1.5 유압기계에서 사용되는 간단한 유체역학

1) 연속 방정식

연속 방정식은 질량 불변의 법칙을 유체의 흐름에 적용한 것으로, 폐곡선의 관로 속 유체는 도중에 생성되거나 소멸되지 않는 것을 뜻한다.

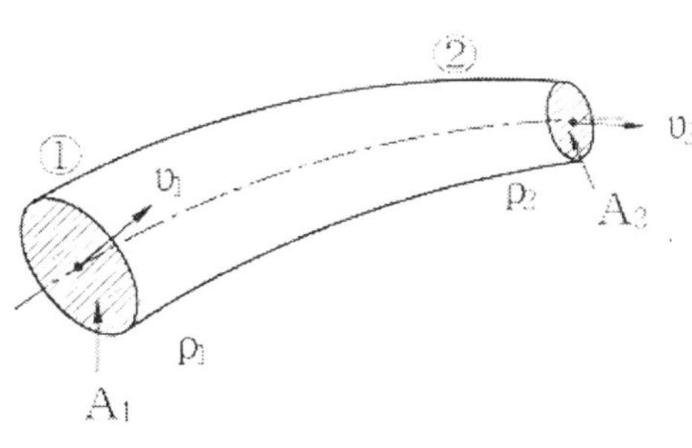

그림 1-6 유선관 속의 정상 흐름

그림 1-6에 나타낸 관로 속의 흐름을 정상류(steady state flow)라 생각하고 유체는 압축성을 고려하지 않을 때, 이 관에 직교하는 임의의 단면 ①과 ②를 설정하고 그 단면에서의 평균유속을 각각 v_1 v_2, 단면적을 A_1 A_2, 밀도를 ρ_1 ρ_2라 한다. 이 때 단위 시간당 각 단면을 흐르는 유체의 양은 질량 불변의 법칙에 따라 같지 않으면 안 된다. 즉 질량을 m이라 하면

$$\frac{dm_1}{dt} = \frac{dm_2}{dt} = \frac{dm}{dt} = Const.$$

이 되어야 한다. 여기서 $\frac{dm}{dt}$은 임의의 점에 있어서 관로를 지나는 질량 유량(mass flowrate)이다. 그림에서 ①지점을 단위시간에 통과하는 질량은 ρ_1, A_1, v_1이므로 위의 식은 다음과 같이 된다.

$$\rho_1 A_1 v_1 = \rho_2 A_2 v_2 = Const.$$

여기서 유체가 비압축성인 경우에는 $\rho = Const.$이므로

$$Q = Av = Const.$$

으로 된다. 이 Q를 유량이라 하고 관로 속을 지나는 유체의 유량은 어느 단면에 있어서나 일정하다는 것을 나타낸다. 즉 유압에서는 유량이란 "단위 시간에 이동하는 액체의 양"을 말하며 토출량으로 표현하고 있다.

유량은 통상적으로 기호 Q로 표시하고 단위는 ℓ/min, cc/sec 등으로 표시한다. 또한 유속은 "단위 시간에 이동하는 유체의 거리"를 말하는 것으로 위 식으로부터

$$v = \frac{Q}{A} \tag{1.4}$$

가 되고 단위로 m/s로 표시된다.

2) 베르누이 방정식

베르누이 방정식은 비압축성 유체의 전체 에너지에 대한 관계를 설명하고 있다. 유압유는 거의 비압축성이므로 베르누이 방정식은 유압시스템에 사용할 수 있다.

유체의 에너지는 세 가지 형태로 나타낸다.

① 위체 에너지(높이와 주역으로 인함) $= W \cdot h$

② 압력 에너지(압력으로 인한) $= W \cdot \dfrac{p}{\gamma}$

③ 운동 에너지(속도로 인한) $= W \cdot \dfrac{v_2}{2g}$

여기서, $W =$ 중량(N)

$h =$ 높이(m)

$p =$ 압력(N/m^2)

$r =$ 비중량(N/m^3)

$v =$ 속도(m/s)

$g =$ 중력가속도 $= 9.8\,m/s^2$

위의 세 가지 에너지 항의 단위는 모두 N · m이다. 만약 어떤 시스템에 외부로부터 에너지가 들어오거나 빠져나가는 경우가 없다면, 임의의 두 점에서의 에너지는 모두 같아야만 한다. 이를 식으로 나타내면 다음과 같다.

$$W \cdot h_1 + W \cdot \frac{\rho_1}{\gamma} + W \cdot \frac{v_1^2}{2 \cdot g} = W \cdot h_2 + W \cdot \frac{\rho_2}{\gamma} + W \cdot \frac{v_2^2}{2 \cdot g}$$

각 항에 W가 공통으로 있으므로 이를 나누면 다음 식이 얻어진다.

$$h_1 + \frac{\rho_1}{\gamma} + \frac{v_1^2}{2 \cdot g} = h_2 + \frac{\rho_2}{\gamma} + \frac{v_2^2}{2 \cdot g}$$

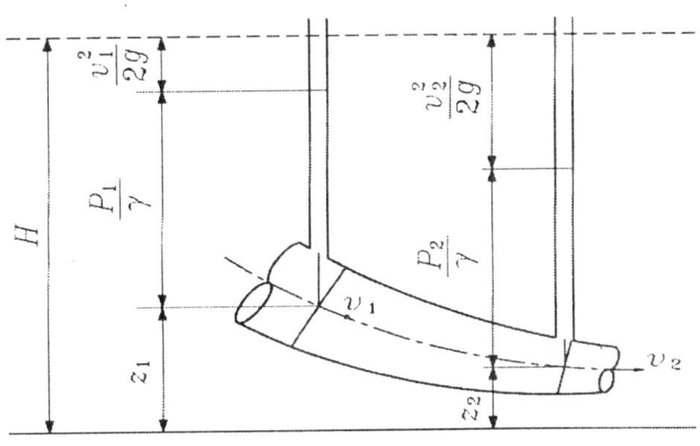

▼그림 1-7 유선관 내의 유체의 에너지

이것이 베르누이 방정식이다. 이는 단위 중량당 유체가 포함하는 에너지를 모두 표현하고 있다. 세 가지 에너지 중에서 한 개만이라도 증가하면 나머지 두 가지 에너지 중에서 한 가지 또는 두 가지의 에너지가 감소하여 세 가지 에너지의 합이 동일하도록 균형을 이룬다.

3) 유체의 정역학

유체 정역학의 압력은 용기의 모양에 관계없이 수두에 비례한다.
따라서 유체의 비중량과 수두의 곱으로 나타낼 수 있다.

$$p = \gamma h \tag{1.6}$$

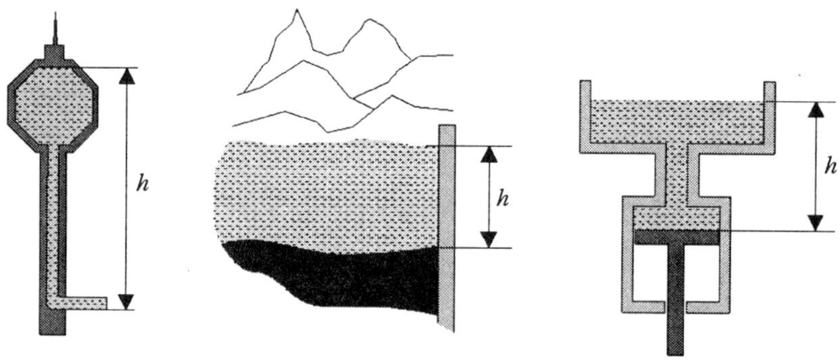

그림 1-8 용기모형에 따른 압력

4) 파스칼의 원리

밀폐된 용기에서 어떤 힘(사람의 힘, 기계의 힘 또는 자중에 의한 힘)에 의하여 유체에 압력이 가했을 경우 이 유체에 가한 압력은 모든 방향에서 똑같은 크기로 다른 물체에 전달된다. 이 원리를 처음으로 밝혀낸 사람이 파스칼이라서 "파스칼의 원리"라고 하며 유공압 기기에 이 원리를 많이 사용하고 있다.

① 정지하고 있는 액체가 서로 맞닿아 있는 면에 미치는 압력은 맞닿아 있는 면과 수직으로 작용한다.
② 정지하고 있는 액체의 한 점에서 작용하는 압력의 크기는 모든 방향에 대하여 같다.
③ 밀폐된 용기 내에 정지하고 있는 액체의 일부에 가해진 압력은 모든 부분에 같은 세기로 동시에 전달된다.

이를 파스칼의 원리라고 한다.

그림 1-9와 같이 밀폐된 용기에 액체를 넣고 위에서 힘(F)을 가하면, 액체는 압축하여도 체적은 줄지 않는 성질이 있으므로 액체는 위에서 누르는 힘에 대항하려는 힘이 생긴다. 이를 반력이라고 하며, 이와 같은 액체의 반력을 압력(p)이라고 한다.

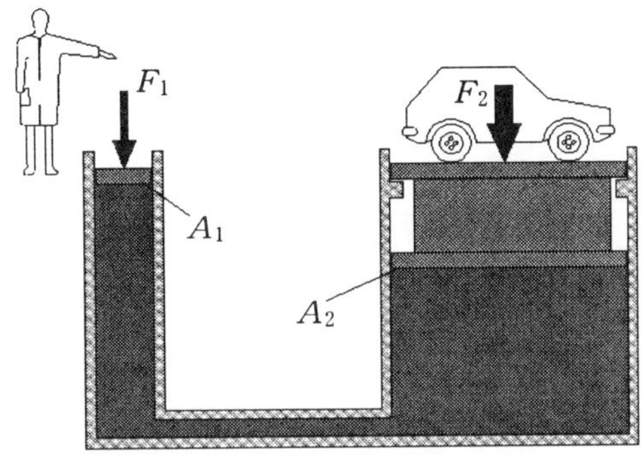

그림 1-9 파스칼의 원리

용기 내의 압력은 힘 F를 피스톤의 면적 A로 나눈 것이다.

$$F_2 = pA_2 = \frac{F_1}{A_1}A_2, \text{ 즉 } \frac{F_1}{A_1} = \frac{F_2}{A_2} = p \tag{1.7}$$

5) 압력 전달의 원리

그림 1-10은 압력 전달의 원리를 설명한 것이다. 그림에서와 같이 실린더 안에 액체를 채우고 피스톤 단면적 A_1, A_2에 F_1 및 F_2의 힘이 가해졌을 때 이들 힘 때문에 액체 중에는 어떤 압력이 발생한다. 여기서 피스톤과 실린더 사이에 마찰은 없고 이 부분으로부터 누설도 없으며, 또한 전달에 의한 에너지 손실도 없다고 하면, 두 개의 실린더 내에 발생하는 압력은 다음 식으로 나타낼 수 있다.

$$p = \frac{F_1}{A_1} = \frac{F_2}{A_2} \tag{1.8}$$

단, 실린더 내 액체의 높이 차에 의한 압력의 차이는 p값에 비해 매우 작으므로 무시할 수 있다. 위의 식으로부터

$$F_2 = F_1 \cdot \frac{A_2}{A_1} \tag{1.9}$$

가 얻어진다. 즉 힘은 피스톤의 단면적에 비례한다. A_2에 비해 A_1이 작으므로 F_1에 비해 충분히 큰 힘 F_2가 얻어진다. 유압 프레스나 수압기가 이 원리를 이용한 것이다.

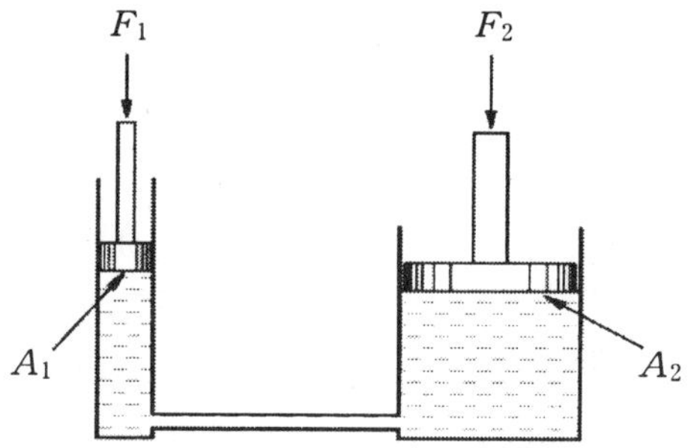

그림 1-10 압력의 전달

예 유압 증강장치

표면적이 다른 두 개의 피스톤을 로드에 의해 연결한다. 만약 압력 p_1을 피스톤 면적 A_1에 작용시키면 힘 F_1이 로드를 통하여 작은 피스톤으로 전달되고 이 힘이 단면적 A_1에 작용하므로 압력 p_2는 증압 된다.
마찰손실을 무시하면 등식은 다음과 같다.

$$F_1 = F_2 \tag{1.10}$$

$$p_1 \times A_1 = p_2 \times A_2 \tag{1.11}$$

$$\frac{p_1}{p_2} = \frac{A_2}{A_1} \tag{1.12}$$

압력증강 장치에서 압력은 피스톤의 면적에 반비례한다.

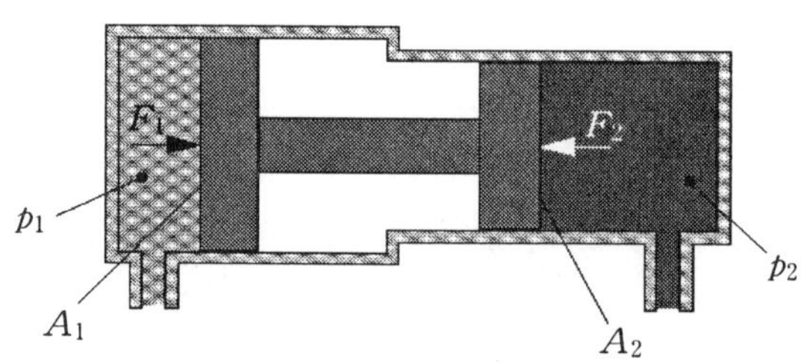

그림 1-11 증압기의 원리

6) 유체의 유동

유체 유동의 모든 경계면이 고체면으로 이루어진 유동을 일반적으로 내부유동(internal flow)이라고 한다. 이러한 유동은 크게 층류유동과 난류유동으로 대별한다. 층류유동은 점성력이 관성력보다 지배적인 유동으로 레이놀즈수가 작은 즉, 속도의 크기가 작은 유동이면서 점성유동인 경우 뉴톤의 점성법칙을 잘 만족시키는 유동이며, 난류유동은 역으로 관성력이 점성력보다 지배적인 유동으로 레이놀즈수가 큰 즉, 속도의 크기가 큰 유동이다. 일반적으로 유압장치에서의 유동은 층류유동인 경우가 많다.

$Re < 2300$ ……… 층류

$Re > 2300$ ……… 난류

7) 마찰과 흐름

유압 에너지는 배관을 통하여 이송될 때는 손실이 따른다. 마찰은 유체 자신과 배관의 내벽에 의해 발생되고 열을 발생한다. 유압 에너지가 열에너지로 전환한다. 유압 에너지의 손실은 유압유체의 압력손실을 말한다. 유압유체는 유압설비 내의 모든 구조물에서 압력손실이 있다. 이 손실은 흐름 매체의 마찰에 의한 것이다.

열에너지로 변화하는 구조물에서의 압력손실은 때때로 고의적으로 발생되는 경우가 있다.

구조물에서 열 발생을 일으키는 압력손실은 바람직하지 않다. 작동 중에 있는 모든 유압유체는 유압기기 내의 구조물에 의해 가열된다. 만약 배관 내의 유체가 화살표방향으로 작용하면 흐름의 방향으로 나타나는 압력은 점점 감소한다.

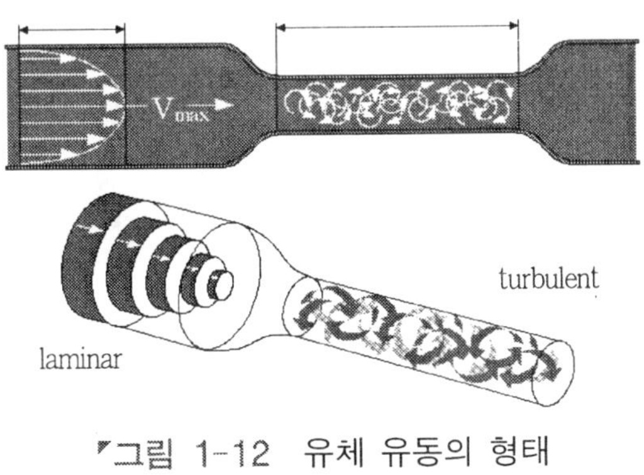

「그림 1-12 유체 유동의 형태

제 2 장 유압 펌프

2.1 개 요

원동기로부터 공급받은 기계적 에너지를 유압 에너지로 변환시켜 유압유의 유압 에너지 수준을 높임으로써 유압계통에 에너지를 가해주는 기기를 유압 펌프라 말한다.

펌프는 터보형(비용적식) 펌프(turbo pump or nonpositive displacement pump)와 용적형 펌프(positive displacement pump)로 분류한다. 비용적식 펌프란 유폐되지 않은 상태에서 에너지의 전환이 일어나는 펌프로서 원심 펌프, 사류 펌프, 축류 펌프, 분사형 펌프 등이 있으며 토출량과 압력사이에 일정한 관계가 있어 토출량이 증가하면 토출압력은 감소된다. 용적식 펌프란 펌프의 축이 한번 회전할 때마다 일정한 량을 토출하는 펌프로서 토출량이 부하압력에 관계없이 일정하고 부하압력에 따라 토출압력이 정해지므로 부하가 과대해지면 압력이 상승해서 펌프가 파괴될 위험이 있다.

유압계통은 유압 펌프가 펌프작업을 함으로써 탱크 내에 있는 저에너지의 유압유를 흡입하여 이것에 에너지를 가하고, 다시 밀폐된 작동부에 높은 에너지의 유압유를 보내어 작동부(실린더, 모우터)를 통해서 외부에 일을 하고, 유압유는 저에너지로 되어 탱크로 다시 되돌아오는 계통으로 구성된다. 펌프작업으로 유압유에 가해진 일 혹은 에너지는

일 = (힘) × (변위) = (압력) × (넓이) × (변위) = (압력) × (배제체적) 와 같이 된다.

단위시간에 가해진 일, 즉 공률 혹은 동력은 동력 $= \dfrac{\text{열}}{\text{시간}} = (\text{압력}) \times \dfrac{\text{배제체적}}{\text{시간}} = (\text{압력}) \times (\text{유량})$과 같이 된다.

2.2 토출량과 압력의 관계

「표 2-1 유압 펌프의 분류

토출 방법에 따른 분류	·용적형 rpm이 일정할 때 부하에 의한 압력이 변하더라도 펌프의 토출유량은 거의 일정하게 토출되는 펌프를 말한다.
	·비용적형 rpm이 일정하더라도 부하에 의한 압력이 변화되면 펌프의 토출유량도 변하는 펌프를 말한다.
구조에 따른 분류	·기어 펌프 : 외접 기어식 펌프, 내접 기어식 펌프 ·피스톤 펌프 : axial piston pump와 radial piston pump ·베인 펌프(vane pump) ·원심 펌프 ·스크류 펌프

유압 펌프의 토출량은 입력축을 1회전시킬 때 토출구로부터 내보내진 작동유의 체적으로 나타난다.

예를 들면 32cc/rev라면, 1회전당 토출량이 32cc라는 것이다.

유압 펌프에는 그 속도 이하로 구동한 경우에는 소정의 토출량을 유지할 수 없는 「최저회전속도」가 있다. 또 속도 이상으로 회전시킬 경우, 극단으로 수명이 단축되고, 파손하는 일도 있는 「최고회전속도」가 정해져 있다. 이 최저와 최고회전속도의 범위 내라면 임의의 속도로 유압 펌프를 구동할 수 있는 것이고 회전속도에 비례해서 토출구로부터 내보내진 작동유의 유량은 커진다.

32cc/rev의 유압 펌프를 1500rpm(1분당 1500회전의 속도)으로 구동한 경우 토출구에서 나오는 유량은 32cc의 1500배, 즉 '48,000cc를 1분간에 흘린다.'라는 의미의 48,000cc/min (48ℓ/min)가 된다.

즉 1500rpm에 놓인 이 유압 펌프의 토출량은 48ℓ/min라고 표시한다.

토출구에서 압력이 5kg$_f$/cm^2 정도로 대단히 낮은 경우에는 실제로 측정한 토출량과 계산에서 구해진 토출량(이론 토출량)이 상당한 근사치가 된다. 한편, 유압 펌프에는 토출구의 압력이 수치 이상으로 높아지면 내부 누설이 많아지고 수명도 현저히 짧아진다는 의미를 갖는 「최고사용압력」이 정해져 있다. 유압 펌프의 내부에는 금속면과 금속면의 접촉부가 여러 개 있어서 그 부분을 윤활하게 하기 위한 작동유가 필요하다. 내부 누설은 이 목적이 이용되기 때문에 뺄 수가 없다.

그래서 이 내부 누설은 토출구의 압력이 높아짐에 따라서(거의 비례하여) 커지고, 최고사용압력에서는 이론 토출량의 5%에서 10%의 누설량이 된다. 이것은 최고사용압력에서 실제로 이용할 수 있는 토출량이 이론 토출량의 95%에서 90%인 것을 의미한다.

어느 압력에서 실제로 이용할 수 있는 토출량이 이론 토출량의 몇 퍼센트인가를 나타내는 수치를 용적효율이라고 부른다. 통상 단순히 용적효율이라고 할 때에는 최고사용압력에서의 용적효율을 나타내는 것이 많다. 내부 누설이 이론 토출량의 5%인 경우, 바꿔 말하면 실제로 측정한 토출량이 이론 토출량의 95%인 경우(그 압력에 있어서) 용적효율은 95%라고 표시된다.

2.3 펌프의 동력과 효율

유압 펌프의 흡입압력을 p_s[kgf/cm^2], 토출압력을 p_d[kgf/cm^2]라고 하고, 토출유량을 Q [m^3/s]라 하면 펌프가 발생하는 펌프동력(유체에 유효하게 전달되는 마력) L_p는 다음과 같이 구할 수 있다.

$$L_p = pQ\,[\mathrm{kg_f\ m/s}] \tag{2.1}$$

여기서 $p = p_d - p_s$는 펌프의 출구와 입구의 압력차이나 보통 p_s는 대기압이므로 $p = p_d$로 생각한다.

출력단위를 kW나 ps로 표시하면

$$L_p = \frac{pQ}{10200}\ \mathrm{kW} = \frac{pQ}{7500}\ \mathrm{ps} \tag{2.2}$$

이다. 또 p의 단위가 kgf/cm^{2}이고 Q의 단위가 ℓ/min일 때 펌프동력은

$$L_p = \frac{pQ}{612}\ \mathrm{kW} = \frac{pQ}{450}\ \mathrm{ps} \tag{2.3}$$

펌프 속의 누설손실이 없다고 가정하였을 때 펌프가 유압유에 준 이론동력(액체동력) L_{th}는

$$L_{th} = pQ_{th} \ [\mathrm{kg_f\ m/s}] \tag{2.4}$$

여기서 $p\,\mathrm{kg_f/cm^2}$는 펌프 토출압력이고 $Q_{th}\,[\mathrm{m^3/s}]$는 이론 토출량이다.
원동기로부터 펌프축에 전달되는 동력(축동력)을 L_s라고 하면

$$L_s = \frac{T_{th} \cdot \omega}{102} = \frac{T_{th} \times \frac{2\pi n}{60}}{102} = \frac{T_{th} \cdot N}{974}\ \mathrm{kW} \tag{2.5}$$

$$= \frac{T_{th} \cdot \omega}{75} = \frac{T_{th} \cdot N}{716.2}\ \mathrm{ps}$$

$$L_s = \frac{L_p}{\eta} = \frac{pQ}{\eta} \tag{2.6}$$

여기서 $\omega\,[1/\mathrm{s}]$는 각속도이며, $T_{th}\,[\mathrm{kg_f/cm^2}]$는 펌프를 회전시키는 데에 필요한 토크(torque)이고, N[rpm]은 회전수이다. 펌프는 원동기로부터 축을 통하여 받은 에너지의 전부를 유압유에 주는 것이 아니고 일부는 손실로 소멸되고 나머지의 에너지만 유압유가 가지고 나간다. 그러므로 펌프가 축을 통하여 받은 에너지를 얼마만큼 유용한 에너지로 전환시켰는가의 정도를 나타내는 척도로서 효율을 정의한다.

$$L_s = \frac{p \cdot Q_{th}}{\eta} \tag{2.7}$$

여기서 η는 펌프의 전 효율이다.

$$\text{용적효율}\quad \eta_v = \frac{\text{실제 토출량}}{\text{이론 토출량}} \tag{2.8}$$

$$\text{압력효율}\quad \eta_p = \frac{\text{실제 토출량}}{\text{펌프 손실이 없을 때 토출량(이론 토출량)}} \tag{2.9}$$

$$\text{기계효율}\quad \eta_m = \frac{\text{액체동력}}{\text{축동력}} \tag{2.10}$$

2.4 펌프의 종류

1. 기어 펌프(gear pump)

1) 기어 펌프(gear pump)의 개요

기어 펌프는 정용량형 펌프의 대표적인 펌프이다. 펌프의 내용적을 조절할 수 없는 펌프를 정용량형 펌프, 내용적과 동력전달기구를 조절할 수 있는 펌프를 가변용량형 펌프라 말한다. 그러나 구동속도를 조정하여 송출량을 변화시키는 방법은 펌프의 내용적을 조정하여 송출량을 변화시키는 방법보다는 바람직하지 못하다.

기어 펌프 송출압력 35~175kgf/cm^2, 용량 5~300ℓ/min 정도의 기어 펌프가 현재 제작 시판되고 있다. 기어 펌프는 구조가 간단하고 신뢰도가 높으며, 운전, 보수가 용이하고 비교적 염가이므로 널리 보급되어 있다. 기어 펌프(모우터)는 외접 기어 펌프(external gear pump)와 내접 기어 펌프(internal gear pump)로 나누어진다. 외접 기어 펌프는 사용하는 기어형에 따라 스퍼어(spur), 헬리컬(helical) 및 헬링보온(herringbone) 기어 펌프로 분류할 수 있다.

(1) 외접 기어 펌프

그림 2-1에 외접 기어 펌프(external gear pump)의 한 단면을 예시하여 놓았다.

기어 펌프는 1조의 기어와 이것을 내장하는 기어케이스, 4개의 축수, 기어측판 등이 주요 부품이고, 부품수가 다른 펌프에 비해서 적은 것이 특징이다. 기어 펌프는 출입구에 밸브가 필요하지 않으므로 사용유의 점도가 높더라도, 자동밸브를 갖는 왕복펌프와는 달리, 고속운전이 가능하고, 기어의 정도, 기어형을 적절히 선정하면 공동현상이나 이상소음과 같은 장해 없이 70~80% 정도의 펌프효율을 용이하게 얻을 수 있다. 기어 펌프는 구동기어가 변동기어를 구동시켜가면서 서로 맞물고 회전할 때 펌핑작용이 일어난다. 기어가 서로 맞물고 돌아갈 때 두 기어의 이가 접촉하는 부분은 선 접촉이므로 입구측(저압력)과 출구측(고압력)을 차단시킨다. 기어의 이가 입구측에서 서로 떼어질 때 흡입실의 용적이 한 개의 이가 점유한 용적만큼 증대되기 때문에 약간의 진공상태로 되어 유압유를 빨아올린다. 빨아올린 유압유는 기어 치곡과 케이싱 외주 사이에 끼어 송출실로 압송된다. 송출실에서 이가 서로 맞물 때, 송출실 용적은 이가 서로 맞물 때 배제되는 용적만큼 감소되어 유압유는 송출실로부터 송출구로 압출된다.

(2) 내접 기어 펌프

내접 기어 펌프(internal gear pump)도 외접 기어 펌프와 비슷하게 운전된다. 내접 기어 펌프는 그림 2-2와 같이 펌프 중심을 회전 중심으로 회전하는 바깥기어, 펌프 중심으로부터 편심 되어 바깥기어와 접해서 회전하는 안기어와 초생달 모양의 스페이서(crescern-shaped spacer)로 구성되어 있다. 내측기어가 구동기어가 되어 바깥기어를 회전시키면 내외기어 치곡과 스페이서 양쪽면 사이에 유폐된 유압유는 기어의 회전과 더불어 흡입실로부터 송출실로 압송된다. 그림에는 흡입구와 송출구가 케이싱의 외주에 직접 뚫려 있는 것 같이 그려 놓았지만, 실제 내접 기어 펌프의 입출구는 두 기어가 맞무는 내접점과 스페이서 끝단 사이에 걸쳐 초생달을 반으로 잘라 놓은 모양으로 길쭉하게 펌프측판(end plate)에 뚫려 있다. 내측기어가 바깥기어에 내접하면서 바깥기어를 구동하면 내접점에서 송출실(고압실)과 흡입실(저압실)은 차단되고 흡입실에서 내외기어가 서로 떨어지면서 곡부용적은 점차 커진다. 이로 인하여 흡입실의 압력은 진공이 되어 유압유를 흡입한다. 흡입된 유압유는 스페이서의 양쪽면과 내외기어의 곡부 사이에 끼어 송출실로 이송된다. 송출실에서는 기어가 회전함에 따라 내외기어의 이가 서로 맞물게 되어 곡부용적이 점차 작아져 유압유가 송출구로 압송된다. 내접 기어 펌프는 치형이 마모되면 외접 기어 펌프에 비하여 급속한 효율저하가 일어난다.

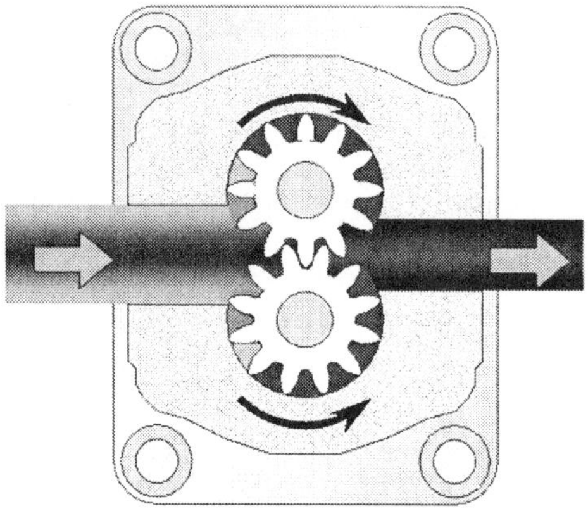

「그림 2-1 외접 기어 펌프

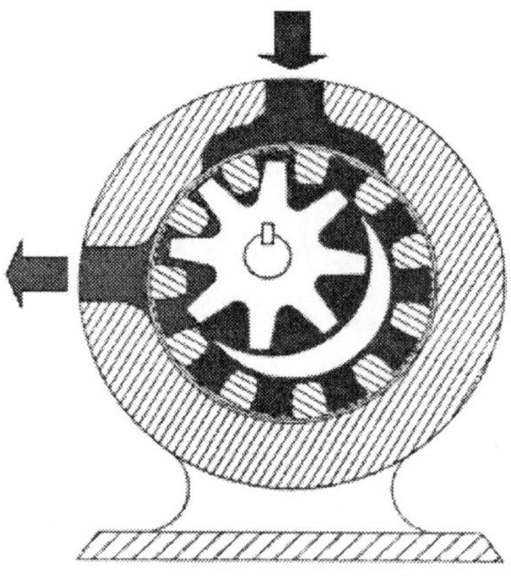

「그림 2-2 내접 기어 펌프

기어 펌프는 소형, 경량이며 저렴한 것이 장점이고, 또 가혹한 운전상태(분진에 의한 오염, 유온의 상승, 과부하)에 대해서 견딜 수가 있으므로, 특히 건설기계, 산업차량, 농업기계 등에서의 유압구동에 적당하며 유온의 한계는 공작기계에 사용될 경우는 65℃ 정도까지이나, 건설기계 등에서는 80℃, 단시간이면 100℃ 정도까지 사용된다. 적당한 기름의 점도는 30~80 cst이다.

치형이 표준 인벌류트 치형인 기어 펌프에 대하여 이론 토출량은

$$Q = \frac{2\pi d_o m b n}{1000} \ (l/\min)$$
$$= 2\pi m^2 z b \tag{2.11}$$

d_o(cm) : 피치원 지름, b(cm) : 이폭, m(cm) : 모듀율, n(rpm) : 회전수, $d_o = zm$

2. 베인 펌프(vane pump)

1) 베인 펌프의 개요

베인 펌프를 구성하는 기본요소는 흡입구, 송출구, 구동회전자, 베인, 캠링 그리고 케이싱이다. 베인은 회전자에 파 놓은 홈 안에서 유동하면서 캠링의 형상에 따라 베인과 캠링의 회전자에 둘러싸인 밀폐공간을 변화시킨다. 밀폐공간이 증가하는 동안 흡입구에서 흡입되고 회전자의 회전에 따라 전환점을 지나면서 다시 밀폐공간이 감소되면서 토출된다. 일반산업용으로서 송출압력 1단 70 kg_f/cm^2, 2단 140 kg_f/cm^2, 용량 4 ℓ/min~280 ℓ/min의 베인 펌프가 보통 제작 시판되고 있다. 최근에 와서는 고속고압으로서 1단 105 kg_f/cm^2~140 kg_f/cm^2의 펌프가 출현되고 있다.

베인 펌프는 고정용량과 가변용량형 그리고 압력평형과 불평형식으로 분류되어진다. 현재 제작되고 있는 베인 펌프는 다음과 같은 형식이 있다.

① 평형형 베인 펌프
② 불평형형 베인 펌프
③ 정용량형 베인 펌프
④ 가변용량형 베인 펌프

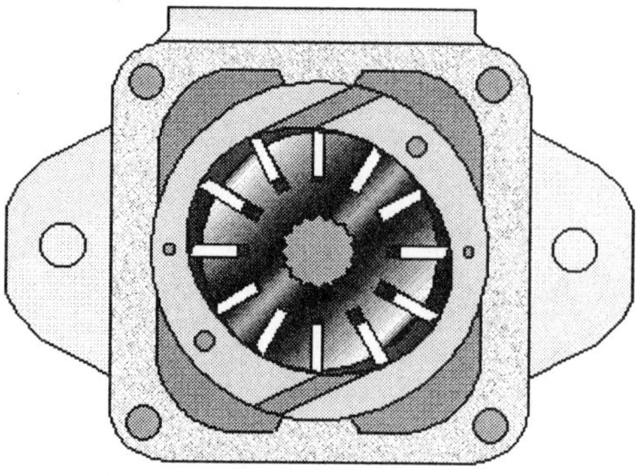

그림 2-3 평형형 베인 펌프

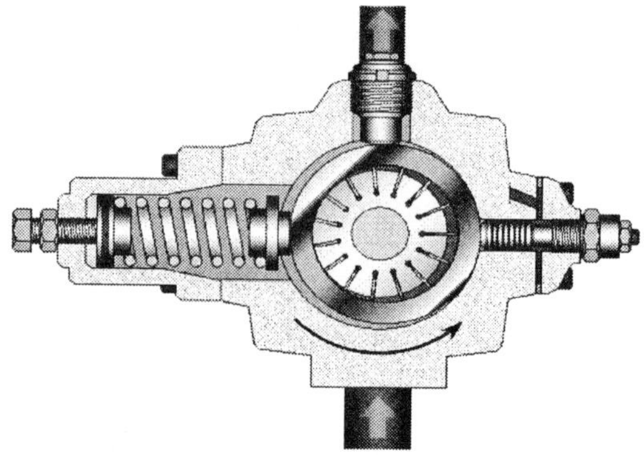

그림 2-4 가변용량형 베인 펌프

평형형 베인 펌프와 불평형형 베인 펌프란 펌프축이 받는 축 하중이 역학적으로 평형이냐 또는 불평형이냐를 두고 구분한 경우이다. 또한 정용량형 펌프냐 가변용량형 펌프냐의 구별은 운전중 토출량을 변화시키는 기능의 여부이다. 따라서 기구학적으로 볼 때 평형형 베인 펌프는 정용량형 펌프에 해당되고 불평형형 베인 펌프는 가변용량형 펌프에 해당하게 된다.

2) 기타 베인 펌프

(1) 2단 펌프

1단 베인 펌프 두 개를 직렬로 연결하고 1단의 펌프 토출유를 2단째의 흡입구에 넣어 2배의 고압을 발생케 하지만 유량의 변화는 없다. 이 펌프는 2개의 베인 펌프를 사용함으로서 부하분배 밸브를 사용하여 각단의 부하가 같은 비율로 분배되게 한다.

3) 2중 펌프

대형과 중형, 또는 중형과 소형의 펌프 두 개를 1개의 몸체 내에 병렬로 연결하여 한 개의 구동축으로 회전하여 두 개의 유압원을 얻고자 할 때 사용.

4) 복합 펌프

두 개 이상의 펌프를 동일 축으로 구동하며 릴리프 밸브, 무부하 밸브, 체크 밸브 등 회로에 필요한 밸브를 설치.

베인 펌프의 이론토출량

$$\text{불평형형} \quad Q = 2\pi DeWn \tag{2.12}$$

평형형 $Q = 4\pi DeWn = 4eWn(\pi D - bz)$ (2.13)

위 식에서 b는 베인의 두께, D는 캠링의 직경, e는 편심량, z는 베인의 개수, W는 베인의 폭이다.

5) 베인 펌프의 장·단점

(1) 베인 펌프의 장점

① 베인 펌프는 다른 펌프에 비하여 송출압력의 맥동이 적다.
② 펌프의 구동동력에 비하여 소형이다.
③ 베인의 선단이 마모되어도 압력저하가 생기지 않는다.
④ 비교적 고장이 적고 보수가 용이하다.

(2) 베인 펌프의 단점

① 베인, 회전자, 캠링이 서로 접촉 활동하므로 공작정도가 높아야 하고, 양질의 재료를 선정할 필요가 있다.
② 기름의 점도, 청정도 등에 세심한 주의를 요한다.
③ 부품수가 많다.

3. 플런저 펌프(plunger pump)

1) 플런저 펌프의 개요

플런저(피스톤)의 왕복운동에 의하여 펌핑작용을 하는 펌프로서 고압펌프에 적합하다. 플런저 펌프는 플런저의 왕복운동방향과 구동회전방향과의 상대관계에 따라 액셜형(axial type)과 레이디얼형(radial type)으로 크게 나누어진다. 이러한 유형의 펌프 혹은 모우터를 로우터리(rotaty) 펌프라고도 말한다. 크랭크식 피스톤 펌프는 피스톤의 운동으로 분류하면 일종의 레이디얼형으로 생각할 수 있으나 구조상 다른 펌프와 상당한 차이가 있으므로 하나의 독립된 형식으로 분류해서 생각한다.

로우터리형 펌프는 왕복운동 부분의 질량이 극히 작던가, 혹은 전혀 왕복운동 부분이 없으므로 고속운전(보통 3000～4000 rmp, 큰 것은 15,000 rpm 이상)이 가능하다. 그러므로 비교적 소형으로 고압 고성능의 펌프가 얻어진다. 다수의 플런저를 갖는 펌프를 고속 운전하므로 송출유의 맥동이 극히 적고, 진동도 적기 때문에 비교적 원활한 운전이 가능하다. 또한 기구상 가변용량형이 쉽게 얻어질 수 있다.

플런저의 지름이 비교적 작고, 행정도 작으며 공작정도도 얻기 쉬우므로 높은 용적효율의 펌프를 얻을 수 있다. 그러므로 현재 시판되고 있는 플런저 펌프는 송출압력 700~350 kg_f/cm^2, 송출량 10~50 ℓ/min, 효율 80~90%의 것이 보통이다. 또 크랭크식의 피스톤 펌프는 종래에는 저속대형의 것이 많았으나 근래에는 고속회전, 고압, 소 송출량의 것이 개발되어 소형, 고효율, 구조가 간단한 특징 때문에 일반 산업용 및 특수용도로 널리 사용되고 있다.

2) 액셜형 플런저 펌프

(1) 구조와 특징

플런저가 축심을 중심으로 하는 원주상에 축심과 평행하게 배열된 실린더 블록(cylinder block)에 삽입되어, 축심과 구동축과의 경각 혹은 사판 등의 기구에 의하여 왕복운동을 해서 펌핑작용을 하는 펌프로서 사축식(bent axis pump)과 사판식(swash plate pump)으로 크게 나눈다.

그림 2-5는 사판식 액셜 피스톤 펌프의 단면과 구조도를 도시한 것으로 실린더 블록은 구동축과 스플라인(spline)으로 결합되어 있으며 구동축의 회전에 따라 실린더 내의 피스톤이 사판과 함께 회전하게 된다.

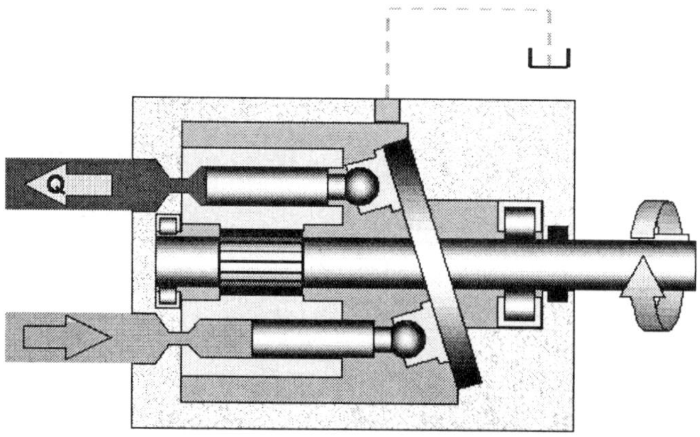

「그림 2-5 사판식 액셜 플런저 펌프

또한 사판식은 사축식에 비하여 구조가 간단하고 부품수가 적기 때문에 소형 경량이며 가격이 저렴하고 구조상 회전중량이 축 주위에 집중되어 있으므로 고속회전에 적합하여 설치면적이 좁은 건설차량이나 하역 운반기계 등에 많이 사용되고 있다.

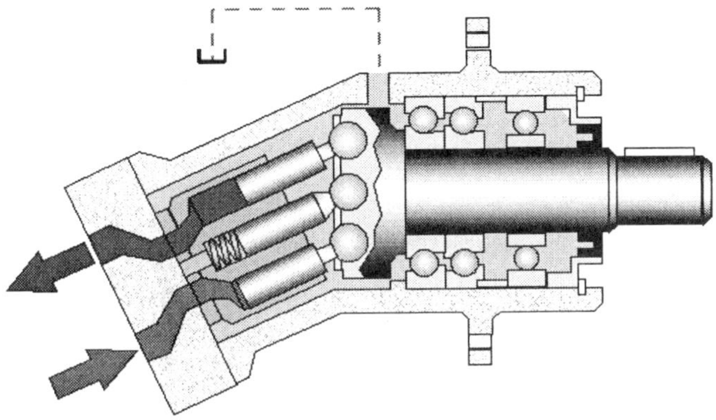

그림 2-6 사축식 액셜 플런저 펌프

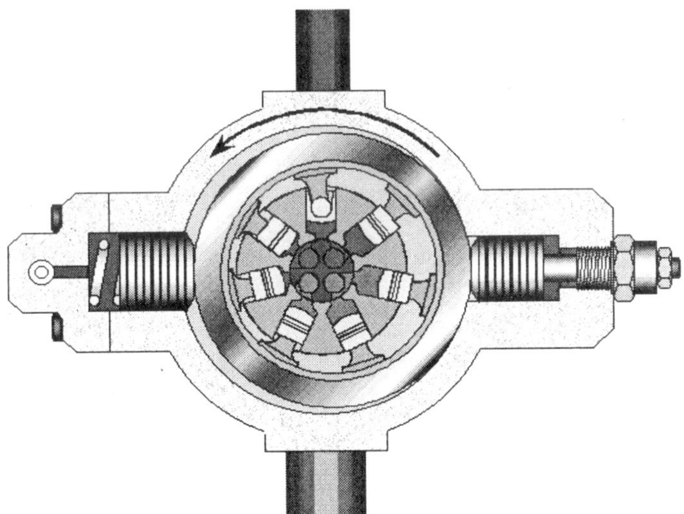

그림 2-7 레이디얼 플런저 펌프

제 3 장 유압제어 밸브

3.1 개 요

유압 시스템에서 유압 에너지는 배관을 따라 펌프에서 작동기로 전달된다. 힘, 토크, 속도, 방향 등에 대한 요구치를 만족시키기 위해 시스템을 제어해 주는 적절한 유압 요소들이 필요하게 되는데 이들이 바로 밸브다.

이들 밸브를 기능에 따라 크게 나누면 압력제어 밸브, 방향제어 밸브, 유량제어 밸브로 나누어진다. 이들 밸브를 기능에 따라 조합하면 여러 가지 특징을 갖는 유압계통을 구성할 수 있다. 그러므로 유압제어 밸브는 유압계통을 구성하는 요소 중 가장 다양하고 중요한 기기이다.

3.2 압력제어 밸브(pressure control valves)

압력제어 밸브는 사용목적, 구조에 따라 다음과 같이 분류할 수 있다.

1. 릴리프 밸브(relief valve)

회로의 최고압력을 한정하는 밸브로서 회로의 압력을 일정하게 유지시키는 밸브이다. 제어압력은 밸브의 입구 P포트에서 감지된다. 이 밸브는 유압회로에서 반드시 필요로 하며 과부하에 의하여 회로가 파괴되는 것을 방지하는 안전밸브이다.

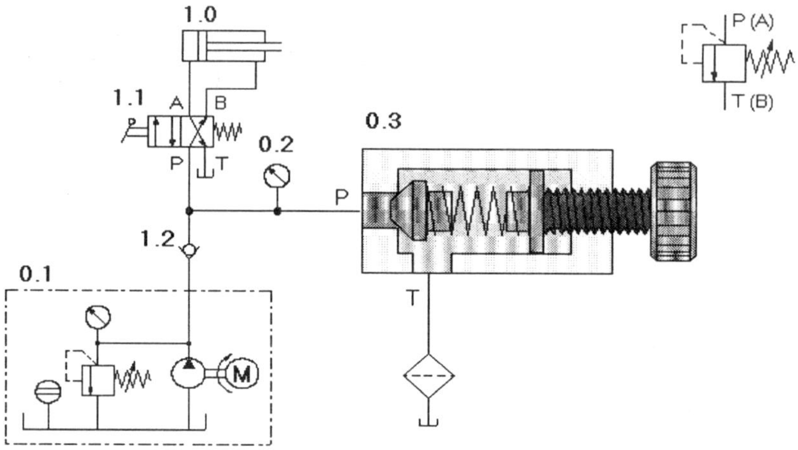

『그림 3-1 릴리프 밸브에 의한 압력제어 회로

1) 직동형 릴리프 밸브

그림 3-2에 직동형 릴리프 밸브를 나타내었다. 스프링에 의해서 포펫트가 밸브시트에 눌려 붙어 있고, 핸들을 사용하여 스프링을 조정할 수 있도록 되어 있어 릴리프 설정압이 조정된다. 일차압이 스프링력 보다도 적을 경우는 밸브는 닫혀진 상태에서 압력유를 차단하고 있고, 일차압이 스프링력 보다 크게 될 때에 압유는 포펫트를 밀어젖히고 탱크로 유입되므로 압력의 상승을 방지한다. 포펫트를 밀어젖히고 탱크로 기름이 흐르기 시작할 때의 압력을 크랙킹압력, 밸브가 전부 열려 유압 펌프의 토출량을 전부 기름탱크로 보낼 때의 압력을 전유량시 압력이라 하며 이것이 릴리프 밸브의 설정압력이다.

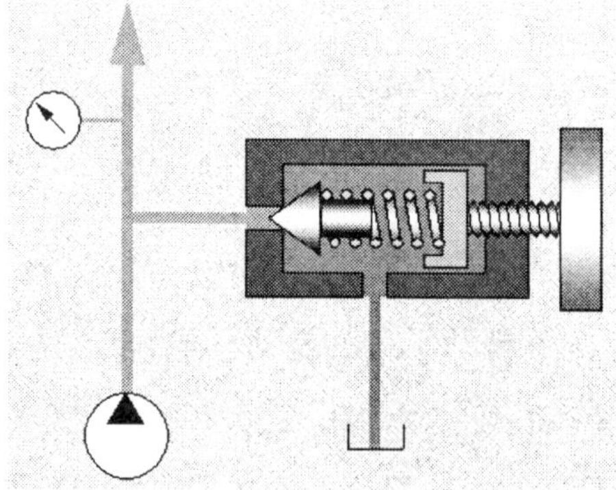

『그림 3-2 직동형 릴리프 밸브

또한 전유량시 압력과 크랙킹압력의 차를 압력 오버라이드(pressure override)라고 하는

데 직동형 릴리프 밸브는 압력 오버라이드가 크다. 그림에서 P포트의 압력이 설정압력에 가까워지면 포펫트가 오른쪽으로 들어올려지며 밸브시트와 포펫트 사이에 틈이 생긴다. 이 틈으로 압유가 탱크로 유출되게 되는데 이때 회로 내의 기름의 압력에너지가 속도에너지로 바뀌므로 포펫트가 열리지 않거나 압력저하가 급격히 일어나 시이트면에 격심하게 부딪친다. 이와 같은 동작을 반복하는 현상을 채터링이라고 하고, 심한 소음과 함께 밸브 시이트를 망가뜨리는 원인이 된다.

2) 평형 피스톤형 릴리프 밸브

직동형보다 구조적으로 복잡하지만, 릴리프 밸브의 기능이 확실하며 체터링 현상을 방지할 수 있어 일반 산업용 기계에서 널리 사용되고 있다. 평형 피스톤형 릴리프 밸브는 회로 내의 여분의 기름을 도피시키는 주밸브와 스프링으로 구성되는 용량제어부, 주밸브의 작동을 컨트롤하고 압력을 조절하는 파일럿부로 되어 있다.

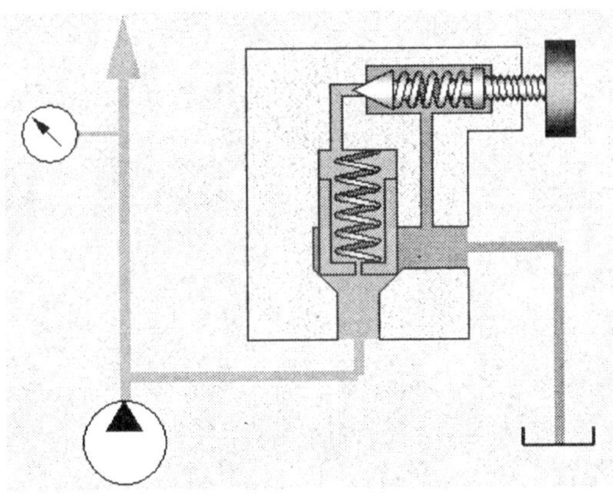

「그림 3-3 평형 피스톤형 릴리프 밸브

2. 감압 밸브(pressure reducing valve)

감압 밸브는 분기회로 압력을 주회로 압력보다 낮추어 2차압력을 제어하는 밸브로 입구와 출구의 압력차를 같게 하는 2차압력 일정형과 출구측 압력을 입구측 압력에 대해서 소정의 비율로 감압하는 차압 일정형이 있다.

1) 2차압력 일정형 감압 밸브

그림 3-4에 2차압력 일정형 감압 밸브의 구조를 나타내었다. 설정압력 이하에서는 포펫트 밸브는 닫힌 상태로, 스풀 양단의 압력은 같은 압력이며, 주 스프링의 작용에 의해 스풀은 하방향으로 눌려 있으며, 유입구의 압력의 저항 없이 펌프의 전유량을 유출한다. 유출구의 압력이 설정압력 이상으로 되면 포펫트 밸브가 열리고 압유는 드레인 라인으로 유출한다. 이때 초크를 통과하는 유량에 의해 스풀의 양단은 압력차를 발생시키며 스풀은 상방향으로 이동하여 유출구의 유로의 개도를 감소시켜, 출구측 압력이 설정압력으로 되도록 제어한다.

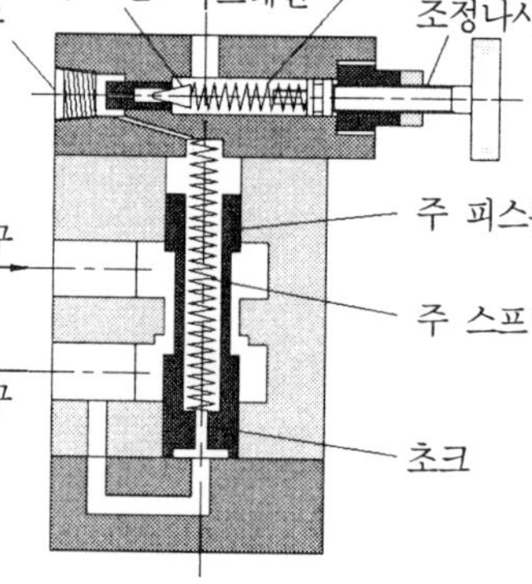

그림 3-4 2차압력 일정형 감압 밸브

2) 차압 일정형 감압 밸브

그림 3-5에 차압 일정형 감압 밸브(압력보상형)의 구조를 나타내었다. 유체의 힘을 무시한다면, 밸브에 작용하는 힘의 밸런스는 $p_2 \times A = p_3 \times A +$ 스프링의 힘으로 되고 $p_2 - p_3$의 차이는 일정하게 유지된다.

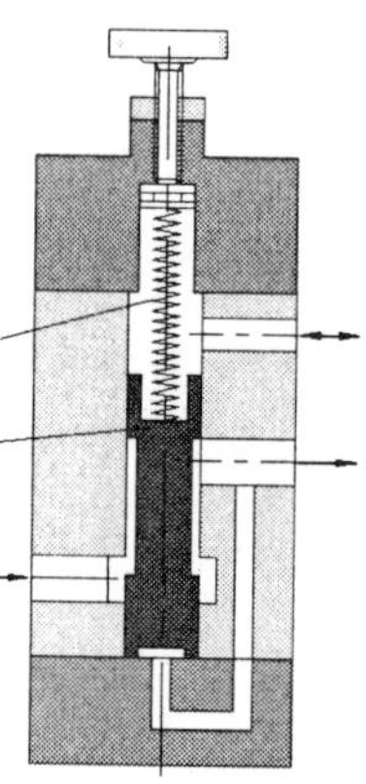

그림 3-5 차압 일정형 감압 밸브

3. 시퀀스 밸브(sequence valve)

2개 이상의 분기회로를 갖는 유압회로에서 그 작동순서를 회로의 압력이나 유압실린더의 운동 등으로 규제하는 자동밸브이다.

이러한 종류의 밸브는 그림 3-6과 같이 직동형 압력제어 밸브로서 조정 스프링에 의해 1차측과 2차측의 유로는 닫혀 있다. 파일럿 압력은 아래 커버의 통로를 통해서 피스톤의 하방향으로 유도되고, 스프울을 상방향으로 밀어 올리는 힘이 된다.

이 힘이 스프링 힘보다 커지게 되면 유로가 열린다. 밸브의 상부 커버와 하부 커버의 조합에 따라 그림에 나타내는 것과 같은 기능을 갖는다. 또한 2차측에서 1차측으로 역류가 가능하도록 체크 밸브를 내장한 것이 있으며, 시퀀스 밸브, 카운터 밸런스 밸브, 브레이크 밸브 등으로 이용되고 있다.

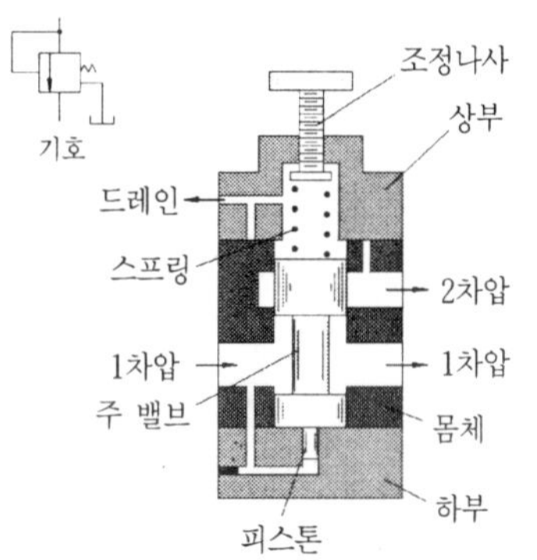

「그림 3-6 시퀀스 밸브(1)

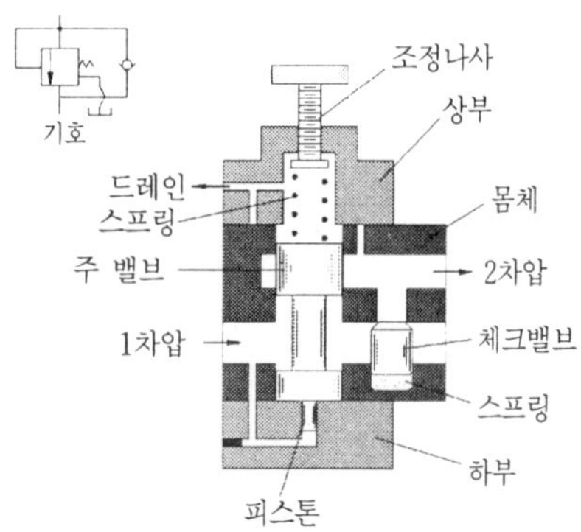

「그림 3-7 시퀀스 밸브(2)

4. 카운터 밸런스 밸브(counter balance valve)

한쪽 방향의 유동에 대해서는 설정된 배압을 부여하지만, 반대방향의 유동은 자유유동을 하는 밸브이다.

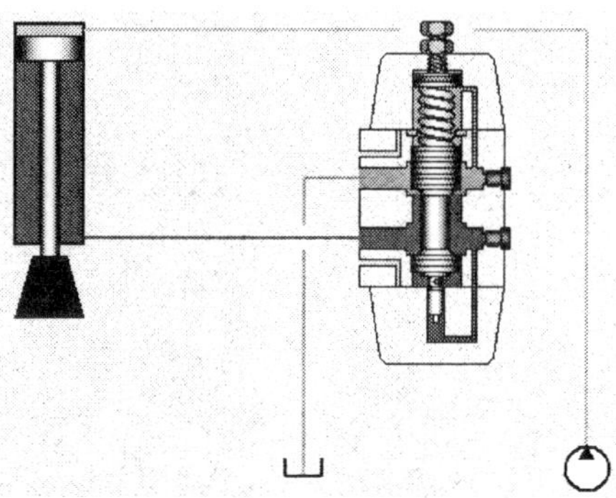
「그림 3-8 카운터 밸런스 밸브

5. 무부하 밸브(unloading valve)

유압계통의 압력을 일정범위로 유지시키는 밸브이다. 다시 말하면 계통압력이 설정값에 달하면 유압유를 펌프로부터 기름 탱크로 귀환시켜 펌프를 무부하로 하고, 계통압력이 설정값 이하로 저하되면 다시 계통에 압력을 공급한다.

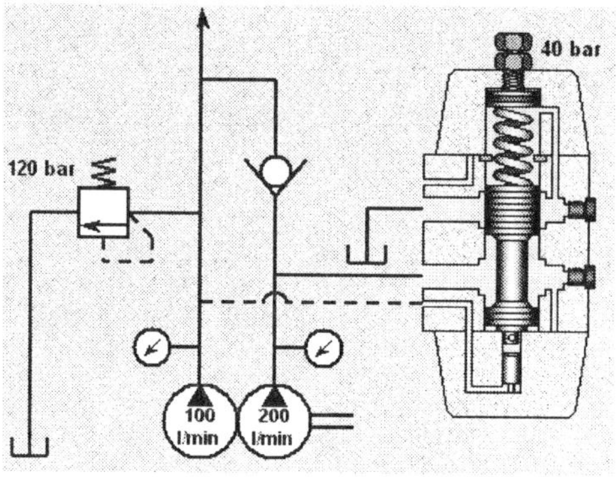

▼그림 3-9 무부하 밸브

6. 유체 퓨우즈(hydraulic fuse)

미리 설정한 압력에 달하면 격막이 파열되어 회로의 최고압력을 한정한다.

7. 압력 스위치(pressure switch)

유압유의 압력 혹은 압력의 상승, 하강현상을 감지하여 작동하는 스위치이다.

▼그림 3-10 압력 스위치

3.3 방향제어 밸브

방향제어 밸브(directional control valve)는 작동유의 유동방향을 제어하고 실린더나 유압모터 등의 시동, 가속, 감속, 정지 및 현 상태를 유지하는 등을 목적으로 하여 유압의 흐름 방향을 제어하기 위하여 사용하는 밸브이다.

1. 방향변환 밸브

방향제어 밸브는 구조면에서 분류하면 볼이나 피스톤을 시트에 붙였다 떼었다 하는 포펫트(popet)형과 스풀을 축 둘레에서 회전시키는 회전 스풀형, 그리고 스풀을 축방향으로 섭동시키는 직동 스풀형이 있으며, 조작방식에 따라 분류하면 일반적인 수동작동 스프링 복귀형, 누름버튼 작동 스프링 복귀형, 핸드레버 작동형, 핸드레버 작동 위치 고정형, 페달 작동 스프링 복귀형 등이 있다. 또한 방향제어 밸브는 몇 개의 연결된 사각형으로 표시되며 중립위치에서 밸브 내의 유로의 상태, 변환 위치의 수, 접속 포트의 수, 조작방법 등을 기호로 나타내게 된다.

1) 2/2-way 밸브

2/2-way 밸브는 압유의 흐름을 open, shut-off 하는데 사용된다. 즉 P포트에 유입되는가 아니 되는가는 조작 레버에 따른 스프울의 위치에 따라 결정된다.

2) 3/2-way 밸브

3/2-way 밸브는 압유의 흐름을 한 방향으로 open 시키고 그리고 다른 한 방향으로는 shut-off 하도록 방향제어를 하는데 사용된다. 이 밸브는 스푸울이 중립위치에서 P포트가

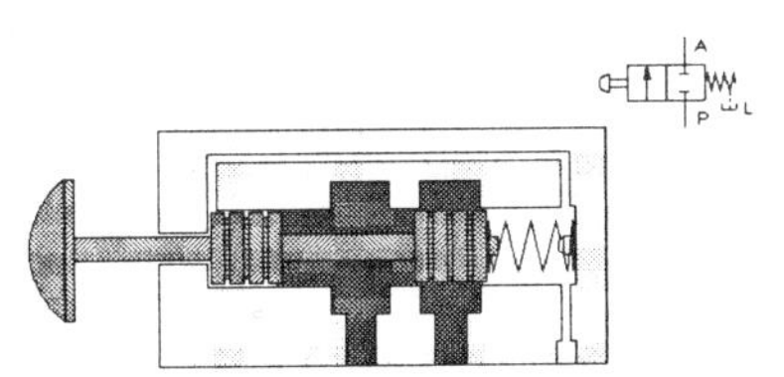

「그림 3-11 2/2-way 밸브

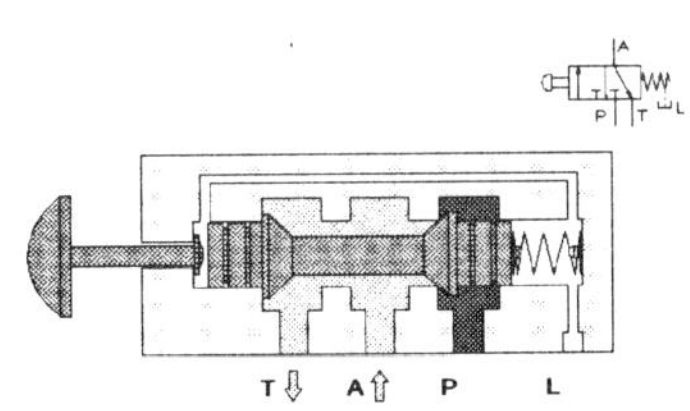

「그림 3-12 3/2-way 밸브

block이고 A포트에서 T포트로 open 되어 있다. 레버에 외력을 가하면 P포트와 A포트가 연결되고 레버에 작용하는 외력이 제거될 때 스프링에 의하여 스푸울이 중립위치로 되돌아온다.

3) 4/2-way 밸브

4/2-way 밸브는 압유의 양방향 흐름을 제어하는데 사용된다. 이 밸브는 상시위치에서 P→B, A→T로 연결되어 있으며 조작력이 가해지면 P→A, B→T로 압유가 통하게 된다. 사용처로는 복동실린더의 클램프, 언클램프, 전후진에 사용된다.

4) 4/3-way 밸브

스풀울이 중립위치에서 P포트가 모든 포트와 완전히 차단된 경우, 모든 포트와 연결된 경우, 그리고 P포트와 T포트가 연결된 경우, 그리고 A포트와 B포트만이 연결된 경우 등이 있다.

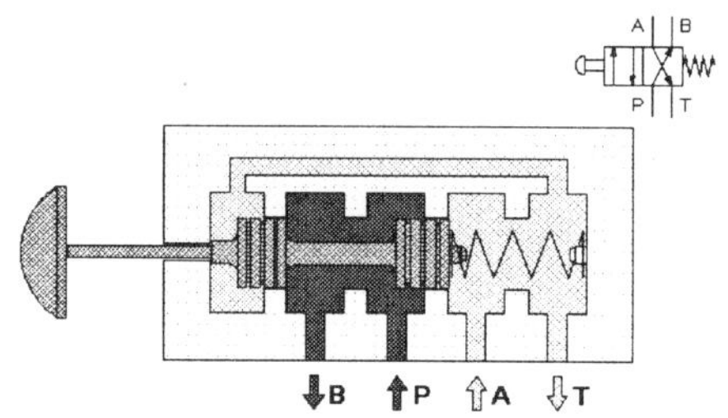

「그림 3-13 4/2-way 밸브

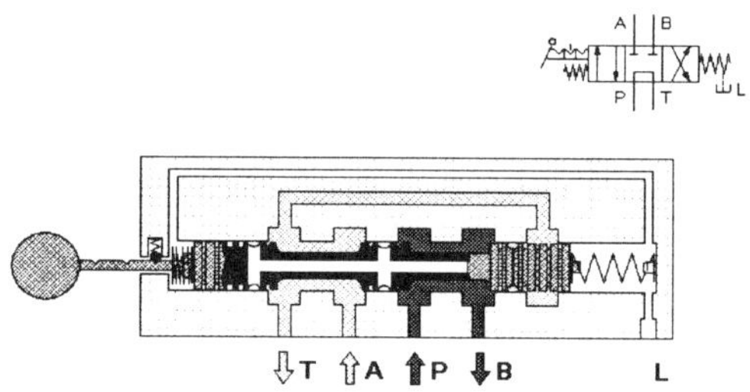

「그림 3-14 4/3-way 밸브

2. 체크 밸브(check valve)

이 밸브는 압유의 흐름을 일 방향만으로 제한하는 것으로, 반대 방향의 흐름을 억제하는 밸브이다. 유압회로 중에서 압유의 압력에 의해서 작동하고 일 방향만의 유로를 확보한다. 역류를 방지함으로서 액추에이터의 운동을 확실하게 한다. 인라인 체크 밸브와 앵글 체크 밸브가 있다.

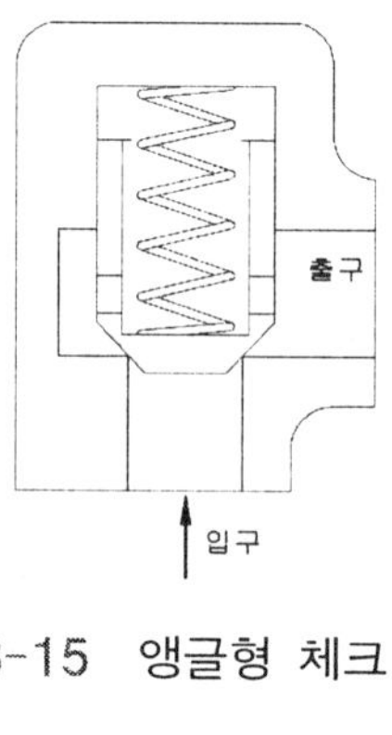

「그림 3-15 앵글형 체크 밸브

3.4 유량제어 밸브

1. 유량제어 밸브의 작용과 그 특성

압유의 유량을 변화시킴으로서 유압모터나 유압실린더의 움직이는 속도를 변화시킬 수 있다. 그 유량을 조절하는 것이 유량조절 밸브이다. 말하자면 유량조절 밸브는 유압모터나 실린더의 속도를 조절하는 밸브라고 할 수 있다. 우선 그림 3-16과 같은 모형의 유로를 초크(chock)라고 하고 그림 3-17과 같은 유로를 오리피스(orifice)라고 한다.

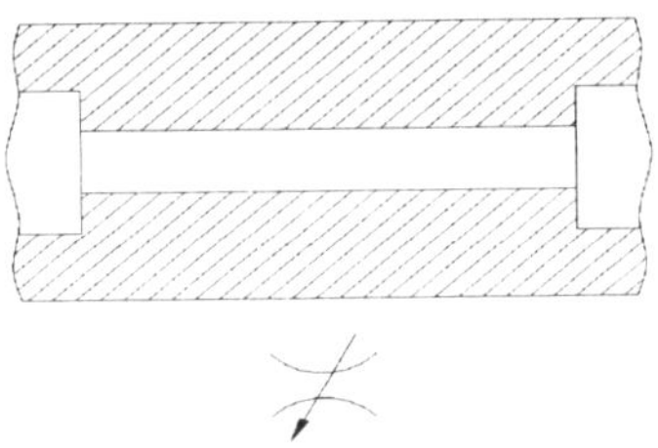

그림 3-16 초크

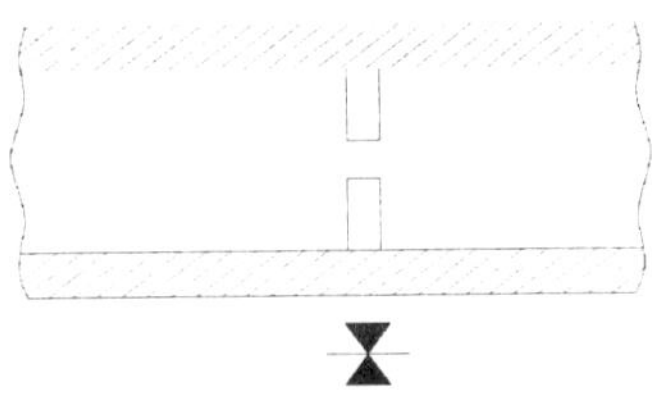

그림 3-17 오리피스

오리피스는 유로의 단면적을 변화시켜 유량을 조절하는 것이고, 초크는 단면적에 비하여 유로의 길이가 길고 이 길고 가는 유로에 의해서 유량을 조절하는 것이다.

그러나 교축기구 일지라도 엄밀하게는 초크적으로 되든지, 또는 오리피스적으로 되든지 한다. 말하자면 면적(유량)이 커지면 오리피스적으로, 면적(유량)이 작으면 초크적으로 되는 것이다. 이와 같이 유량을 조절하는 방법이 다르나 이 다르기에 의해 오리피스 쪽은 기름의 점도(온도)에 영향을 받지 않고, 초크 쪽은 점도의 영향을 받는 것이 된다. 따라서 유량조절 밸브는 크게 나누면 두 가지가 된다. 그 중의 하나가 단지 유량을 조이는 '교축 밸브'이다. 그런데 이 단순한 교축 밸브로서는 압력의 변동이나 점도의 변화에 대응할 수 없다. 따라서 압력보상형 유량조절 밸브와 온도보상형 유량조절 밸브가 등장한다.

2. 압력보상형 유량조절 밸브

일정한 단면적의 교축 통로를 지나는 유량은 교축 전후의 압력차에 따라서 유량이 변화한다. 즉, 압력의 변화는 밸브의 개폐도를 변화시키지 않아도 유량을 변화시켜 액추에이터의 속도가 변한다. 이러한 점들은 부하, 압력변동이 잦은 유압회로에서는 문제를 일으킨다. 이러한 근본적인 문제를 해결하기 위해서는 항상 일정한 유량을 흐르게 해야 하는데, 교축 전후의 압력차를 일정하게 하는 압력 보상 장치가 필요하다.

이와 같이 통과 유량을 일정하게 하기 위해 교축 전후의 압력을 일정하게 유지시켜 주기 위한 기구를 갖춘 밸브를 유량조정 밸브라 한다. 이런 형식의 유량제어 밸브는 자동적으로 시스템의 압력의 변화에 따라 오리피스의 크기를 조절한다. 이는 하류 압력에 비하여 상류 압력이 증가하였을 때 오리피스의 크기를 감소시키는 스프링 작용 압력보상형 스풀의 사용으로 가능하다. 밸브가 한번 설치되면 밸브의 압력 강하량을 일정한 값으로 유지하게 하며, 밸브가 거의 일정하게 되므로 유량을 일정하게 유지시킬 수 있다.

A. 단면도

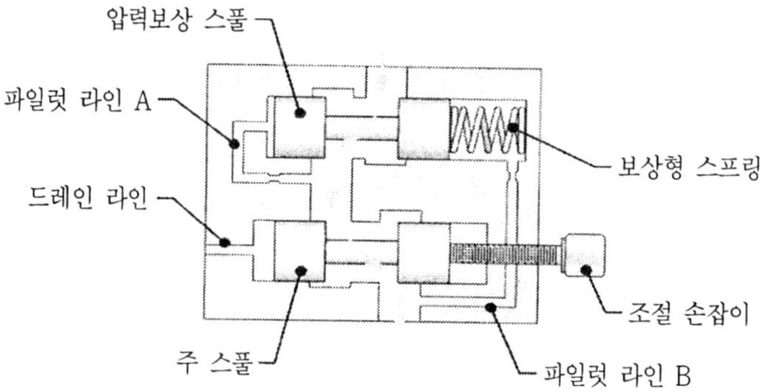

B. 기 호

『그림 3-18 압력보상형 유량제어 밸브

그림 3-18은 압력보상형 유량제어 밸브의 단면을 보여준다. 이 밸브는 기본적으로 주 스풀과 압력보상 스풀로 구성되며, 조절 손잡이는 주 스풀의 위치를 조절하여 출구 오리피스의 크기를 조절한다. 주 스풀의 상류 압력은 파일럿 라인 A를 통해 압력보상 스풀의 왼쪽면에 작용한다. 주 스풀의 하류 압력은 파일럿 라인 B를 통하여 압력보상 스풀의 오른쪽에 작용한다. 만일 주 스풀의 상류 압력이 하류 압력에 비하여 상대적으로 너무 증가하면(즉, 압력 강하량이 너무 크면), 압력보상 스풀은 스프링의 힘에 대항하여 오른쪽으로 움직일 것이며, 이와 같은 작용은 주 스풀을 가로지르는 압력 강하량을 일정하게 하여 유량을 거의 일정하게 유지한다.

3. 온도보상형 유량조절 밸브

유압유의 온도가 상승함에 따라 점도가 떨어지므로 유압유의 온도변화는 유량제어 밸브를 통과하는 유량을 변화시키는 요인이 된다. 점도가 낮은 유압유는 점도가 높은 유압유보다 오리피스를 쉽게 흐를 수 있기 때문에, 유압유의 온도 상승은 선정된 유량제어 밸브의 유량을 증가시킨다. 따라서 온도변화에 의한 유량 변동이 생기는 것을 최소화 시키는 기구를 채용한 온도보상 붙이의 유량조정 밸브가 있다.

온도보상형 유량제어 밸브는 온도 상승에 비례하여 오리피스의 크기가 조절되는 온도 감지 요소가 내장되어 있다. 그림 3-19는 체크 밸브가 달린 압력-온도보상형 유량제어 밸브의 기호이다.

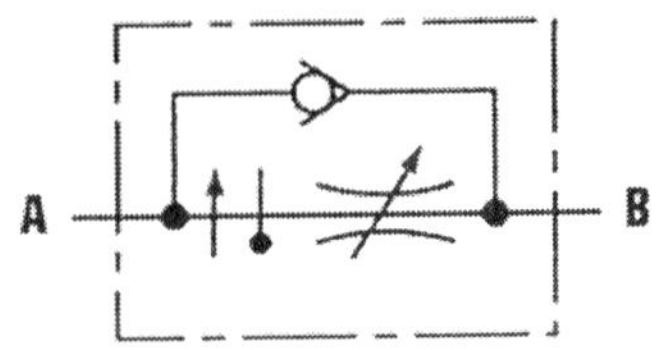

그림 3-19 압력-온도보상형 유량제어 밸브 기호

제 4 장 액추에이터(Actuator)

4.1 개요 및 분류

유압 액추에이터는 압유에 의해 출력축의 왕복운동 혹은 회전운동을 발생시켜 기계적 일을 하는 유압기기의 총칭으로, 유압모터(축의 회전운동), 유압실린더(축의 직선운동) 및 요동 액추에이터(축의 한정된 회전운동)의 3종류로 나눈다.

표 4-1 유압 액추에이터의 종류

4.2 유압모터

유압모터는 압유의 에너지를 회전운동으로 전환시키는 장치이다. 원리적으로는 유압 펌프의 흡입측으로 압유를 공급하면 유압모터가 되지만 효율이 좋지 않는 등의 다소의 차이가 있다. 또한 펌프는 일정방향으로만 회전하는 것이 보통이지만 유압모터는 정역 어느 방향으로도 회전하는 것이 가능하다.

유압모터의 특징을 동일한 회전운동을 하는 교류 전동모터와 비교하여 보면 다음과 같다.

- 회전수의 무단변속, 정역회전의 변환이 대단히 간단하고 시동 정지도 대단히 쉽다.
- 관성이 적어 추종성이 좋고, 응답이 빠르다. 따라서 자동제어의 조작부, 서보기구의 요소 등에 적당하다.
- 동일 마력당의 크기가 전동기에 비해 훨씬 작다.

이와 같은 장점이 있지만 유압장치 자체가 전동기로 구동시키기 때문에 그 용도가 제한되고 있다.

유압모터의 형식에는 모터를 1회전 시키는데 필요한 유량이 일정한 것과 변화되는 것이 있다. 전자를 정용량형 유압모터, 후자를 가변용량형 유압모터라고 한다.

1. 기어모터(gear motor)

구조는 기어 펌프와 거의 같으며 공급된 압유(壓油)가 치면(齒面)에 작용하여 토크를 발생시켜 출력축을 회전시킨다. 기어는 일반적으로 평기어가 이용되며 타 모터에 비교하여 구조가 간단하고, 소형 경량이다. 그러나 구조상 가변용량형 모터로 제작하기는 곤란하고 100 rpm 이하의 저속에서서는 토크 출력 및 회전속도의 맥동이 커져서 사용할 수 없다는 것이 단점이다. 기어모터의 전효율은 70~80[%] 정도이고 회전속도는 1000~3000 rpm 정도이다.

2. 베인모터(vane motor)

구조면에서 베인 펌프와 동일하며 공급압력이 일정할 때 출력토크가 일정, 역전가능, 무단변속가능, 가혹한 운전 가능, 등등의 장점이 있다.

최고 사용압력 70 bar, 동력 5~30 ps, 회전수 200~1800 rpm 정도의 것이 많다. 최저 200

rpm이라고 하는 속도 한계는 출력토크의 변동이 적다. 일반적으로 저압이라든가 저속에서는 효율이 나쁘고, 토크의 변동이 증대되는 단점도 있다.

3. 피스톤 모터(piston motor)

피스톤 모터는 흔히 플런저 모터(plunger motor) 또는 회전 피스톤 모터라고도 부른다. 피스톤 펌프와 구조가 거의 같고 종류는 액셜형(axial type)과 레이디얼형(radial type)이 있다. 액셜 피스톤 모터에는 사축식과 사판식이 있다.

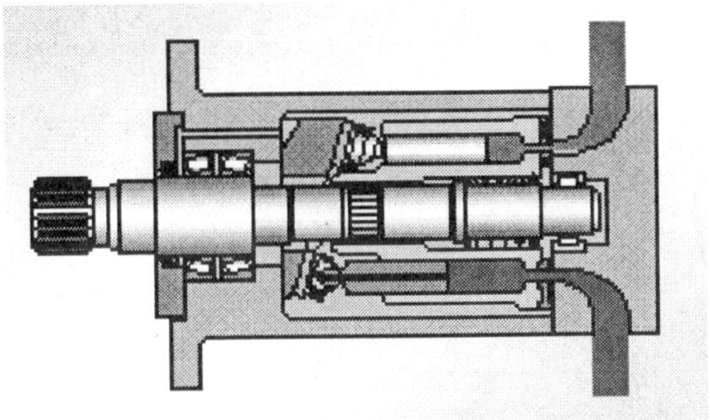

그림 4-1 피스톤 모터

레이디얼 피스톤 모터는 몇 개 또는 10여 개의 피스톤이 축에 방사상으로 배열되어 반경방향으로 왕복운동하면서 축을 회전시키는 형식이다. 이것에는 실린더 블록의 편심 또는 편심캠을 써서 피스톤이 받는 압유에 의한 힘을 토크로 변환하는 편심식과 다엽(多葉)캠을 써서 1회전에 대한 수회의 피스톤 왕복운동에 의해 토크를 발생시키는 다행정식으로 분류된다.

피스톤 모터는 피스톤 펌프와 같이 정용량형(fixed displacement type)과 가변용량형(variable displacement type)이 각 형식마다 있다.

4.3 유압모터의 출력 및 효율

모터에 유입되는 압유의 압력을 p_1 [kg_f/cm^2], 유출되는 압유의 압력을 p_2 [kg_f/cm^2]라 하고 공급압유의 유량을 Q [cm^3/min]라고 할 때 유압모터에 유입되는 동력은 다음과 같이 계산된다.

$$L_i = \frac{(p_1 - p_2)Q}{4.5 \times 10^5} \ [\text{PS}] \tag{4.1}$$

출력은 토르크와 각속도에 의하여 계산된다.

$$L_o = \frac{T\omega}{75 \times 100} = \frac{T(2\pi n/60)}{75} \times 100 = \frac{2\pi nT}{4.5 \times 10^5} \ [\text{PS}] \tag{4.2}$$

$$\therefore T = \frac{75 \times 100 \times 60 \times H_{ps}}{2\pi n} = 71620 \frac{L_o}{n} \tag{4.3}$$

여기서 n는 모터 출력측 회전수[rpm], T는 모터 출력측에서 부하에 전달되는 토르크 [$kg_f \cdot m$]이다. 따라서 입력과 출력의 관계에서 모터의 효율을 계산하면

$\lambda = \frac{L_o}{L_i}$ 가 된다.

유압모터의 크기는 1회전 당에 필요한 압유의 량 q(cm^3/revolution)으로 표시한다. 따라서 모터의 내부 누설이 없다는 가정 하에서 $Q = q \times n_o$, 또 $\lambda = 100\%$ 즉 손실이 없는 것으로 하고 귀환기름의 압력을 0으로 보면($p_1 = p$)

$$L_i = \frac{pQ}{4.5 \times 10^5} = \frac{pqn_o}{4.5 \times 10^5} = L_o = \frac{2\pi n_o T_o}{4.5 \times 10^5} \tag{4.4}$$

위 식으로부터

$$T_o = \frac{pq}{2\pi} \tag{4.5}$$

따라서 토르크 효율은 $\eta_T = \frac{T}{T_o}$가 된다.

위 식에서 n_o는 모터 내부 누설이 없다는 가정 하에서의 회전수이며 T_o는 압력 p의 압유가 발생할 수 있는 최대 토르크 또는 이론 토르크라고 한다.

4.4 유압모터의 장단점

1. 장점

① 전동기에 비해 쉽게 급속 정지시킬 수 있으며 광범위한 무단변속을 얻을 수 있다.
② 소형이고 가볍고 강력한 힘을 얻을 수 있다.
③ 내폭성이 우수하다.
④ 고속 추종성이 좋다.
⑤ 시동, 정지, 역전, 변속 등을 가변용량형 펌프나 미터링(교축 밸브의 뜻이며 유량을 개량하는 밸브)에 의해서 간단히 제어할 수 있다.
⑥ 과부하에 대한 안전장치나 브레이크가 용이하다.
⑦ 종이나 전선 등에 쓰이는 권선기와 같은 토르크 제어 기계에 편리하다.

2. 단점

① 작동유에 먼지나 공기가 혼입되지 않도록 주의해야 한다.
② 작동유의 점도변화에 의해 유압모터 사용에 제약을 받는다(통상 20~80℃).
③ 석유계 작동유는 인화에 약하다.
④ 수천 시간 이내에 오버홀(over haul) 해야 한다.

4.5 유압실린더(hydraulic cylinder)

유압동력을 단면적에 대응하는 추력과 속도의 운동으로 변환하여 직선방향으로 일을 하는 기기이다.

1. 실린더의 종류

1) 단동실린더(single acting cylinder)

한쪽방향에만 힘을 주어 일을 하며, 실린더의 귀환은 자중 또는 스프링의 힘에 의해 이루어진다.

2) 복동실린더(double acting cylinder)

그림 4-1과 같이 피스톤의 양쪽에 포트(port)를 설치하여 유압을 번갈아 공급하면서 양쪽 방향에 작용력을 주고 있는 실린더이다. 복동실린더의 종류는 단로드 실린더와 양측로드 실린더의 2가지 형식이 있다.

3) 다단실린더

텔레스코픽형 실린더(telescopic cylinder)와 디지털형 실린더(digital cylinder)가 있으며 텔레스코픽형은 실린더의 길이에 비해 긴 행정이 필요한 경우에 사용되며 디지털형 실린더는 유출입구를 적당한 조합으로 유압을 주거나 배출함으로서 피스톤 로드의 위치를 정확하게 제어할 수 있다.

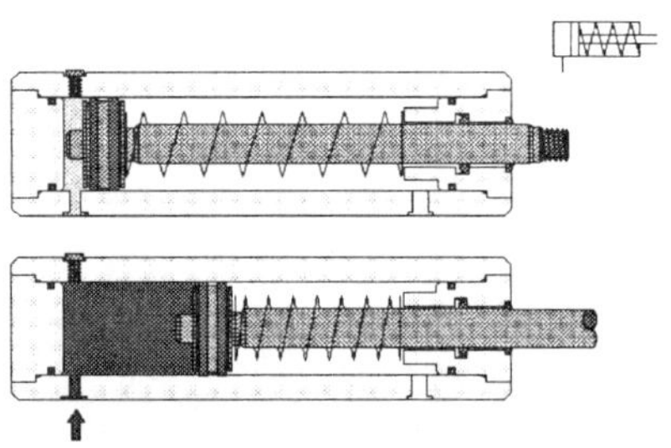

『그림 4-2 단동실린더

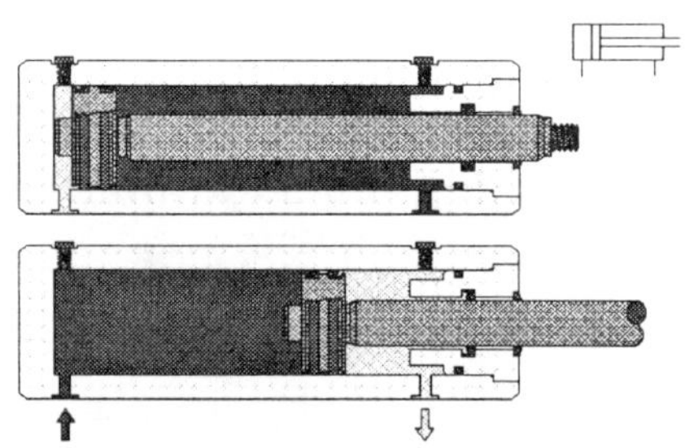

『그림 4-3 복동실린더

제5장 유압부속기기

5.1 오일탱크(oil tank or oil reservoir)

본래는 유압장치에 필요한 작동유의 저장을 목적으로 하나 각종 부속품을 장착시켜 여러 가지 기능을 갖게 한다.

탱크가 너무 작으면 유온이 상승하여 회로에서 발생한 기포가 펌프에 다시 흡입될 때까지 꺼지지 않는다. 탱크 내의 유온은 펌프의 용량, 사용압력에 따른 열발생, 기포발생의 상황 등에 의하여 결정된다. 그러므로 압유탱크의 용량은 작동 사이클 중에 유면을 적절히 유지하여 압유 중의 이물질, 공기를 분리시키면서 발생열을 방사시킬 수 있는 크기가 되어야 하고 회로 내의 압유가 전부 탱크 안에 모이더라도 넘쳐흐르지 않을 정도의 충분한 크기가 되어야 한다. 탱크의 이상적인 크기는 그 장치가 필요로 하는 매분 펌프 송출량의 2~10배이나, 보통은 3~6배 정도로 한다.

이물질의 혼입이 허용되지 않으므로 탱크 제작시에는 유의해서 제작하여야 한다.

1. 탱크의 구조

각 유압설비는 여러 가지 목적 즉, 작동유 저장, 작동유와 공기의 분리, 열분산, 펌프와 구동 모터의 지지, 제어기기를 설치하기 위한 base plate 등의 역할을 하는 탱크를 구비하여야 한다.

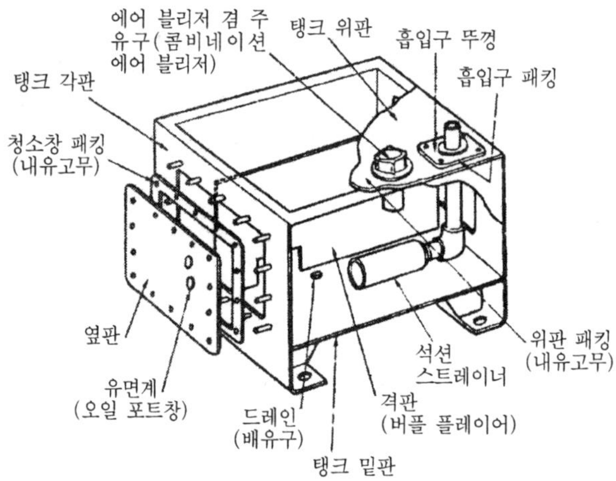

「그림 5-1 탱크의 구조

1) Air breather

각 탱크는 Air filter를 포함한 적정한 Air breather가 설치되어야 한다.

이 Air breather는 펌프의 기름 공급과 공기의 혼입이 없는 Oil을 유지하기 위해 항상 대기압이 유체의 표면상에 작용할 수 있는 구조 이어야한다. 귀환유는 Level 을 유지하고 Zero 압력으로 Drain 한다.

2) 보충구

유체를 보충하는 동안 외부에서의 이물질 혼입을 방지하기 위하여 항상 Mesh strainer를 포함하여야 한다.

3) Drain plug

Tank의 제일 낮은 곳에 설치하여야 한다. 유체를 교환할 시에는 Tank와 Filter를 깨끗하게 청소를 하여야 한다.

4) 점검창

유체의 Level은 계량봉 혹은 점검창에 의해 계속적으로 점검한다.

최소와 최대의 Level은 표시되어야 한다.

5) 격판

탱크 내부의 Suction chamber와 Return line chamber와의 격판이다.

Return line chamber의 작동유를 정지시킬 수 있으므로 귀환된 작동유 내의 이물질을 침적시킬 수 있다.

5.2 필 터

유압설비에서 압유의 여과는 유압기기의 작동성과 수명에 대단히 중요하다.

공기 중의 먼지와 마찬가지로 금속과 Seal 입자는 설비가 작동되는 동안 압유를 오염시킨다. 여러 가지 크기의 이러한 입자는 계속해서 제거하여야만 한다. 그렇지 않으면 오염입자는 시스템의 port와 배관을 막히게 한다. 따라서 기능이 저하할 것이다. 오염은 유압 설비의 습동부 마모에 의한 것이 가장 큰 원인이다.

유압 필터는 라인의 흐름 상태에 따라 전량형과 분류형, 또 압력측 관로형으로서 고압용 라인필터와 귀환관로나 흡입측용으로서 저압용라인 필터가 있다. 탱크 필터는 펌프의 흡입단에 장착하는 가장 간단한 구조의 필터로서 압력강하는 펌프의 공동현상특성과 직접 관계가 있으므로 80 mmHg 이하로 하는 것이 좋다. 또 여과입도는 149, 105, 74, 44 μ의 각 종류가 시판되고 있고, 보통 74～105 μ 정도가 많이 사용되고 있다.

이 스트레이너는 금속망과 세라믹자석(ceramic magnets)으로 구성되어 있다. 압유가 강한 자기장을 통과하는 동안은 저속으로 흐르게끔 구조가 되어 있어 1 μ 정도의 철분까지 자석에 흡입되고, 비철 이물도 제거된다.

라인필터는 일종의 압력용기 내에 필터 엘레멘트(filter element)를 내장하여, 엘레멘트 세공이 막혀 규정 이상의 압력강하가 생길 때 작동하는 안전밸브를 갖는 것이 보통이다. 라인 필터는 주 관로에 장치하여 전량을 여과하는 것 이외에 분류식도 있고, 또 필요한 회로에만 적당한 여과입도의 필터를 설치하는 경우도 있다. 정격압력은 35, 70, 140, 210 kg_f/cm^2 여과입도 5, 10, 20, 44 μ의 것이 시판되고 있다.

여과 방법에 따라 구별에서 설명하면 다음과 같다.

1. Suction line 여과

필터는 Suction line에 설치한다. 이것은 외부의 이물질에 의해 펌프에 손상을 입히는 것을 방지하기 위한 것이다.

필터의 막힘에 의해 Cavitation을 발생시킬 위험성이 있다.

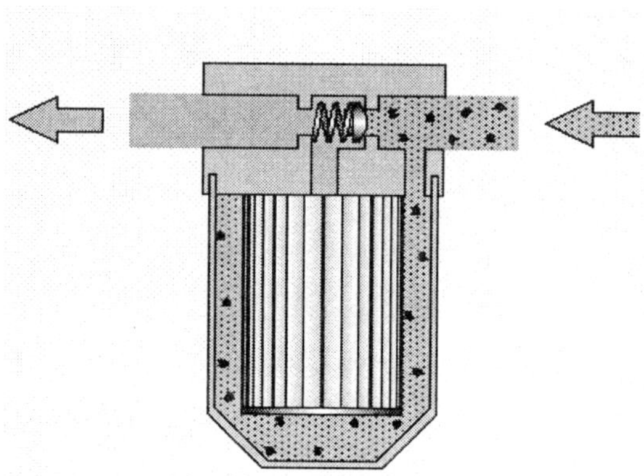

「그림 5-2 필터

2. 압력 Line 여과

필터는 외부 이물질에 의해 유압설비를 보호하기 위하여 압력 Line에 설치한다.

3. Return line 여과

필터는 귀환유를 여과하기 위하여 Return line에 설치한다.

4. 압유의 여과

유압기기의 고압고속화에 수반하여, 기기 각 부의 정도가 요구됨에 따라 압유 청정도의 향상도 크게 요망되고 있다. 유압기기의 보수에 있어서 고장의 75%는 압유의 오염에 기인한다고 말할 수 있을 만큼, 유압의 청정도는 유압장치 전체에 걸쳐 극히 중요한 것이다.

필터를 여과작용면에서 분류하면 표면식, 적층식, 다공체식, 흡착식, 자기식으로 크게 나눌 수 있다.

5.3 축압기(accumulator)

축압기는 고압상태의 압유를 용기에 밀어 넣는 것으로서, 펌프로부터 공급하는 압유량 보다도 다량의 고압유가 순간적으로 구동장치 내에서 필요할 때 고압류를 보내줄 목적으로 고안되었다. 축압기를 사용하면 사용하지 않았을 때에 비하여 펌프가 소형화되고 또 전체의 장치가 소형으로 되어 설비 비용이 적당하다는 이점이 있다.

1. 용도

1) 압축 에너지의 축적

축적된 압유에너지를 필요에 따라 내보냄으로써, 간헐운전에 있어서 펌프의 정전이나 고장 등의 긴급시에 동력원, 유압회로에서 누유나 온도변화에 따른 유량과 압력변화에 대한 보상용 등으로 사용된다.

2) 맥동, 충격의 제거

유압 펌프가 발생하는 맥동을 흡수하고, 피크압력을 억제시켜 진동이나 소음을 방지할 목적으로 사용한다.

또 밸브를 개폐할 때 발생하는 오일 해머(Oil hammering)나 서어지압(Surge pressure)의 제거, 충격압력에 의한 밸브류, 배관 계기류의 파손이나 누유를 방지할 목적으로 사용한다. 이러한 이유로 괴음제동기 서어지 흡수기 또는 충격제동기라고도 불리 운다.

3) 액체 수송

축압기의 기체부의 기체를 피스톤과 같이 작용시키면 어큐뮬레이터는 펌프로서의 작용을 하므로 유독, 유해, 부식성의 액체를 수송시킬 수 있다.

2. 종류

1) 추 부하식 축압기(weight loaded accumulator)

이 축압기는 피스톤과 실린더로 되어 있고, 피스톤에 사용되는 추(weight)의 무게로 오일에 에너지를 주게 되어 있다. 유압회로 내의 가압오일은 피스톤 아래쪽에 있는 오일의 실(chamber)로 밀려들어가 피스톤과 추를 들어올리고 축압기에 충전되고, 유압회로 내의 압력이 낮아지거나 오일이 더 필요하게 되면 중력에 의하여 피스톤과 추가 내려가서 오일을 유압회로로 보낸다.

이 축압기는 일정한 압력을 유지할 수 있으나 운동부분의 관성이 크고, 응답성도 좋지 않아 맥동의 흡수에는 적합하지 않고, 구조가 크고 값이 비싸서 설치를 하는데 제한을 받는 단점이 있다.

2) 스프링 부하식 축압기(spring loaded accumulator)

스프링 부하에 따른 변위에 의해 생기는 힘과 유압이 평행을 이루도록 한 어큐뮬레이터의 작동은 로딩시 가압 오일이 낮아지면 스프링이 오일을 유압 회로로 밀어 낸다.

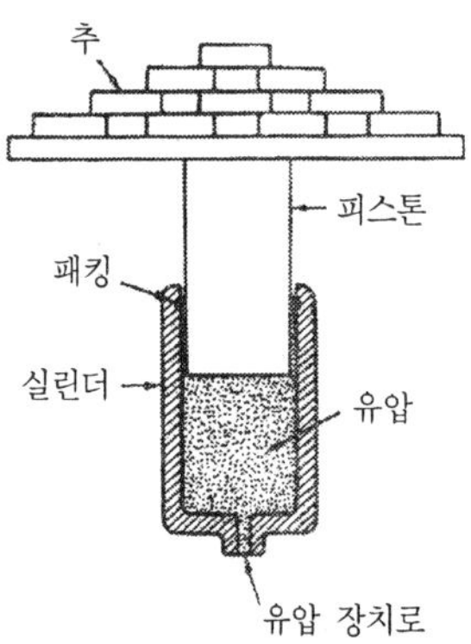

그림 5-3 추 부하식 축압기

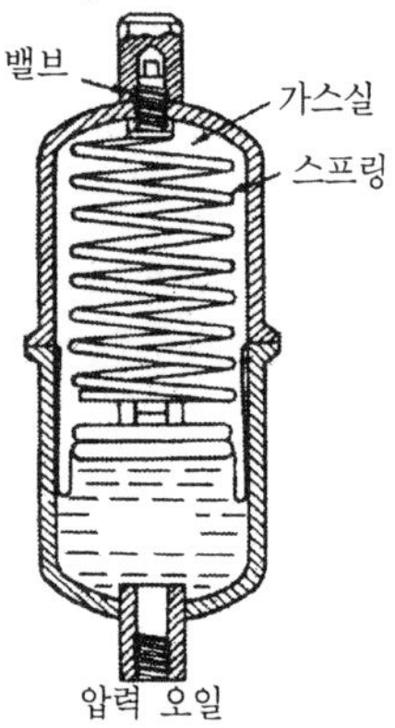

그림 5-4 스프링 부하식 축압기

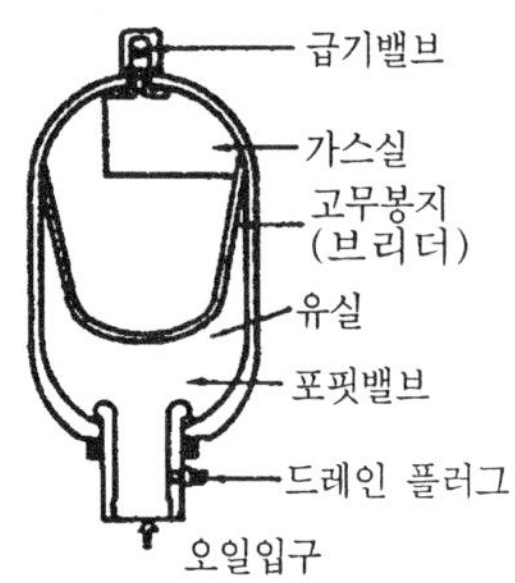

그림 5-5 브리더형 축압기

이 축압기는 예충전이나 재충전을 필요로 하지 않는 장점이 있으나, 유압회로의 용량이 크거나 고압일 경우 축압기의 부피가 너무 커지는 단점도 있어, 회로의 용량이 작거나 저압인 경우에 주로 사용된다.

3) 그림 5-5와 같이 브리더에 불활성 가스를 주입하고 브리더의 압축과 팽창의 정도에 따라 압유를 축적하는 방법으로 단점으로는 유실에 가스가 침입할 염려가 있으나 장점으로는 대형으로도 제작이 용이하고, 맥동압 흡수가 용이하며, 빠른 응답성이다.

5.4 유압 작동유

유압 작동유는 유체에너지를 전달하기 위하여 매우 중요한 역할을 하는 것이며, 기계의 종류나 운전조건에 따라 여러 가지가 쓰이고 있다. 유압장치를 설계, 제작, 운전 관리하기 위해서도 유압기기와 더불어 유압유도 알고 있어야 하겠다.

1. 유압 작동유에 요구되는 성질

유압장치가 그 기능을 장기적으로 충분히 발휘하기 위해서는 유압장치와 유압유가 충분히 적합해야 한다. 최근 유압장치의 고성능화에 따라 품질이 우수한 작동유가 요구되고 있다. 다음은 작동유에 요구되는 성능을 열거하였다.

① 압축성
동력을 확실하게 전달하기 위한 비압축성이고, 응답성이 양호할 것.
② 점성
온도 및 압력에 의한 점도의 변화가 적고, 저온 유동성이 있으며 전단안정성이 양호할 것.
③ 윤활성
기기의 작동부에서 충분히 윤활성을 유지하고, 고체마찰을 방지할 수 있을 것.
④ 안정성
장시간 사용해도 화학적으로 안정될 것.
⑤ 독성, 휘발성 등이 적을 것.

2. 유압에서의 점도 영향

저점도 유압유
- 누설이 잘된다.
- 윤활 효과가 작다.
- 펌핑이 수월하다.
- 반응 시간이 빠르다.
- 기포의 제거가 쉽다.

고점도 유압유
- 내부 누설이 작다.
- 윤활 특성이 좋다.
- 배관저항이 크다.
- 반응 시간이 느리고 스위칭 시간이 크다.
- 기포의 제거가 어렵다.

3. 유압유의 사용법

성능이 우수한 작동유를 사용한다고 하여도 올바르게 사용하지 않으면 유압기구의 성능을 발휘시킬 수 없다.

1) 유압유의 오염

유압기기 고장의 대부분은 먼지에 의하여 일어나고 있으며, 마찰이나 용접작업 기타 기계가공시의 칩, 녹 등 금속입자로 이루어진 경질의 먼지와 오일의 열화나 시일재의 마모 등으로 일어나는 연질의 먼지가 있으며, 경질의 먼지는 기계의 섭동부에 홈을 내게 하여 오일누설이 이루어지고 기계의 성능이 저하되며, 연질의 먼지는 회로의 관로를 막아서(파일롯 라인 등) 작동불량이나 유량 유속 등에 영향을 주고 있다.

2) 회로 중에 처음부터 들어있는 먼지

기계가공 중이나 조립시 들어온 용접 슬래그, 칩 등이 있으며, 경질의 먼지로서 운동부에 홈을 내어 가장 위험하다.

회로 속에 발생하는 녹은 재료의 선정 잘못이나 조립 전의 보관 잘못 등으로 인하여 생기는 것이 보통이며, 온도의 변화에 따라 공기 중의 수증기가 응고(결로현상)하여 생기는 수도 있다.

3) 운전 중 회로 속에서 발생하는 먼지

기계의 마찰에 의하여 마찰부분이 마모하여 생기는 기계적인 것과 작동유의 산화에 의하여 생기는 화학적인 것이 있으며, 오일의 산화 생성물은 고형인 먼지와 수분과 함께 슬러지가 되는 수도 있다.

4) 사용 중 외부에서 들어온 먼지

오일 주유구의 필터불량이나 통기구의 필터 불량으로 들어오는 경우가 많으며, 또한 피스톤로드를 통하여 들어오는 경우도 있다.

5) 보충 오일 속에 들어있는 먼지

특히 물이 가장 많은 이물질이다. 물이 들어가면 무겁기 때문에 탱크 바닥에 모이나 유압 펌프의 작동에 의하여 미세하게 분해되어 기계의 각 부분에 녹을 발생시킨다.

6) 유압유의 점검과 교환

작동유의 상태를 점검하는 방법에는 눈으로 보는 방법과 시험에 의한 방법이 있으나 보통 5,000~20,0000시간 사용하면 작동유의 성질이 변하여 응고되는 경향이 생긴다.

따라서 처음에는 100~1000시간 정도에 교환을 하고 2회부터는 2000시간마다 교환하며, 흑갈색을 띄고 있으면 즉시 교환하고 비중, 점도 등도 확인하는 것이 좋다.

제6장 유공압제어 실습

6.1 순수 유압 제어 실습과제

【실습 1】 기초 실습

실습목표

(1) 유압 핸드 펌프를 이용하여 압력의 형성과정을 설명할 수 있다.
(2) 압력 릴리프 밸브의 압력 설정방법을 수행할 수 있다.
(3) 유압 압력 릴리프 밸브의 크래킹 압력을 확인하는 작업을 할 수 있다.

실습순서

1. 유압 핸드 펌프 실습

(1) 실습에 필요한 부품을 선정하여 고정판에 배치, 고정한다.
(2) 배치된 부품을 회로도와 같이 배관한다.
(3) 그림 6-1의 셧-오프 밸브 [1]을 닫힘 상태로 전환한다.
(4) 유압셋의 전원을 On 시켜 액주관 [2]에 기름을 1.5ℓ 정도 채운 후 유압셋을 Off 시킨다.
(5) 셧-오프 밸브 [3a]와 [4]를 완전 개방 상태로 전환 후 핸드 펌프를 일정하게 회전시키면서 압력 게이지 p0의 상태를 관찰한다.
(6) 셧-오프 밸브 [4]를 서서히 닫힘 상태로 전환하면서 핸드 펌프를 회전시킬 때 압력 게이지 p0의 상태를 관찰한다.

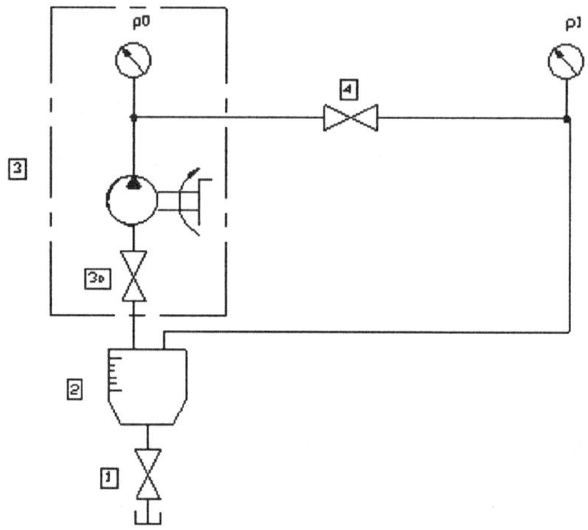

『그림 6-1 핸드 펌프 실습 회로도

(7) 셧-오프 밸브 [3a]를 어느 정도 닫힘 상태로 유지하고 [4]는 완전 개방 상태로 전환 후 핸드 펌프를 회전시킬 때 펌프 흡입측의 변화를 관찰한다.

(8) 실습장치를 정돈 후 (5), (6), (7)의 결과에 대해 토의한다.

2. 유압 압력 릴리프 밸브 실습

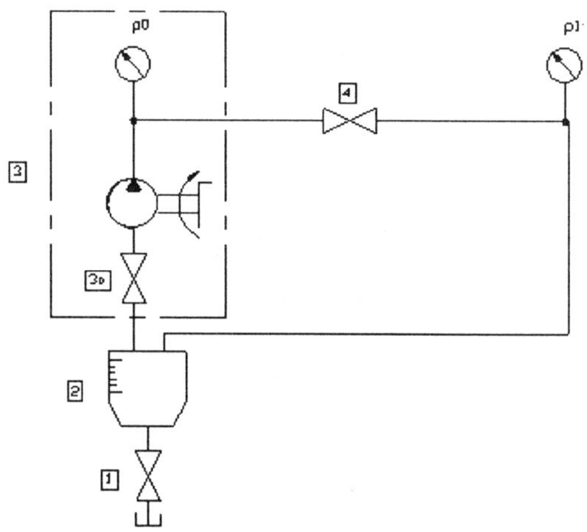

『그림 6-2 유압 압력 릴리프 밸브 실습 회로도

(1) 그림 6-2 실습에 필요한 부품을 선정하여 고정판에 배치, 고정한다.

(2) 배치된 부품을 회로도와 같이 배관한다.

(3) 셧-오프 밸브 [2]를 열림 상태로 전환한다.

(4) 압력 릴리프 밸브 [3]의 조정나사를 반시계 방향으로 완전히 돌린다.

(5) 유압셋의 전원을 On 시킨다.

(6) 압력 게이지 p1의 압력이 50 kg$_f$/cm^{2}이 될 때까지 압력 릴리프 밸브의 조정나사를 시계방향으로 돌린다.

(7) 유압셋의 전원을 Off 시킨 후 셧-오프 밸브 [2]를 닫힘 상태로 전환한다.

(8) 유압셋의 전원을 On 시킨 후 셧-오프 밸브 [2]를 서서히 개방시키면서 압력 릴리프 밸브가 열려 액주관 [4]로 기름이 떨어질 때의 압력을 압력 게이지 p1으로 확인한다.

(9) (8)의 압력 릴리프 밸브의 작동압력에 대해 토의한다.

(10) 압력 게이지 p1의 40 kg$_f$/cm^{2}과 30 kg$_f$/cm^{2}이 되도록 압력 릴리프 밸브를 재조정한 후 각 경우에 대해 (7), (8), (9) 과정을 반복하여 표 6-1을 작성한다.

표 6-1

압력(kg$_f$/cm^2)	50	40	30
작동압력(kg$_f$/cm^2)			

(11) 결과에 대해 토의한다.

3. 유압 펌프의 유량-압력 특성 실습

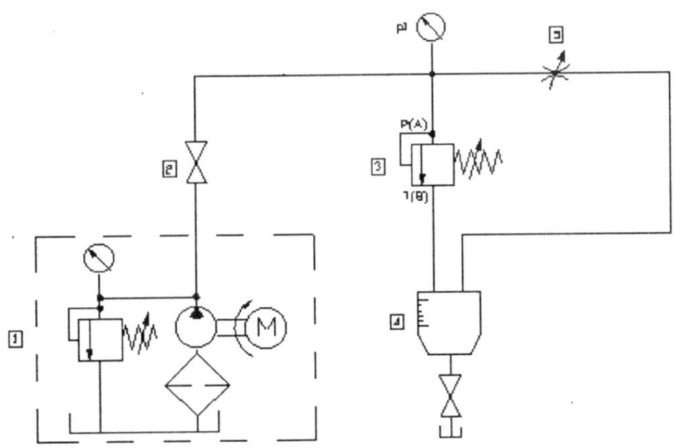

그림 6-3 유압 펌프의 유량-압력 특성 실습 회로도

(1) 그림 6-3 실습에 필요한 부품을 선정하여 고정판에 배치, 고정한다.

(2) 배치된 부품을 회로도와 같이 배관한다.

(3) 셧-오프 밸브 [2]를 열림 상태로 전환한다.

(4) 유량제어 밸브 [5]를 시계방향으로 조정하여 완전 폐쇄 상태로 전환한다.

(5) 유압셋의 전원을 On 시킨다.

(6) 유압 릴리프 밸브 [3]을 시계방향을 돌려 p1 게이지의 압력을 50 kg_f/cm^2 되도록 조정한다.

(7) 유량제어 밸브 [5]를 반시계방향으로 돌려 p1 게이지의 압력을 10 kg_f/cm^2이 되도록 조정한다.

(8) 유압셋의 전원을 Off 시키고 투명 유량계의 [4]의 셧-오프 밸브를 폐쇄 상태로 전환한다.

(9) 유압셋의 전원을 On 시킨다.

(10) 초시계를 이용하여 투명 유량계 [4]에 1.5 ℓ 의 기름이 채워질 때까지의 시간을 측정하여 표 6-2에 기록한다.

(11) 압력 게이지 p1의 압력이 20, 30, 40 kg_f/cm^2일 때 각각 (8), (9)의 과정을 반복한다.

(12) 결과에 대해 토의한다.

표 6-2

압력(kg_f/cm^2)	10	20	30	40
시간(sec)				

4. 유체의 흐름 실습

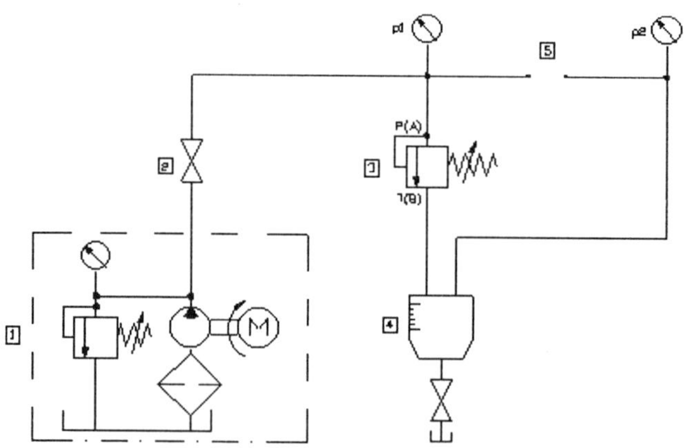

그림 6-4 유체의 흐름 실습 회로도

(1) 그림 6-4 실습에 필요한 부품을 선정하여 고정판에 배치, 고정한다.

(2) 배치된 부품을 회로도와 같이 배관한다.

(3) 셧-오프 밸브 [2]를 열림 상태로 전환한다.

(4) 유압셋의 전원을 On 시킨다.

(5) 유압 릴리프 밸브 [3]을 조정하여 p1 게이지의 압력을 40 kg_f/cm^2 되도록 셋팅 한다.

(6) 유압셋의 전원을 Off 시킨다.

(7) 회로도상의 [5]는 오리피스 투명블록 P포트와 A포트에 유압 배관을 한다.

(8) 유압셋의 전원을 On 시킨다.

(9) 오리피스 투명블록 전・후의 압력을 p1, p2 게이지로 측정하고 유체의 흐름 상태를 관찰한다.

(10) 회로도상의 [5]를 오리피스 투명블록 P-B, 슬로틀 투명블록의 P-A, P-T에 각각 유압 배관을 한 후 (8), (9) 과정을 반복하여 표 6-3에 기록한다.

(11) 결과에 대해 토의한다.

표 6-3

	p1	p2	비 고
P-A			
P-B			
P-A			
P-T			

【실습 2】 유압 단동실린더의 제어

실습목표

(1) 단동실린더의 구조를 이해하여 그 기능을 설명할 수 있다.

(2) 피스톤의 속도와 힘의 함수 관계를 이해하고 계산하여 그 값을 산출할 수 있다.

(3) 회로도에 표시된 유압 기호를 판독하여 유압 요소를 선정 배치할 수 있다.

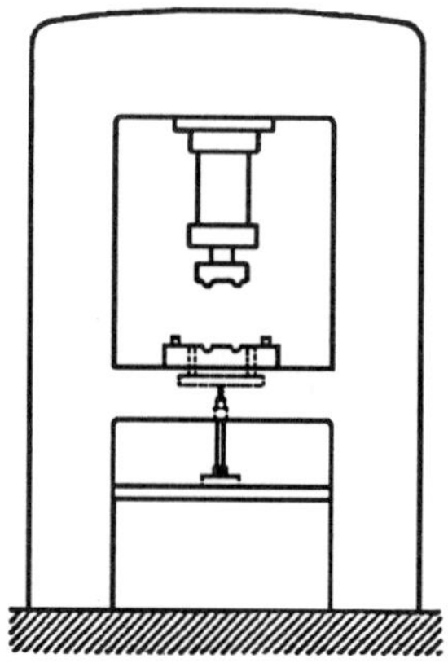

「그림 6-5 유압 프레스

실습순서

1. 작업 준비를 한다.

(1) 유압 회로도를 판독한다.
(2) 회로도에 표시된 유압 요소를 선정한다.
(3) 유압 실험 장치의 이상 유무를 확인한다.

2. 유압 요소를 조립한다.

(1) 유압 작업판에 유압 요소를 고정 배치한다.
(2) 연결 호스를 이용하여 각 유압 요소를 연결한다.

3. 연결 요소를 점검한다.

각 유압 요소의 연결부와 연결 호스의 이상 유무를 확인 점검한다.

4. 시험 작동한다.

(1) 시동 스위치를 켠다.
(2) 압력 릴리프 밸브를 이용하여 압력을 40 kg_f/cm^2에 맞춘다.
(3) 단동실린더의 전 · 후진 운동은 3/2-way 밸브의 위치 전환에 의해 이루어지도록 한다.
(4) 전진 운동시 p1, p2의 압력을 확인하여 표 6-4의 기록표에 기록한다.

5. 실습 장치를 정돈한다.

(1) 유압 파워 유니트의 전원을 차단한다.

(2) 압력 게이지의 압력이 0 kg_f/cm^2으로 된 것을 확인한다.

(3) 유압 배관을 제거하고 부품을 정리 정돈한다.

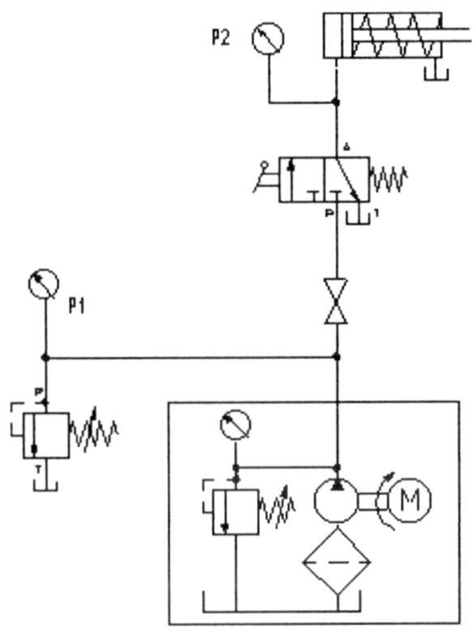

▾그림 6-6 유압 단동실린더 제어 회로도

▾표 6-4

조건 \ 압력	p1	p2
무부하시		
압축 하중시		

【실습 3】 유압 복동실린더의 제어

실습목표

(1) 복동실린더의 구조를 이해하여 그 기능을 설명할 수 있다.

(2) 피스톤의 전·후진 속도 차이의 원인을 설명할 수 있다.

(3) 회로도에 표시된 유압 기호를 판독하여 유압 요소를 선정할 수 있다.

실습순서

1. 작업 준비를 한다.

(1) 유압 회로도를 판독한다.
(2) 회로도에 표시된 유압 요소를 선정한다.
(3) 유압 실험 장치의 이상 유무를 확인한다.
(4) 초시계를 준비한다.

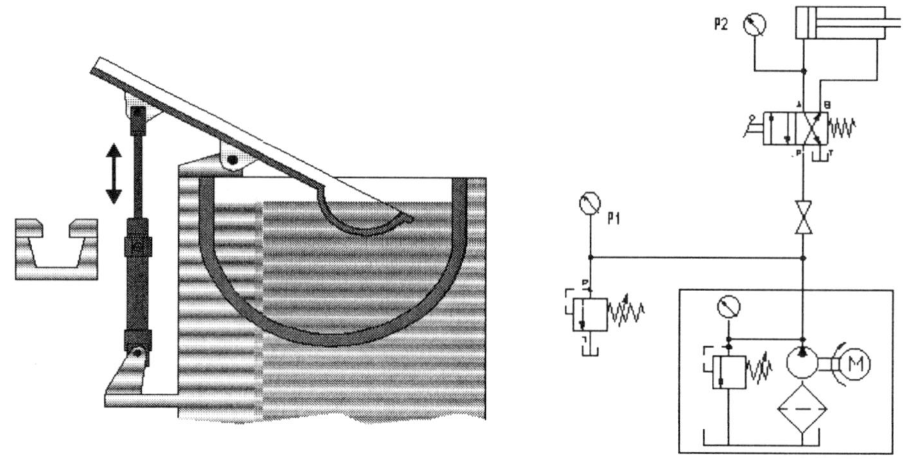

ʳ그림 6-7 유압 복동실린더 제어 회로도

2. 유압 요소를 조립한다.

(1) 유압 작업판 위에 유압 요소를 배치한다.
(2) 연결 호스를 이용하여 유압 요소를 연결한다.

3. 연결 요소를 점검한다.

각 유압 요소의 연결부와 연결 호스의 이상 유무를 확인 점검한다.

4. 시험 작동한다.

(1) 시동 스위치를 On 시킨다.
(2) 압력 릴리프 밸브를 이용하여 압력을 40 kg_f/cm^2에 맞춘다.
(3) 4/2-way 밸브를 사용하여 표 6-5를 완성한다.

5. 각 유압 요소를 정리 정돈한다.

(1) 유압 파워 유니트의 전원을 차단한다.

(2) 압력 게이지의 압력이 0 kg_f/cm^2 으로 된 것을 확인한다.

(3) 유압 배관을 제거하고 부품을 정리 정돈한다.

표 6-5

조건 \ 압력	p1	p2	p3
무부하시			
압축 하중시			

【실습 4】 유압 실린더의 중간정지

실습목표

(1) 파일로트 작동형 체크 밸브의 기능을 설명할 수 있다.

(2) 실린더의 중간정지 시스템을 구축할 수 있다.

실습순서

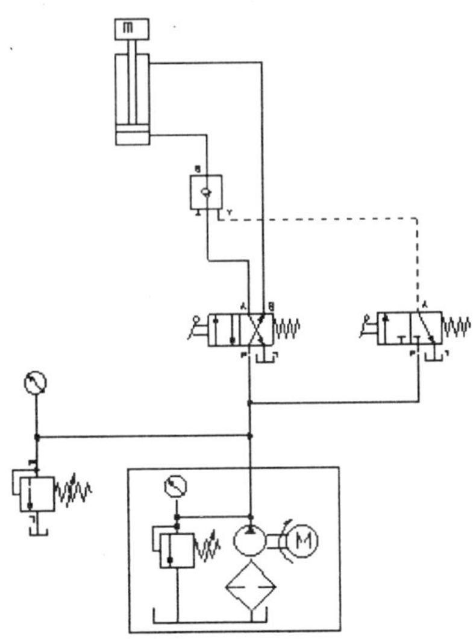

그림 6-8 유압 실린더의 중간정지 회로도

1. 실습을 준비한다.

(1) 그림 6-8의 실습에 필요한 부품을 선정하고 고정판에 배치, 고정한다.
(2) 배치된 부품을 유압 호스를 사용하여 회로도와 같이 배관한다.

2. 동작 시험을 한다.

(1) 유압 파워 유니트의 전원을 공급한다.
(2) 밸브 ⟨2⟩를 작동시켜 실린더를 전진운동 시킨다.
(3) 밸브 ⟨3⟩을 작동시켜 실린더를 후진운동 시킨다.
(4) 20 kg_f의 추를 실린더 위에 올려놓는다.
(5) 밸브 ⟨2⟩를 작동시켜 실린더를 행정의 중간위치까지 전진운동 시킨다.

3. 실습 장치를 정돈한다.

(1) 실린더가 완전히 후진운동하고 압력 게이지의 압력이 0 kg_f/cm^2이 되도록 밸브 ⟨3⟩을 작동시킨다.
(2) 유압 파워 유니트의 전원을 차단한다.
(3) 유압 배관을 제거하고 부품을 정리 정돈한다.

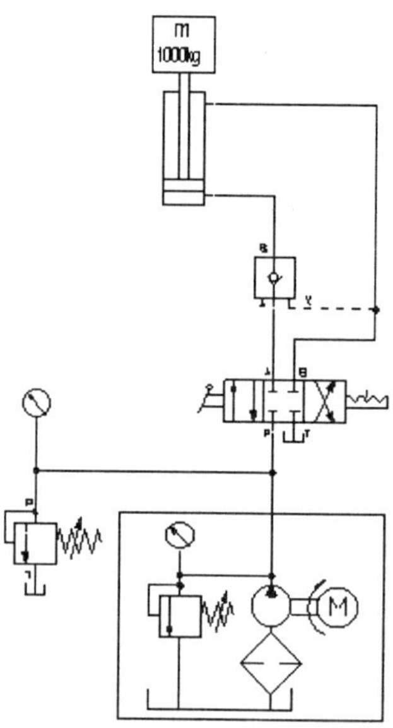

그림 6-9 중립위치 차단형 4/3-way 밸브의 이용

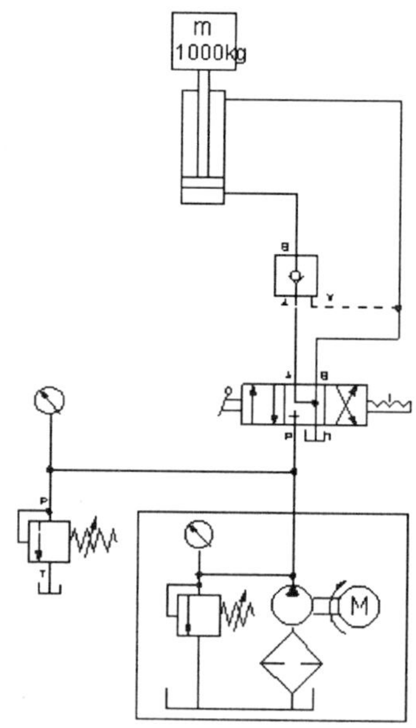

그림 6-10 A, B, T 접속형 4/3-way 밸브의 이용

【실습 5】 유압 실린더의 속도제어

실습목표

(1) 유압 실린더의 미터-인 속도제어 회로를 구성할 수 있다.

(2) 유압 실린더의 미터-아웃 속도제어 회로를 구성할 수 있다.

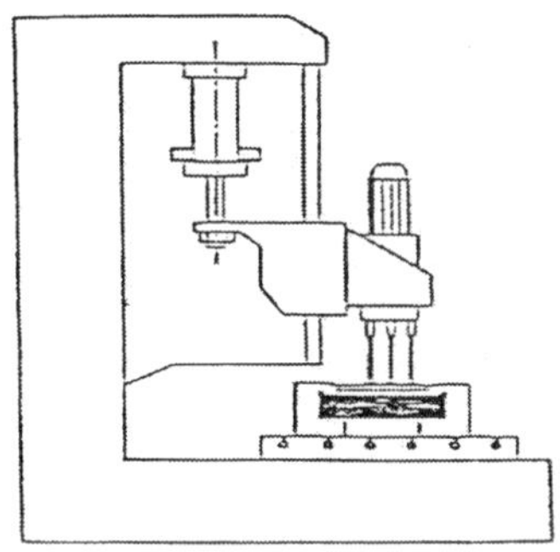

그림 6-11 유압 실린더를 이용하는 드릴의 이송

실습순서

1. 미터-인 속도제어 실습을 준비한다.

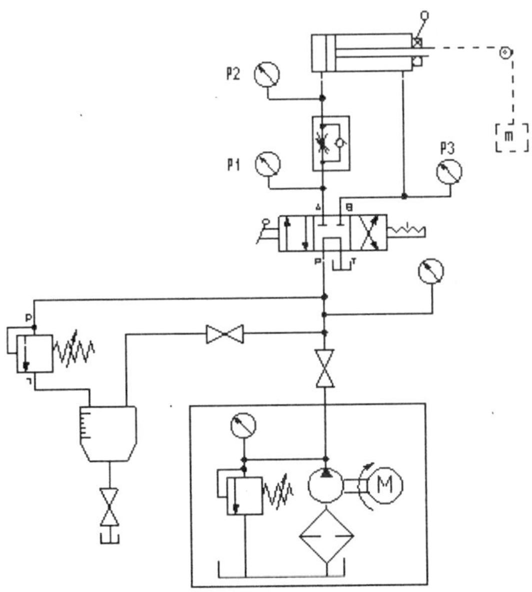

그림 6-12 미터-인 속도제어 실습 회로도

(1) 그림 6-12 미터-인 속도제어 실습에 필요한 부품을 선정하여 고정판에 배치, 고정한다.

(2) 배치된 부품을 유압 호스를 사용하여 회로도와 같이 배관한다.

2. 동작 시험을 한다.

(1) 유압 파워 유니트의 전원을 공급한다.

(2) 시스템의 최대 압력을 결정하는 압력 릴리프 밸브의 설정압을 50 kg_f/cm^2으로 조정한다.

(3) 무부하 상태에서 실린더의 전진 운동 완료시간이 10초가 되도록 교축 릴리프 밸브의 조정 나사를 조정한다.

(4) 전진 운동시 p1, p2, p3의 압력과 시간을 확인하여 표 6-6의 기록표에 기록한다.

(5) 실린더의 브레이크 레버를 이용하여 적당한 세기의 압축하중을 가한다.

(6) (4)의 과정을 반복한다.

(7) 실린더의 브레이크 레버를 풀고 추(20 kg_f)를 이용하여 인장하중을 가한다.

(8) (4)의 과정을 반복한다.

3. 실습 장치를 정돈한다.

(1) 유압 파워 유니트의 전원을 차단한다.

(2) 압력 게이지들의 압력이 0 kg_f/cm^2으로 된 것을 확인한다.

(3) 유압 배관을 제거하고 부품을 정리 정돈한다.

4. 미터-아웃 속도제어 실습을 준비한다.

(1) 그림 6-13 미터-아웃 속도제어 실습에 필요한 부품을 선정하여 고정판에 고정, 배치한다.

(2) 배치된 부품을 유압 호스를 사용하여 회로도와 같이 배관한다.

5. 2.와 같은 요령으로 동작 시험을 한다.

6. 3.과 같은 요령으로 실습 장치를 정돈한다.

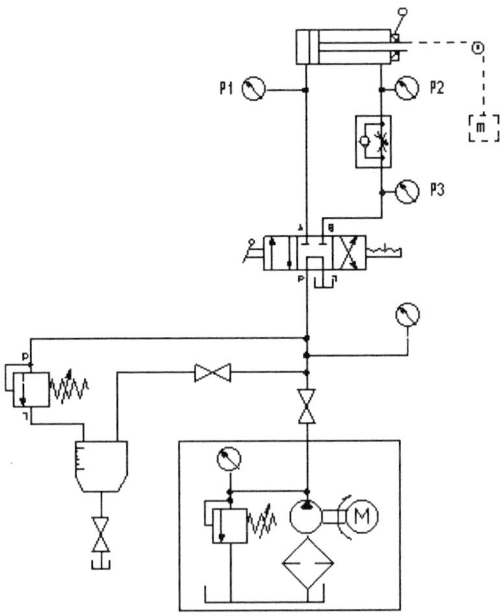

『그림 6-13 미터-아웃 속도제어 실습 회로도

7. 카운터 밸런스 밸브 실습을 준비한다.

(1) 그림 6-14의 카운터 밸런스 밸브 실습에 필요한 부품을 선정하고 고정판에 배치, 고정한다.

(2) 유압 호스를 사용하여 배치된 부품을 연결한다.

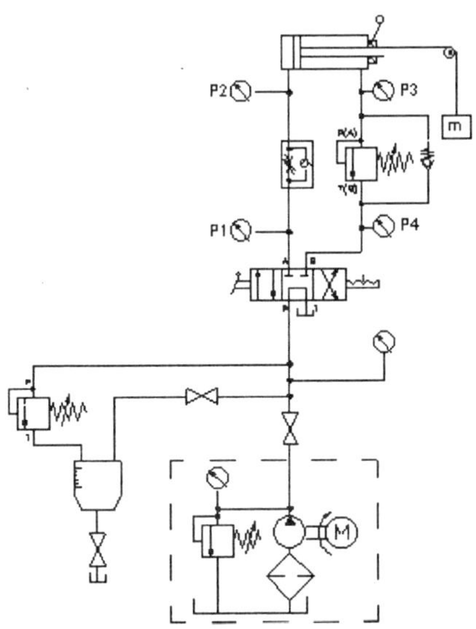

『그림 6-14 카운터 밸런스 밸브 실습 회로도

8. 동작 시험을 한다.

(1) 무부하 상태에서 전진 운동시 p3의 압력이 20 kg_f/cm^2이 되도록 압력 릴리프 밸브의 조정나사를 조정한다.

9. 3.과 같은 요령으로 실습 장치를 정돈한다.

표 6-6

	미터-인 실습(전진)			미터-아웃 실습(전진)			카운터 밸런스 밸브 실습(전진)		
	무부하 시	압축 하중시	인장 하중시	무부하 시	압축 하중시	인장 하중시	무부하 시	압축 하중시	인장 하중시
p1									
p2									
p3									
p4	—	—	—	—	—	—			
시간 (sec)									

☑ 관계지식

▪ 미터-인 속도제어

일방향 유량제어 밸브를 사용하여 무부하 상태에서 실린더의 전진 운동 시간을 10초로 조절하였다고 가정하자. 이때 실린더에 인장하중의 부하가 걸리면 실린더의 전진 운동에 걸리는 시간은 3초 이내가 된다. 이 실험을 통해서 인장하중이 작용하는 곳에서 공급측의 유량을 제어하는 것은 적당하지 않음을 알 수 있다. 이러한 현상이 발생되는 원인은 로드측의 유량이 교축부분을 통해 피스톤측에 공급되는 유량보다 훨씬 빠르게 빠져나가기 때문이다. 이때 피스톤측은 유압부에서 분리된 공기로 인한 진공이 형성된다.
실린더에 압축하중이 작용하는 경우에는 실린더의 전진 운동에 걸리는 시간은 10초보다 긴 시간이 걸리게 된다. 이는 압축 릴리프 밸브의 출구 압력이 실린더에 작용하는 압축하중 때문에 증가하고 따라서 압축 릴리프 밸브의 압력 차이가 작아져서 통과 유량이 적어지기 때문이다.

▪ 미터-아웃 속도제어

미터-아웃의 방법으로 실린더의 전진속도를 제어하는 경우 실린더에 인장하중의 부하가 작용하면 실린더 로드측의 압력이 시스템의 최대 설정 압력보다 훨씬 높아지게 된다. 이는 인장하중의 크기에 해당하는 압력과 압력과 교축 릴리프 밸브를 통과하기 위한 압력에 해당하는 피스톤측의 압력이 더해지기 때문이다. 실린더를 감속 운동시키려면 이와 같은 현상은 제어할 수 없다.
실린더에 압축하중이 걸리는 경우에도 실린더의 피스톤측과 로드측에는 항상 압력이 높은 상태로 실린더는 동작하게 된다.

▪ **카운터 밸런스 밸브의 이용**

실린더에 인장하중이 걸리거나 부하의 관성에 의한 인장하중 효과가 발생되면 실린더가 끌리게 되는데 이를 방지하기 위하여 인장하중이 걸리는 측에 압력 릴리프 밸브를 달아 저항을 주게 된다. 이러한 목적으로 사용되는 압력 릴리프 밸브를 카운터 밸런스 밸브라고 한다.

카운터 밸런스 밸브를 사용하면 미터-인 속도제어시 인장하중에 대한 피스톤의 빠짐 현상을 제거할 수 있다. 즉, 인장하중의 부하가 작용하는 경우에도 로드측의 기름이 탱크로 복귀하려면 카운터 밸런스 밸브를 통과하기 위한 일정 압력이 필요하기 때문이다.

【실습 6】 압력보상형 유량제어 밸브

실습목표

(1) 압력보상형 유량제어 밸브의 구조와 용도, 기능에 대하여 설명할 수 있다.

(2) 유압 기호에 의해 회로도를 작성할 수 있다.

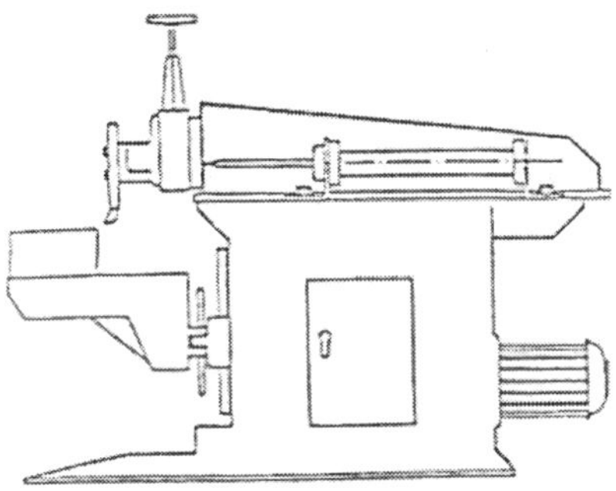

「그림 6-15 유압 Planer

실습 순서

1. 작업 준비를 한다.

(1) 유압 회로도를 판독한다.

(2) 회로도에 표시된 유압 요소를 선정한다.

(3) 유압 실험 장치의 이상 유무를 확인한다.

(4) 초시계를 준비한다.

2. 유압 요소를 조립한다.

(1) 유압 작업판 위에 유압 요소를 배치한다.

(2) 연결 호스를 사용해 유압 요소를 연결한다.

(3) 각 유압 요소의 연결부와 연결 호스의 이상 유무를 확인 점검한다.

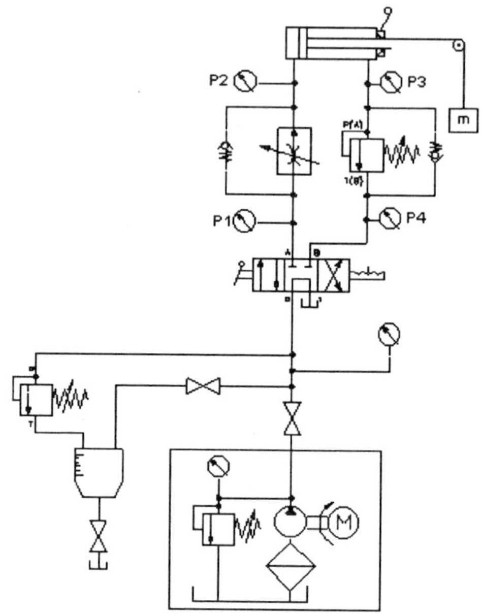

▼그림 6-16 압력보상형 유량제어 밸브 회로도

3. 시험 작동한다.

(1) 유압 파워 유니트의 전원을 공급한다.

(2) 시스템의 최대 압력을 결정하는 압력 릴리프 밸브의 설정압을 50 kg_f/cm^2으로 조정한다.

(3) 무부하 상태에서 실린더의 전진 운동 완료시간이 10초가 되도록 교축 릴리프 밸브의 조정나사를 조정한다.

(4) 전진 운동이 p1, p2, p3의 압력과 시간을 확인하여 표 6-7의 기록표에 기록한다.

(5) 실린더의 브레이크 레버를 이용하여 적당한 세기의 압축하중을 가한다.

(6) (4)의 과정을 반복한다.

(7) 실린더의 브레이크 레버를 풀로 추(20 kg_f)를 이용하여 인중하중을 가한다.

(8) (4)의 과정을 반복한다.

4. 실습 장치를 정돈한다.

(1) 유압 파워 유니트의 전원을 차단한다.

(2) 압력 게이지들의 압력이 0 kg_f/cm으로 된 것을 확인한다.

(3) 유압 배관을 제거하고 부품을 정리 정돈한다.

「표 6-7

조건 / 압력	무부하시	압축하중시	인장하중시
$p1_1$			
$p2_2$			
$p3_3$			
$p4_4$			
시간(sec)			

【실습 7】 압력 조절기 회로

실습목표

(1) 압력 조절기의 구조와 기능, 용도를 설명할 수 있다.

(2) 유압 기호에 의해 유압 요소를 선정하여 회로를 구성할 수 있다.

(3) 시험 작동의 결과를 고찰하여 압력 조절기의 특성을 이해하고 그 용도에 적합한 압력 조절기를 선택할 수 있다.

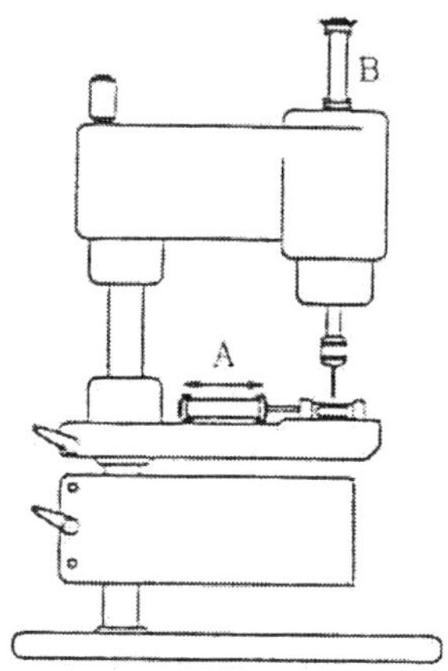

「그림 6-17 드릴머신

실습순서

1. 작업 준비를 한다.

(1) 유압 회로도를 판독한다.
(2) 회로도에 표시된 유압 요소를 선정한다.
(3) 유압 실험 장치의 이상 유무를 확인한다.

2. 유압 요소를 조립한다.

(1) 유압 작업판 위에 유압 요소를 배치한다.
(2) 연결 호스를 사용해 유압 요소를 연결한다.
(3) 각 유압 요소의 연결부와 연결 호스의 이상 유무를 확인 점검한다.

3. 시험 작동한다.

(1) 유면계의 위치를 확인한다.
(2) 시동 스위치를 켠다.
(3) 압력 릴리프 밸브를 이용하여 압력을 25 kg_f/cm^2로 조절한다.
(4) 실험은 3방향 압력 조절기를 사용한다.
(5) 압력과 시간은 〈표 6-8, 6-9〉에 각각 기록한다.
(6) 〈표 6-8〉의 실험은 3방향 압력 조절기의 압력을 8 kg_f/cm^2, 유량제어 밸브는 완전히 개방한 상태에서 실험을 시작한다.
(7) 〈표 6-9〉의 실험은 3방향 압력 조절기의 압력을 13 kg_f/cm^2에서 실험을 시작하고 유량제어 밸브를 제어하며 상태를 관찰하여 기록한다.

표 6-8

피스톤	p1	p2	p3	4/3-way 밸브의 제어위치	t(S)
전 진					
전진완료		8		C	
후 진					
후진완료					

『표 6-9

피스톤	p1	p2	p3	4/3-way 밸브의 제어위치	t(S)
전 진					
전진완료					
후 진		13		C	
후진완료					

【실습 8】 차동 회로

실습목표

(1) 차동 실린더의 기능과 용도에 대하여 설명할 수 있다.

(2) 피스톤의 면적비가 실린더의 운동 시간과 힘에 미치는 영향을 계산에 의해 증명할 수 있다.

(3) 실린더의 전·후진 속도가 같음을 실험을 통하여 증명할 수 있다.

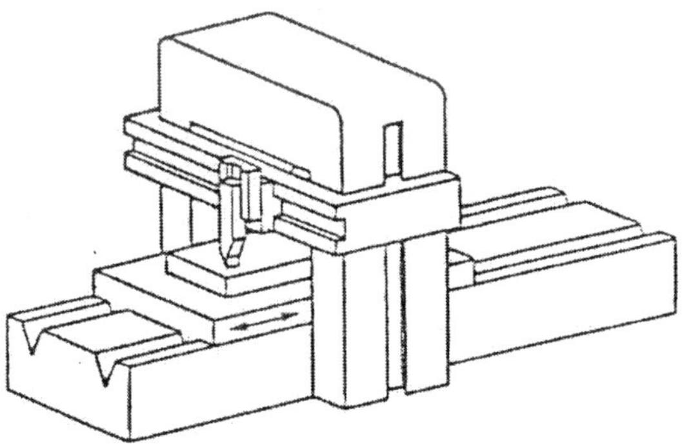

『그림 6-18 플레이너의 테이블

실습순서

1. 작업 준비를 한다.

(1) 유압 회로도를 판독한다.

(2) 회로도에 표시된 유압 요소를 선정한다.

(3) 유압 실험 장치의 이상 유무를 확인한다.

(4) 초시계를 준비한다.

2. 유압 요소를 조립한다.

(1) 유압 작업판 위에 유압 요소를 배치한다.
(2) 연결 호스를 사용해 유압 요소를 연결한다.
(3) 각 유압 요소의 연결부와 연결 호스의 이상 유무를 확인 점검한다.

3. 시험 작동한다.

(1) 시동 스위치를 켠다.
(2) 압력 릴리프 밸브를 사용하여 압력을 50 kg_f/cm^2에 맞춘다.
(3) 유량제어 밸브를 조절하여 〈표 6-10〉에 실험 결과를 기록한다.

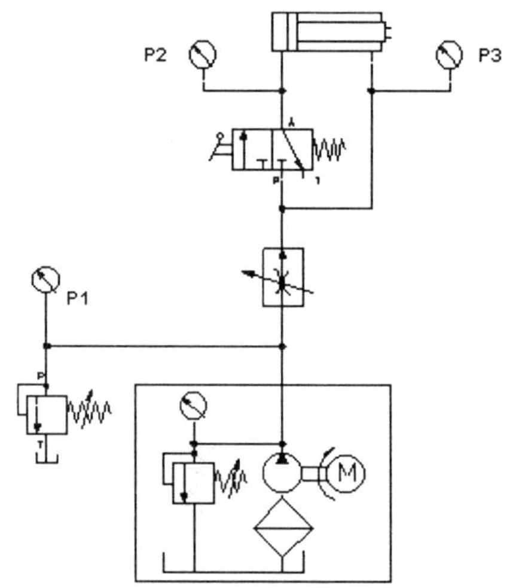

『그림 6-19 차동 회로 회로도 실습

『표 6-10

	무부하시		압축 하중시	
	전진	후진	전진	후진
p1				
p2				
p3				
p4				
시간(sec)				

【실습 9】 유압 모터 제어

실습목표

(1) 유압 모터의 제어 방법을 습득한다.

(2) 브레이크 밸브의 기능을 습득한다.

실습순서

1. 실습 장치를 준비한다.

(1) 그림 6-20의 실습에 필요한 부품을 선정하여 고정판에 배치, 고정한다.

(2) 배치된 부품을 유압 호스를 사용하여 배관한다.

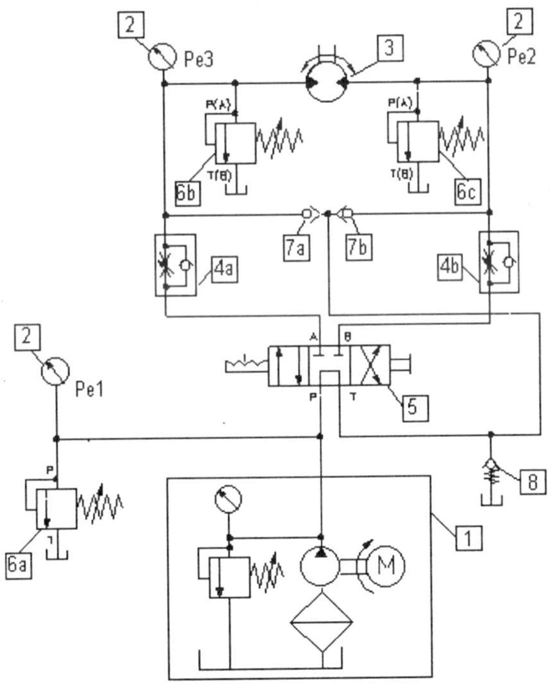

「그림 6-20 유압모터의 실습 회로도

2. 동작 시험을 한다.

(1) 유압 파워 유니트의 전원을 공급한다.

(2) 압력 릴리프 밸브 〈6a〉의 압력을 30 kg_f/cm^2으로 조정한다.

(3) 압력 릴리프 밸브 〈6b〉와 〈6c〉의 압력을 50 kg_f/cm^2으로 조정한다.

(4) 방향제어 밸브 〈5〉를 조작하여 유압 모터를 정·역회전 시킨다.

(5) 방향제어 밸브 〈5〉를 조작하여 정회전 시키다가 정지시킨다.

(6) 유압모터가 정지하는 순간 압력 게이지 〈2〉의 압력 pe2의 압력과 압력 릴리프 밸브 〈6c〉에 기름이 드레인 되는지 확인한다.

(7) 위의 사항을 토의한다.

3. 실습 장치를 토의한다.

(1) 압력 릴리프 밸브 〈6b〉와 〈6c〉의 조정 나사를 반시계 방향으로 돌려 설정 압력을 최저로 낮춘다.

(2) 유압 파워 유니트의 전원을 차단한다.

(3) 유압 배관을 제거하고 부품을 정리 정돈한다.

【실습 10】 축압기

실습목표

(1) 유압 축압기의 사용방법을 습득한다.

(2) 유압 축압기의 구조와 작동원리를 습득한다.

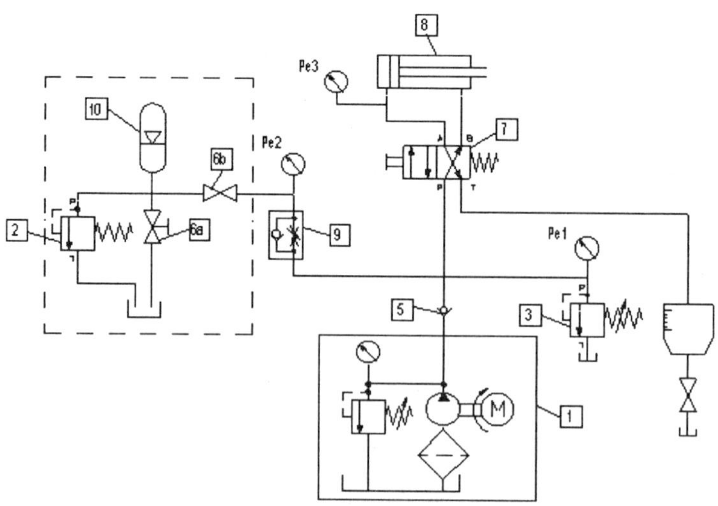

그림 6-21 축압기 실습 회로도

실습순서

1. 실습 장치를 준비한다.

(1) 그림 6-21 축압기 실습에 필요한 유압 부품을 선정하고 고정판에 배치, 고정한다.

(2) 배치된 부품을 유압 호스를 사용하여 배관한다.

2. 동작 시험을 한다.

(1) 그림 6-21의 셧-오프 밸브 〈6a〉는 닫고 〈6b〉는 열어 놓는다.

(2) 압력 릴리프 밸브 〈pe1〉의 압력 조정은 50 kg_f/cm^2 으로 한다.

(3) 유압 파워 유니트의 전원을 공급한다.

(4) 4/2-way 방향제어 밸브 〈7〉을 조작하여 실린더를 몇 회 왕복운동 시킨다.

(5) 유압 파워 유니트의 전원을 차단한다.

(6) 4/2-way 방향제어 밸브 〈7〉을 조작하여 실린더의 운동 상태를 확인한다.

(7) 위의 확인 결과를 토의한다.

3. 실습 장치를 정돈한다.

(1) 압력 게이지들의 압력이 0 kg_f/cm^2 을 가리킬 때까지 4/2-way 방향제어 밸브 〈7〉을 조작한다.

(2) 유압 배관을 제거하고 부품을 정리 정돈한다.

【실습 11】 시퀀스 밸브

실습목표

(1) 시퀀스 밸브의 구조와 기능을 설명할 수 있다.

(2) 유압 회로를 보고 유압 요소를 선정할 수 있다.

(3) 시험 작동의 결과를 고찰하여 시퀀스 밸브의 특성을 파악하고 그 용도에 적합한 시퀀스 밸브를 선택할 수 있다.

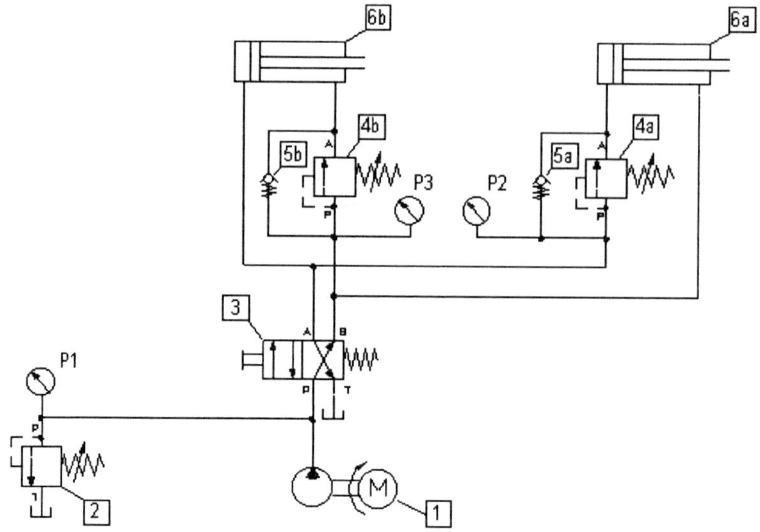

▼그림 6-22 시퀀스 밸브를 이용한 순차제어

실습순서

1. 실습 장치를 준비한다.

(1) 유압 회로도를 판독한다.
(2) 회로도에 표시된 유압 요소를 선정한다.
(3) 유압 실험 장치의 유무를 확인한다.

2. 유압 요소를 조립한다.

(1) 유압 작업판 위에 유압 요소를 배치한다.
(2) 연결 호스를 사용해 유압 요소를 체결한다.
(3) 각 유압 요소의 연결부와 연결 호스의 이상 유무를 점검한다.

▼표 6-11

실린더	실린더 (6b) 전진		실린더 (6b) 후진		실린더 (6a) 전진		실린더 (6a) 후진	
4/2-way 밸브	P→B							
	A→T							
	a	x	a		a		a	
	b		b		b		b	

표 6-11 (계속)

실린더		실린더 (6b) 전진		실린더 (6b) 후진		실린더 (6a) 전진		실린더 (6a) 후진	
압력	p1								
	p2								
	p3								
실린더의 작동순위									

3. 시험 작동한다.

(1) 유면계의 위치를 확인한다.

(2) 시동 스위치를 켠다.

(3) 압력 릴리프 밸브 [2]를 사용하여 압력을 25 kg_f/cm^2에 맞춘다.

(4) 시퀀스 밸브 [4a]를 사용하기 위하여 압력을 p2=15 kg_f/cm^2로 한다([2] 사용).

(5) [4a]의 스프링을 완전히 잠근다.

(6) 4/2-way 밸브([3])를 전환 후 [4a]의 스프링을 피스톤의 전진이 일어날 때까지 천천히 개방한다.

(7) 시험표에 제시된 조건에 따라 실험을 반복하여 〈표 6-11〉에 기록한다.

(8) 〈표 6-11〉의 실험 결과를 토대로 표 6-12에 시간-동작선도를 그린다.

표 6-12

유압요소	기 능	상태	단계 0	1	2	3	4	5
복동실린더(6a)	클램핑	전진 후진						
복동실린더(6b)	이송	전진 후진						
4/2-way 밸브	제어	ba						
시퀀스 밸브(4a)	조임	열림 닫힘						
시퀀스 밸브(4b)	이송	열림 닫힘						
체크 밸브(5a)	역류방지(4a)	열림 닫힘						
체크 밸브(5b)	역류방지(4b)	열림 닫힘						

【실습 12】 다단계 속도제어

실습목표

(1) 속도제어 회로의 구성에 필요한 유압 요소를 선정할 수 있다.

(2) 회로도를 이해하여 급속 이송과 조정된 속도제어를 설명할 수 있다.

(3) 시험 작동의 결과를 고찰하여 압력제어 밸브, 유량제어 밸브, 방향제어 밸브의 특성을 설명할 수 있다.

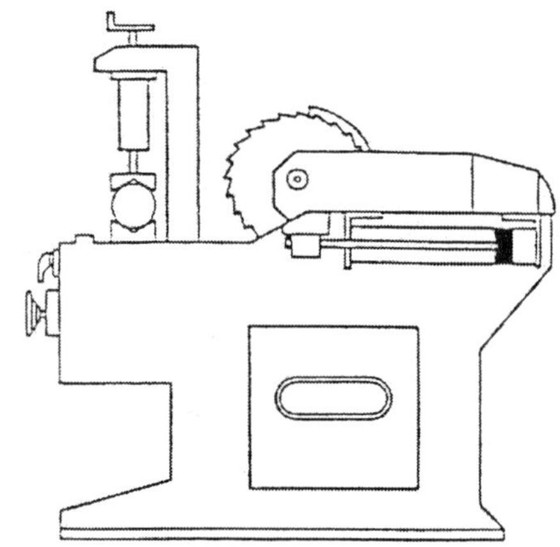

「그림 6-23 Sawing Machine

실습순서

1. 작업 준비를 한다.

(1) 유압 회로도를 판독한다.

(2) 회로도에 표시된 유압 요소를 설정한다.

(3) 유압 실험 장치의 이상 유무를 확인한다.

2. 유압 요소를 조립한다.

(1) 유압 작업판 위에 유압 요소를 배치한다.

(2) 연결 호스를 사용해 유압 요소를 체결한다.

(3) 각 유압 요소의 연결부와 연결 호스의 이상 유무를 확인한다.

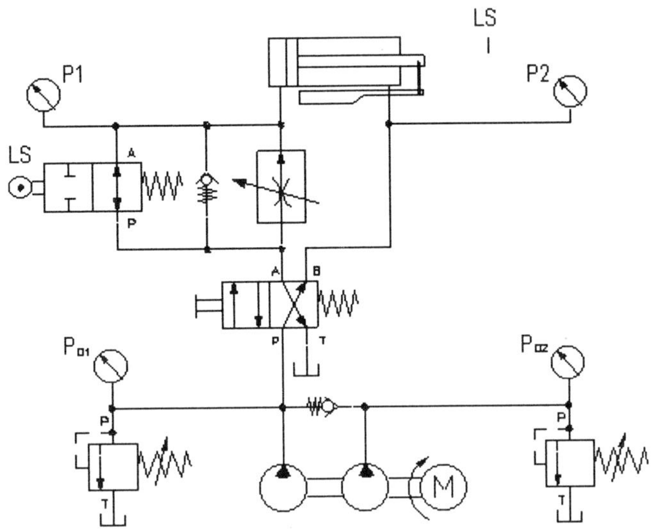

▼그림 6-24 Two-Pump 시스템에 의한 다단계 속도제어 회로도

3. 시험 작동한다.

(1) 유면계의 위치를 확인한다.

(2) 시동 스위치를 켠다.

(3) 압력 릴리프 밸브를 이용하여 p01의 압력은 50 kg_f/cm^2, p02의 압력은 25 kg_f/cm^2로 맞춘다.

(4) 2/2-way 밸브의 위치를 제어 레일(control rail) 2/3는 급속 이송 1/3은 유량제어 밸브를 이용하여 조정할 수 있도록 설정한다.

(5) 방향제어 밸브와 유량제어 밸브를 조정하여 속도 변화 상태를 관찰한다.

(6) 실험 결과를 관찰하여 〈표 6-13〉에 기록한다.

▼표 6-13

	p01	p02	p1	p2	t(s)
급속이동					
전 진					
후 진					

6.2 순수 공압제어 실습과제

【실습 1】 3/2-way 밸브를 이용한 제어

실습목표

(1) 3/2-way 밸브의 구조, 기능을p 알고 공압기호로 표시할 수 있다.
   (N/C, N/O 밸브의 차이점)

(2) 3/2-way 밸브를 이용하여 액추에이터를 작동할 수 있다.
   (단동실린더와 복동실린더의 차이점)

(3) 공압회로도를 이해하고 작성할 수 있다.

1) N/C(Normally Close)타입

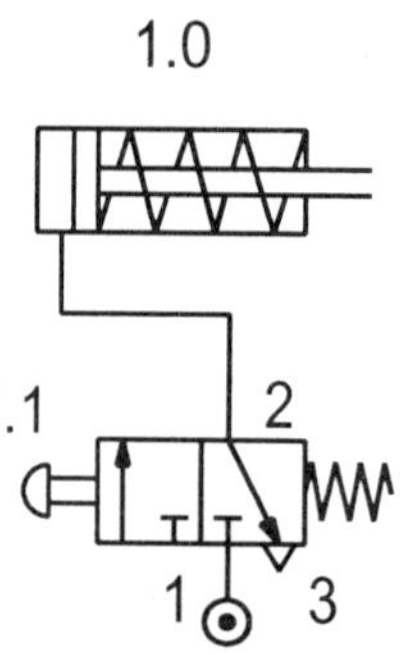

2) N/O(Normally Open)타입

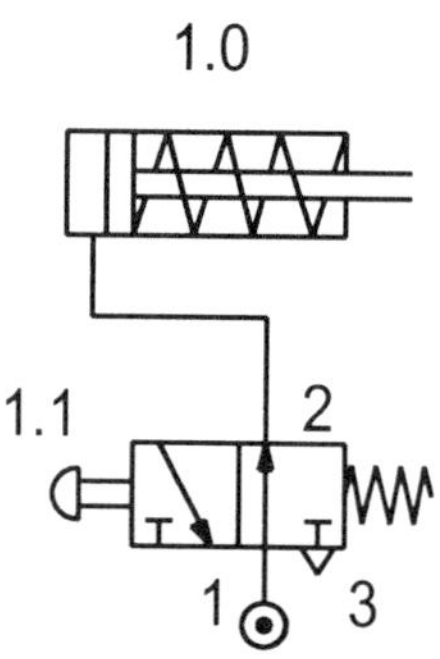

3) 3/2-way 밸브를 2개를 이용한 단동실린더의 간접 제어
(※실린더의 위치와 조작자의 위치가 멀리 떨어져 있는 경우에 사용)

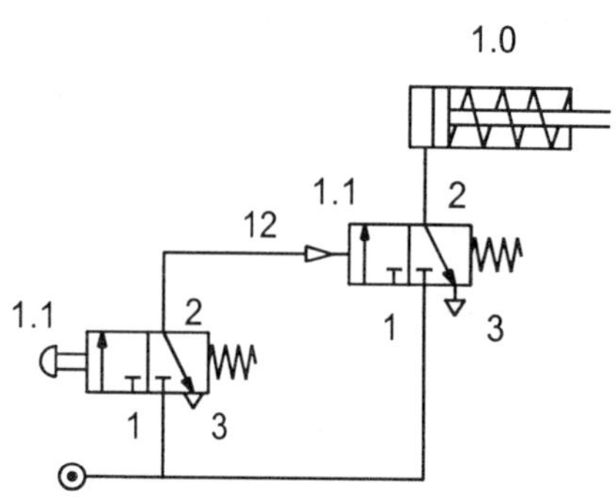

4) 3/2-way 밸브를 이용한 복동 실린더 제어
(바람직하지 않음)

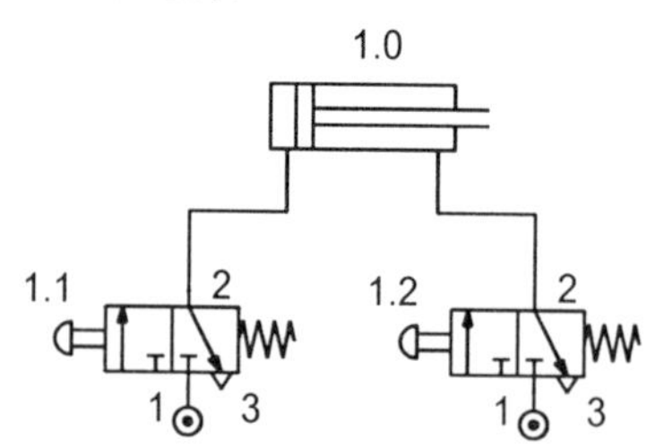

☑ 관계지식 ❶

단동실린더를 움직이게 하는 전용 밸브는 그 구조상 3/2-way 밸브다. 3/2-way 밸브는 상시 개형 밸브(N/O)와 상시 폐형 밸브(N/C)가 있으므로 작업 목적에 맞게 선택하여 사용하여야 한다.
위에서 사용된 단동실린더는 전진 운동은 공기로, 후진 운동은 스프링으로 동작하기 때문에 실제 공기압은 전진 운동에서만 사용된다. 즉 공기압으로 움직이는 부분은 압력과 유량을 조정함으로서 피스톤의 힘이나 속도를 조정할 수가 있으나 스프링으로 움직이는 부분은 이러한 조정이 불가능하다.

☑ 관계지식 ❷

ISO	1219	5599
작업 라인	A, B, C · · ·	2. 4. 6 · · ·
공급 라인	P	1
배기 라인	R, S, T · · ·	3, 5 , 7 · · ·
제어 라인	X, Y, Z · · ·	10, 12, 14 · · ·

【실습 2】 4/2-way(5/2-way) 밸브를 이용한 제어

➡ 실습목표

(1) 4/2-way(5/2-way) 밸브의 구조와 기능을 알고 이를 기호화 할 수 있다.
(2) 4/2-way(5/2-way) 밸브를 이용하여 액추에이터를 작동할 수 있다.
(3) 직접제어와 간접제어의 차이점을 설명할 수 있다.
(4) 공압회로도를 이해하고 작성할 수 있다.

1) 직접제어(바람직하지 않음)

① 4/2-way 사용

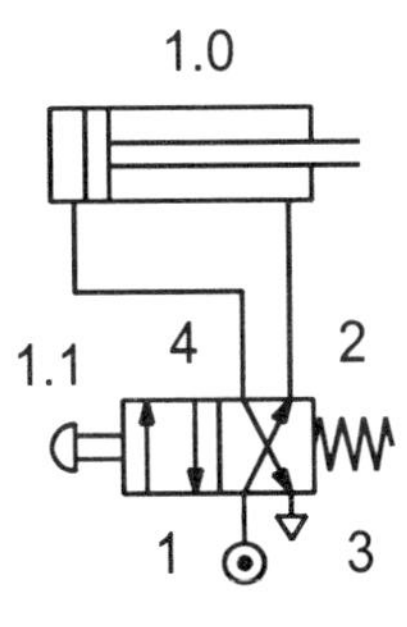

② 5/2-way 사용

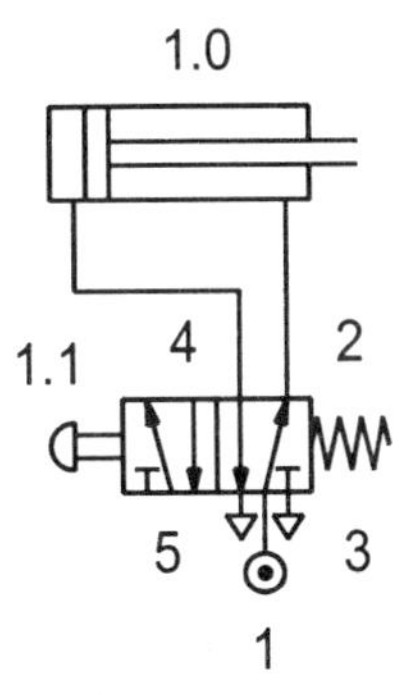

2) 간접제어(바람직함)

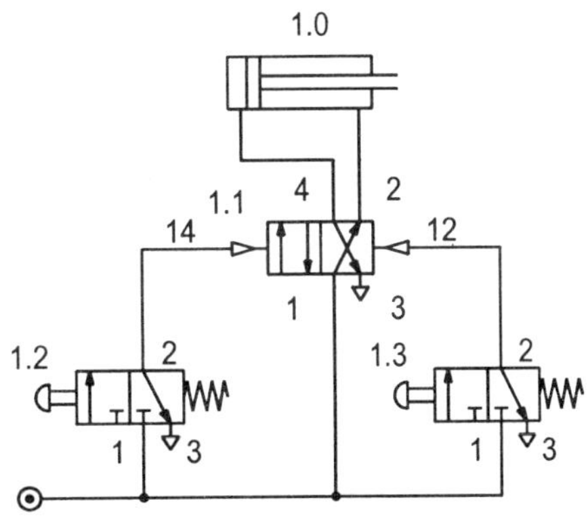

3) 리미트스위치를 사용한 복동실린더의 자동 후진제어

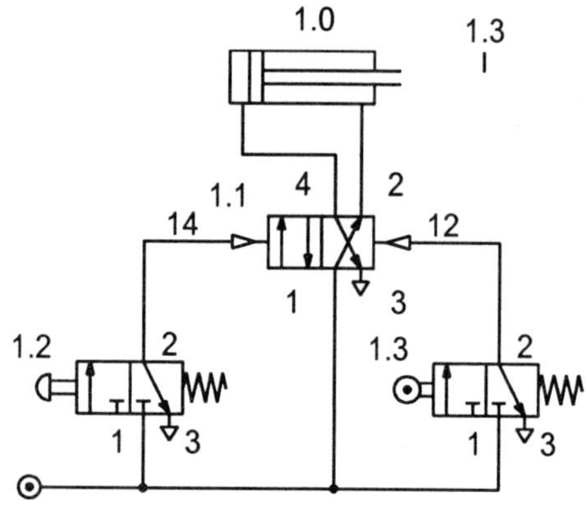

4) 단락(선택)스위치가 있는 연속왕복운동

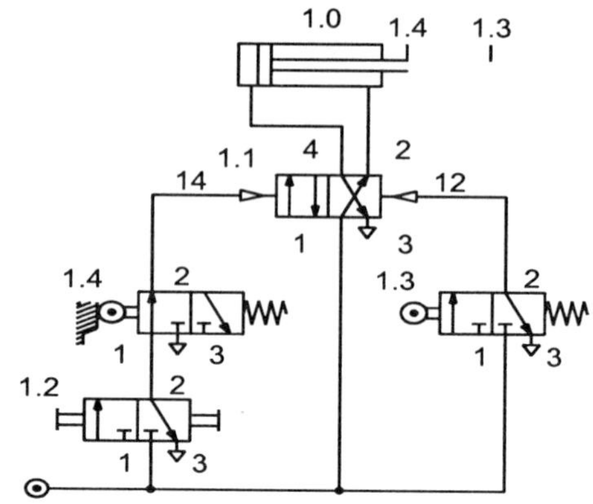

☑ 관계지식

공압시스템의 구성 부품이 많아질수록 회로도는 복잡하게 됨에 따라 각각의 구성요소에 대하여 이름을 붙이게 되는데 그 방법은 다음과 같다.

1.0, 2.0, 3.0 : 작업요소(실린더, 모터 등)
1.1, 2.1, 3.1 : 작업요소의 메인 실린더
.2, .4, .6 : 작업요소를 전진시키는 밸브
.3, .5, .7 : 작업요소를 후진시키는 밸브
0.1 : 공압 공급요소

【실습 3】 일방향 유량조절 밸브를 이용한 속도조절(단동실린더)

실습목표

(1) 일방향 유량조절 밸브 및 급속배기 밸브에 대하여 구조 및 기능을 알고 이를 기호로 표시할 수 있다.

(2) 일방향 유량조절 밸브와 급속배기 밸브를 이용하여 실린더의 속도를 조절할 수 있다.

(3) 전진속도제어와 후진속도제어의 장단점을 말할 수 있다.

(4) 공압회로도를 이해하고 작성할 수 있다.

☑ 관계지식

실린더의 속도조절에는 감속조절과 가속이 있다. 이는 결국 유량을 조절하는 것이고, 단순 교축 밸브로는 속도가 일정하고 속도의 조절이 필요없는 경우에 사용하고, 전 행정에 걸쳐 일정하게 교축하고 수동조절을 원하는 경우에는 조절 가능한 교축 밸브를 사용하여야 한다.

1) 단동실린더의 전진속도 조절

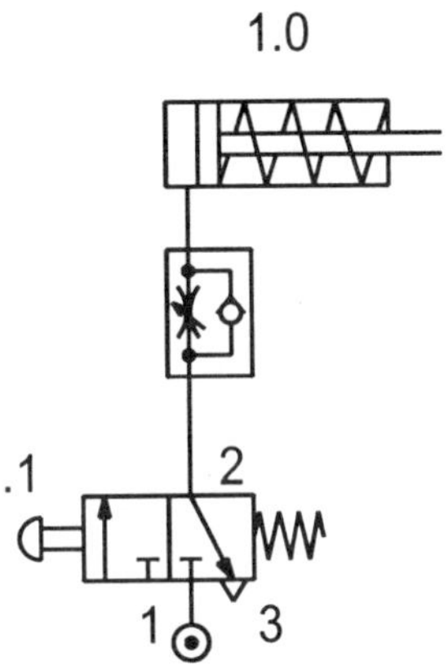

2) 단동실린더의 후진속도 조절

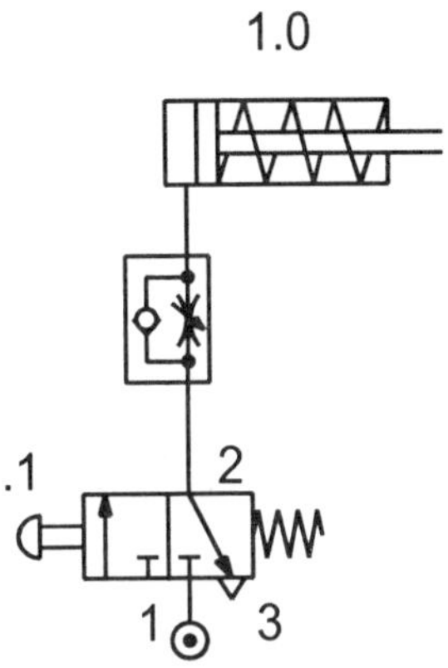

3) 급속배기 밸브를 이용한 후진속도의 증가

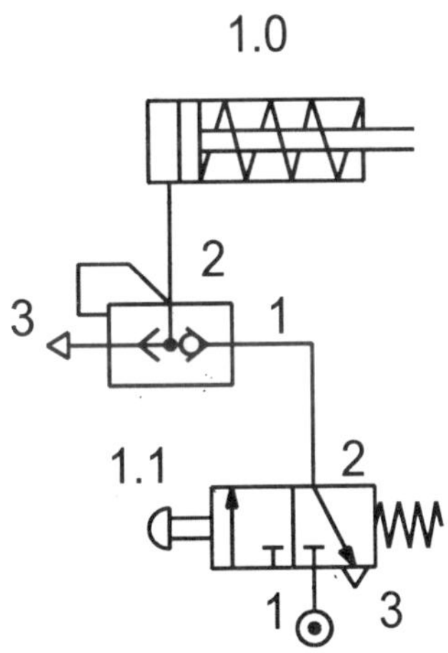

4) 단동실린더의 전 · 후진속도 조절

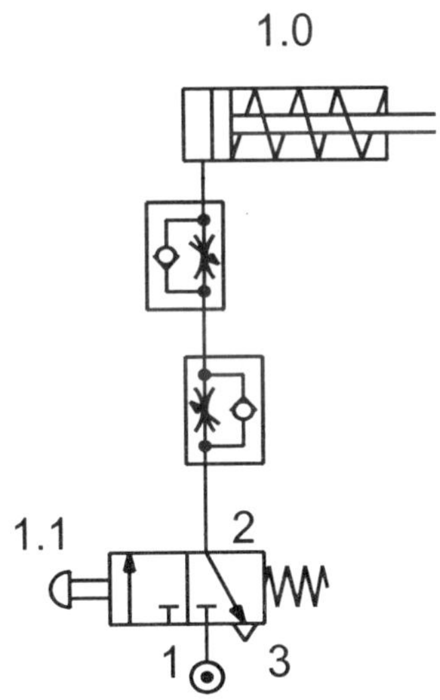

【실습 4】 일방향 유량조절 밸브를 이용한 속도 조절(복동실린더)

실습목표

(1) 유량조절 밸브 및 급속배기 밸브의 구조 및 기능을 알고 이를 기호로 표시할 수 있다.

(2) 유량조절 밸브와 급속배기 밸브를 이용하여 실린더의 전 · 후진 속도를 조절할 수 있다.

(3) meter-in과 meter-out 방식의 차이점을 말할 수 있다.

(4) 공압회로도를 이해하고 작성할 수 있다.

1) 복동실린더의 전 · 후진속도 조절
(공급공기조절방식: meter-in 방식)

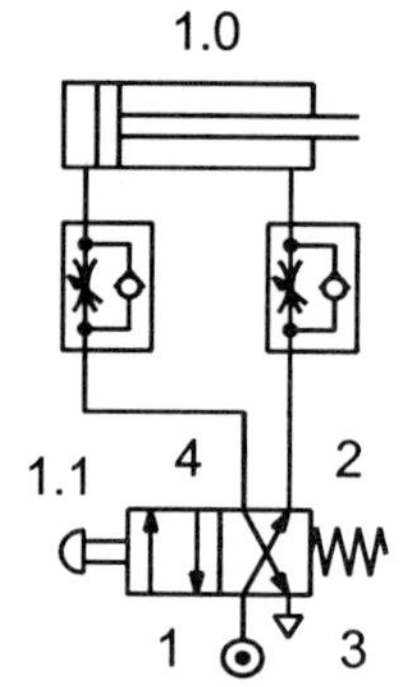

2) 복동실린더의 전 · 후진속도 조절
(배기공기조절방식: meter-out 방식)

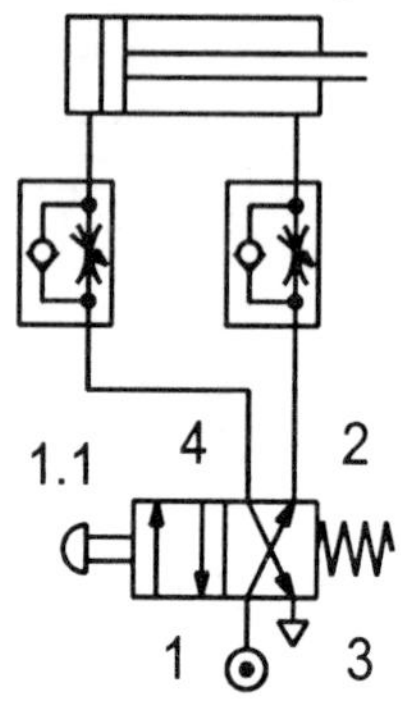

3) 급속배기 밸브를 이용한 전진속도의 증가

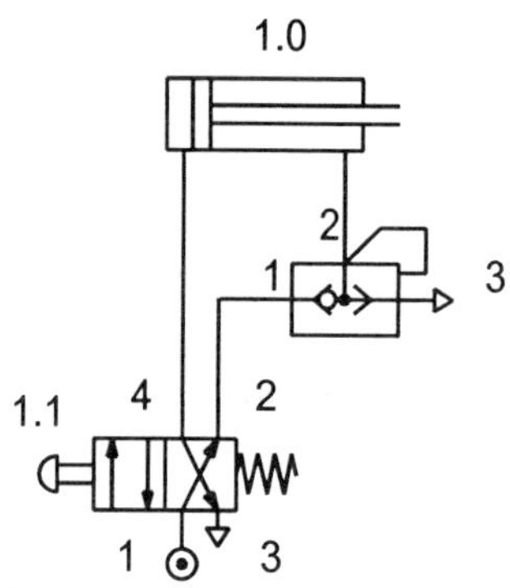

4) 전진속도는 느리게 후진은 급속자동 귀환

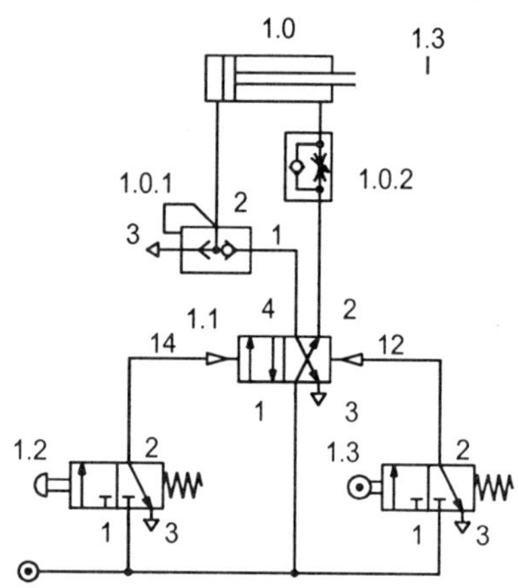

☑ 관계지식

실린더의 속도를 제어하는 방법으로는 실린더를 기준으로(전 · 후진 관계없이) 유량조절 밸브를 실린더에 공급되는 공기량을 조절하는 경우를 meter-in 방식, 실린더에서 배기되는 공기량을 조절하는 경우를 meter-out 방식이라 한다.

meter-in 방식은 실린더 내부의 전진실과 후진실의 압력 불균형이 발생하여 실린더의 움직임이 불안정하는 단점이 있어 부하하중이 큰 실린더에 사용은 곤란하므로 소형실린더나 단동실린더 등 부하하중이 적은 속도제어방법에 적당하다. 또한 정부하 하중인 경우에 적당하다.

meter-out 방식은 실린더에 부과되는 하중에 큰 영향을 받지 않고, 안정된 속도를 얻을 수 있으므로 복동실린더의 속도제어에 많이 사용된다. 부부하의 하중에 적당하다.

【실습 5】 셔틀 밸브(OR 밸브)를 이용한 실린더 제어

실습목표

(1) 셔틀 밸브의 구조, 기능 및 작동원리에 알고 이를 기호로 표시할 수 있다.
(2) 셔틀 밸브를 이용하여 실린더를 제어할 수 있다.
(3) 공압회로도를 이해하고 작성할 수 있다.

1. 셔틀 밸브를 이용한 단동실린더의 제어

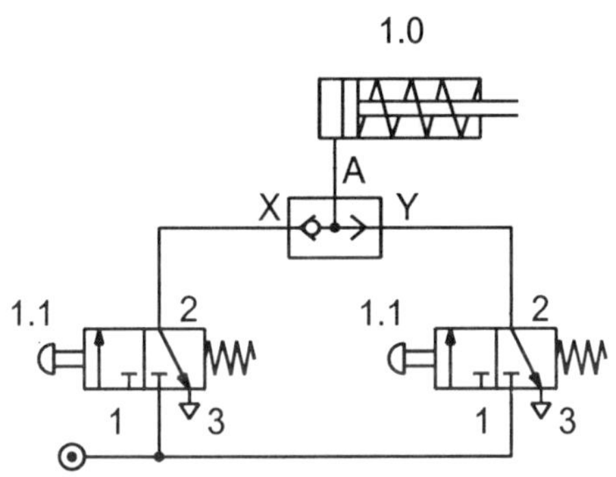

공압회로도

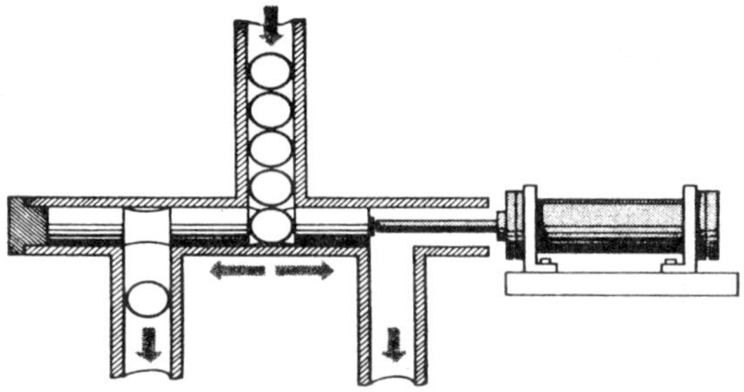

위치도

2. 셔틀 밸브를 이용한 응용과제

볼은 중력이송 매거진으로부터 순차적으로 1번측과 2번측으로 분리된다. 실린더의 전진 운동을 위한 신호는 손이나 발로 작동되어야 하고 후진 운동의 신호는 롤러레버 밸브로부터 받는다.

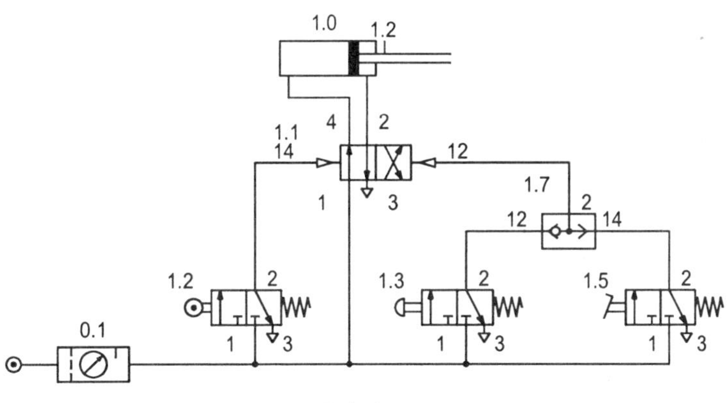

공압회로도

☑ 관계지식

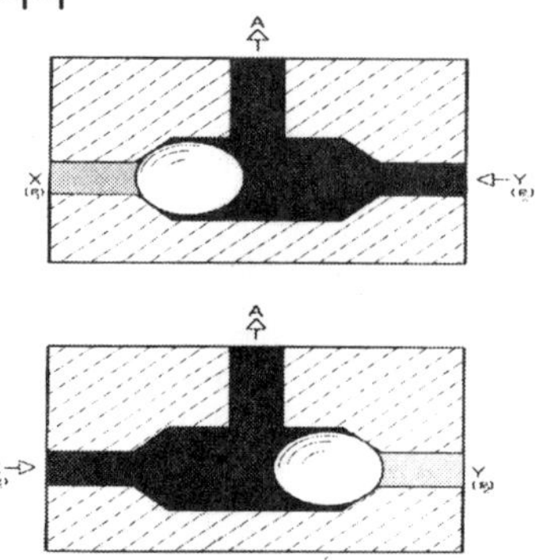

셔틀 밸브(OR 밸브)

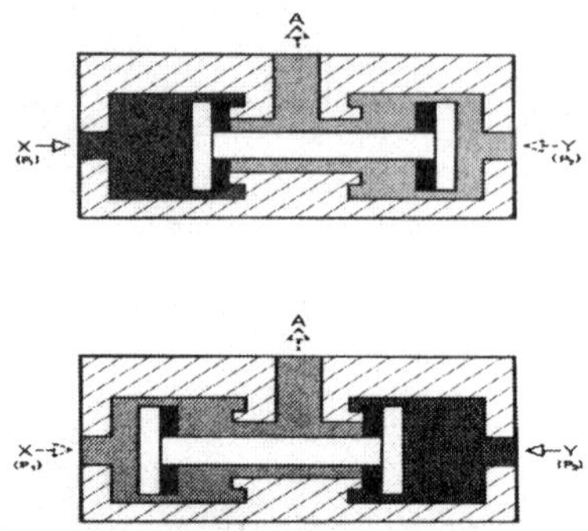

이압 밸브(AND 밸브)

【실습 6】 이압 밸브(AND 밸브)를 이용한 실린더 제어

실습목표

(1) 이압 밸브의 구조, 기능을 알고 이를 기호로 표시할 수 있다.

(2) 이압 밸브를 이용하여 실린더를 제어할 수 있다.

(3) 공압회로도를 이해하고 작성할 수 있다.

1) 이압 밸브를 이용한 단동실린더의 제어

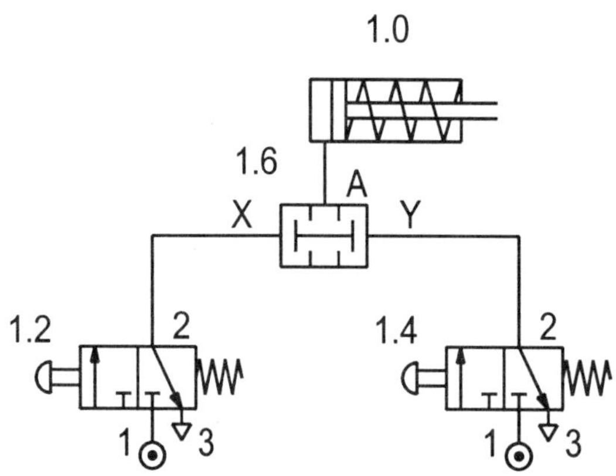

2) 이압 밸브 대신 3/2-way 밸브를 이용한 단동실린더의 제어

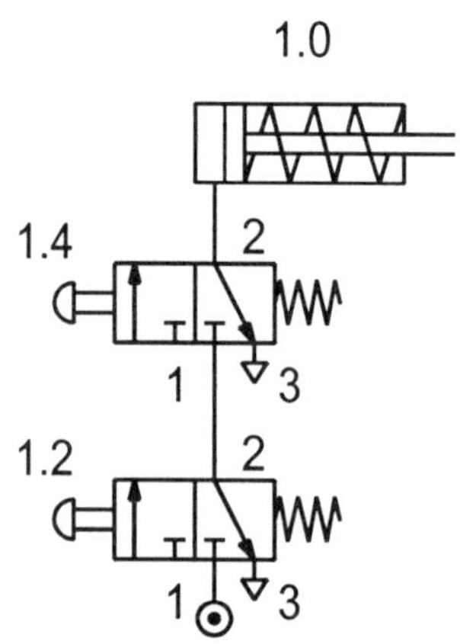

3) 이압 밸브를 이용한 복동실린더의 제어(※프레스기구 작동장치)

작업의 안전을 위하여 두 손으로 동시에 두 개의 누름버튼을 눌러야 실린더가 작동하는 경우 사용

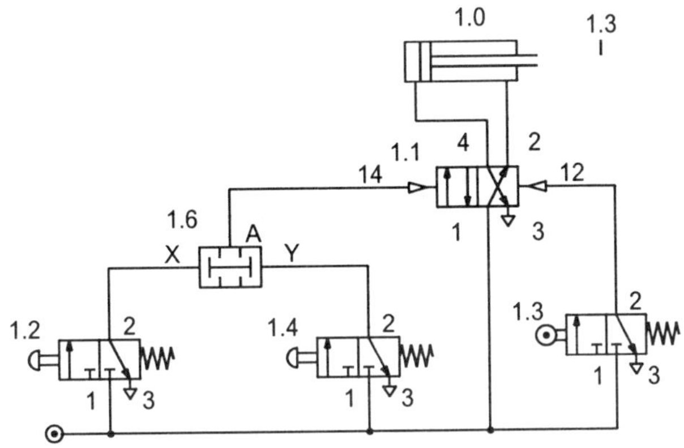

【실습 7】 자기유지회로

실습목표

(1) 릴레이 구조와 원리를 설명할 수 있다.

(2) 자기유지제어의 원리에 대하여 설명할 수 있다.

1) On 우선 자기유지회로

(※ On 신호와 Off 신호가 동시에 존재하면 On 신호가 우선한다.)

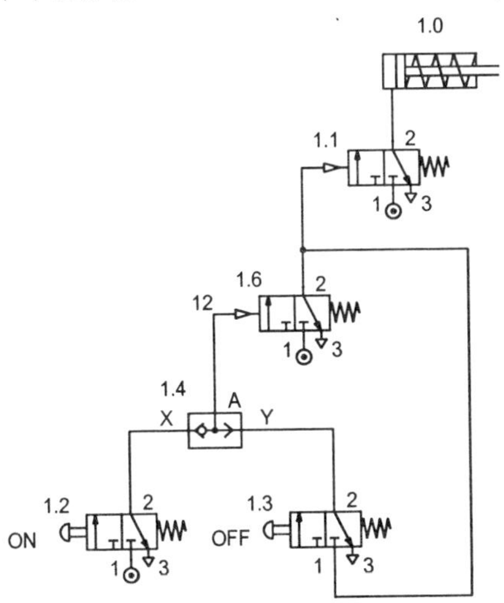

2) Off 우선 자기유지회로

(※ On 신호와 Off 신호가 동시에 존재하면 Off 신호가 우선한다.)

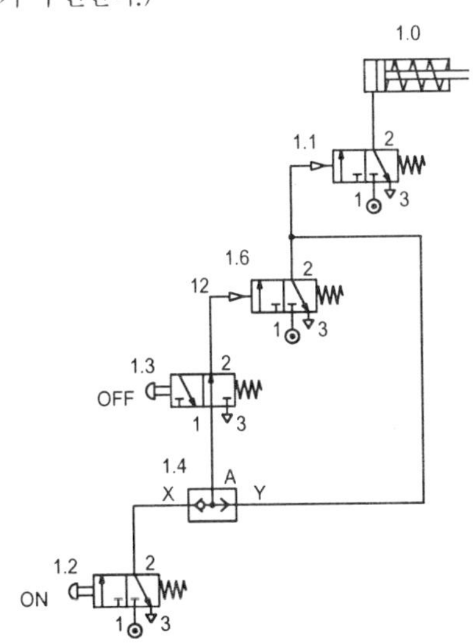

(3) On 우선 자기유지회로를 이해하고 구성할 수 있다.
(4) Off 우선 자기유지회로를 이해하고 구성할 수 있다.
(5) 공압회로도를 이해하고 작성할 수 있다.

【실습 8】 압력 시퀀스 밸브를 이용한 실린더 제어

실습목표

(1) 압력 시퀀스 밸브의 원리에 대하여 설명할 수 있다.
(2) 압력 시퀀스 밸브를 이용하여 실린더를 제어할 수 있다.
(3) 공압회로도를 이해하고 작성할 수 있다.

1. 위치 확인이 없는 압력에 의한 제어

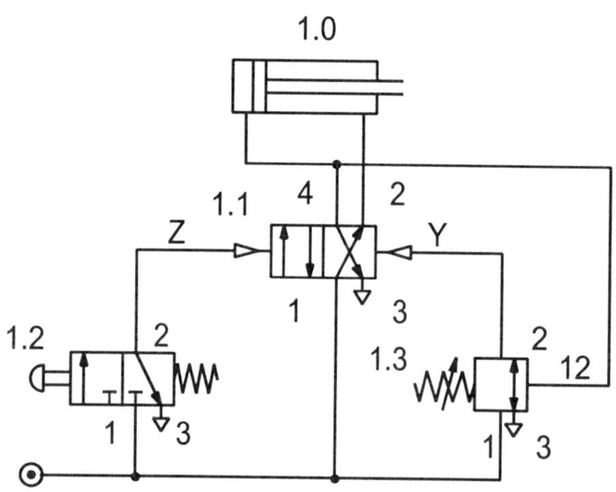

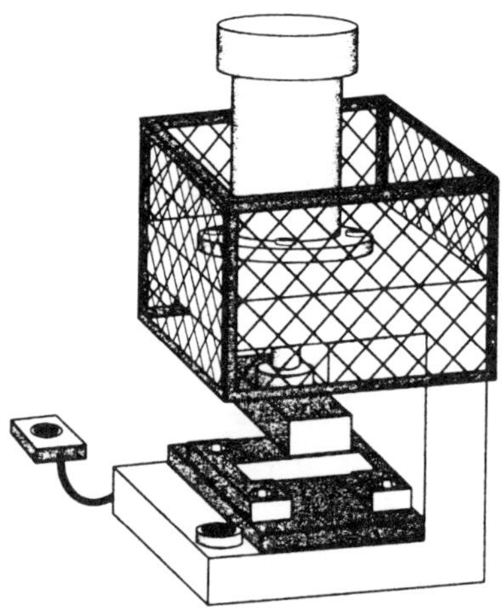

위치도

2. 압력 시퀀스 밸브를 이용한 응용과제

공압프레스를 사용하여 눈금을 각인하려 한다. 시동버튼을 누르면 공압프레스가 작동되며, 공압실린더의 압력이 설정된 압력에 도달한 후에야 돌아오게 된다.

※압력 시퀀스 밸브의 공압기호

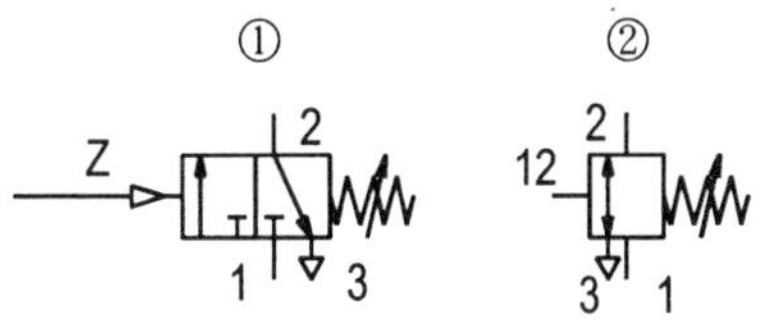

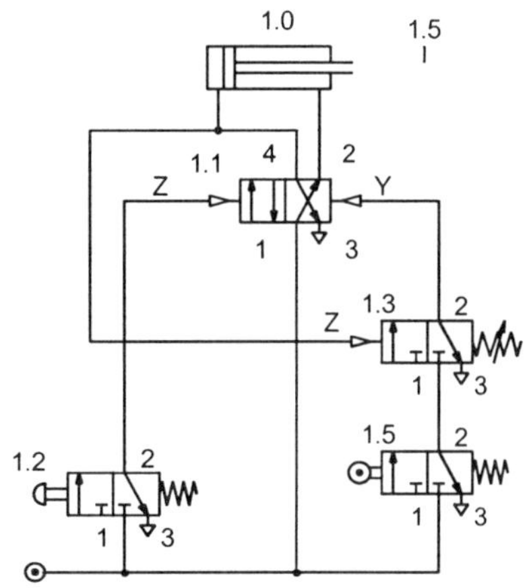

공압회로도

【실습 9】 공압타이머를 이용한 실린더 제어

실습목표

(1) 공압타이머의 원리에 대하여 설명할 수 있다.

(2) 공압타이머를 이용하여 실린더를 제어할 수 있다.

(3) 공압회로도를 이해하고 작성할 수 있다.

1. 피스톤이 전진 운동을 완료한 것을 확인하지 않고 일정한 시간이 지난 후에 돌아오는 방법

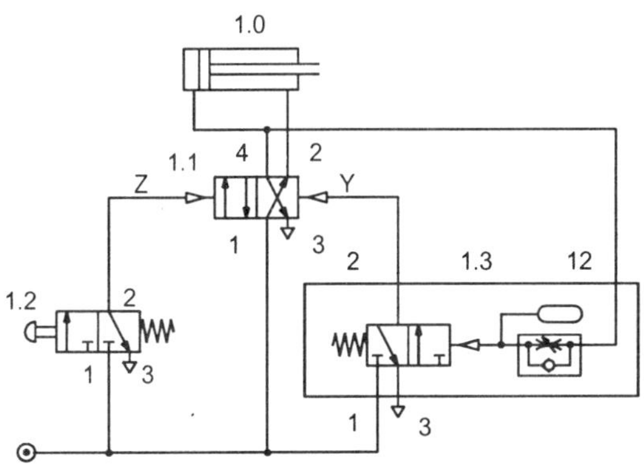

공압회로도

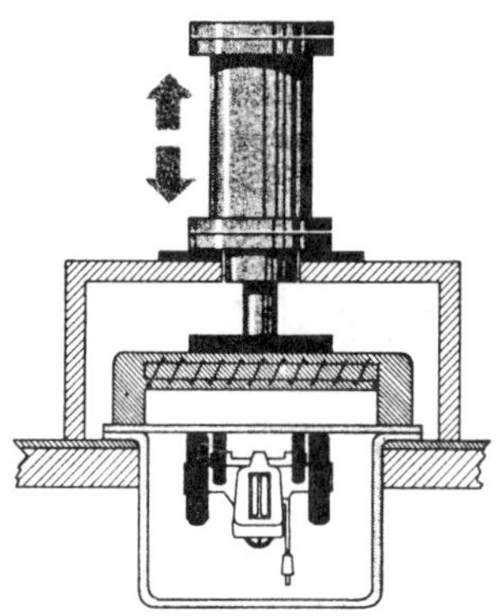

위치도

2. 공압타이머를 이용한 응용과제

출발신호는 수동 누름버튼에 의하여 주어지며 전진한 위치에서 부품을 10초 동안 압착한 다음에 처음의 위치로 돌아와야 한다. 이 귀환운동은 수동 누름버튼이 눌려진 채로 있어도 이루어져야 하며, 새로 작업을 시작하기 위해서는 실린더가 출발위치에 와 있어야 하고 새로 누름버튼을 눌러야만 한다.

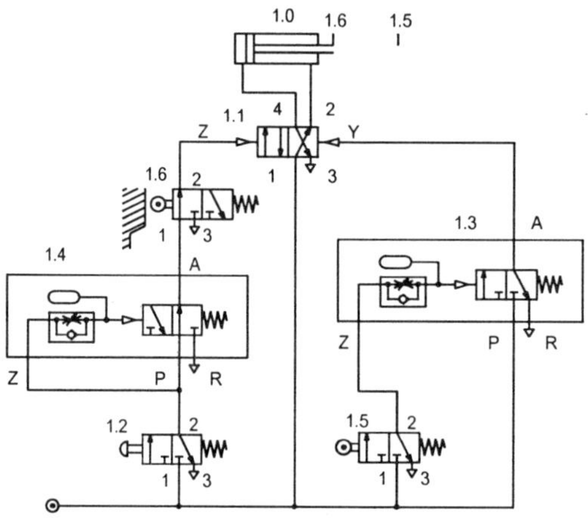

공압회로도

【실습 10】 리미트 스위치를 이용한 교번회로

1) 리미트 스위치에 의한 교번회로

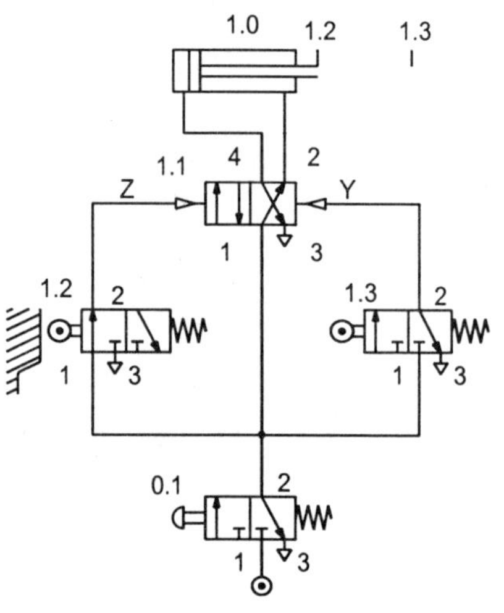

2) 리미트 스위치와 공압타이머를 이용한 교번회로

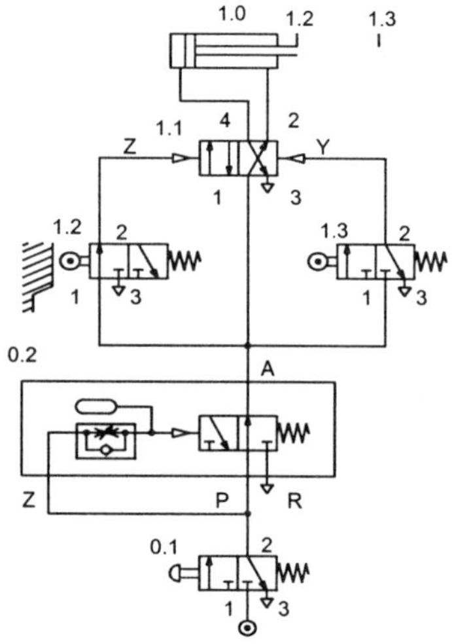

실습목표

(1) 교번회로의 원리에 대하여 설명할 수 있다.
(2) 리미트 스위치를 이용한 교번회로를 구성할 수 있다.
(3) 공압타이머를 이용한 교번회로를 구성할 수 있다.

☑ 관계지식

▪ **교번회로란?**

하나의 입력신호에 의해 출력신호가 바뀌는 회로를 말한다. 즉, 누름버튼을 누를 때마다 실린더가 전진 운동과 후진 운동을 교대로 하는 것을 말한다.

【실습 11】 메모리 밸브를 이용한 교번회로

실습목표

(1) 교번회로의 원리에 대하여 설명할 수 있다.
(2) 메모리 밸브를 이용한 교번회로를 구성할 수 있다.
(3) 셔틀 밸브와 이압 밸브를 이용한 교번회로를 구성할 수 있다.
(4) 공압회로도를 이용한 교번회로를 구성할 수 있다.

1) 메모리 밸브와 셔틀 밸브를 이용한 교번회로

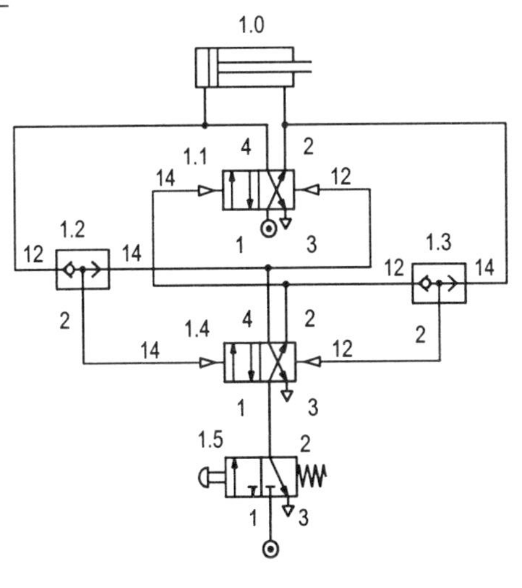

2) 메모리 밸브와 3/2-way 밸브를 이용한 교번회로

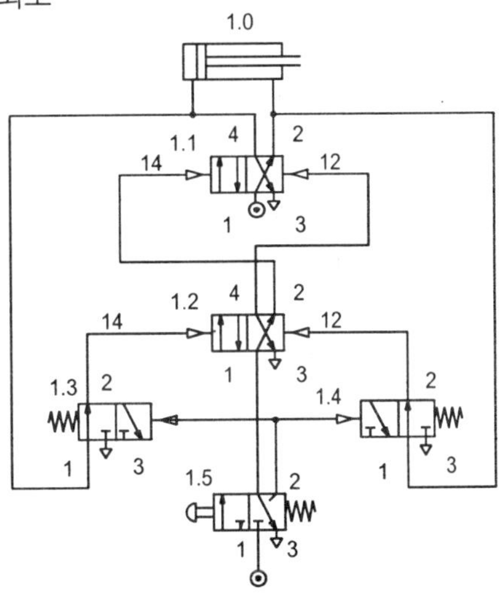

3) 메모리 밸브와 이압 밸브를 이용한 교번회로

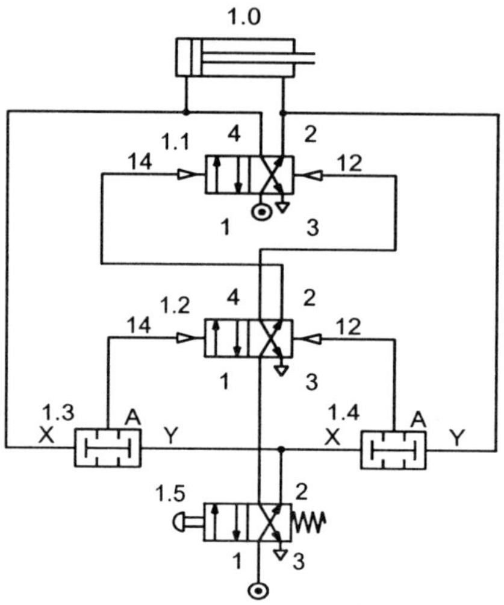

☑ **관계지식**

▪ **셔틀 밸브와 이압 밸브의 차이점**

① 셔틀 밸브(고압우선밸브)
두 개의 입력중 한 개 이상의 입력이 들어오면 출력이 되는 밸브

② 이압 밸브(저압우선밸브)
두 개의 입력이 동시에 존재할 때만 출력이 되는 밸브

【실습 12】 공압 진동발생장치

실습목표

(1) 공압 진동발생장치와 신호제거회로의 구조 및 기능에 대하여 설명할 수 있다.
(2) 공압 진동발생장치 시스템을 설치할 수 있다.
(3) 공압회로도를 이용한 교번회로를 구성할 수 있다.

1) 리미트 스위치가 없는 실린더의 운동회로

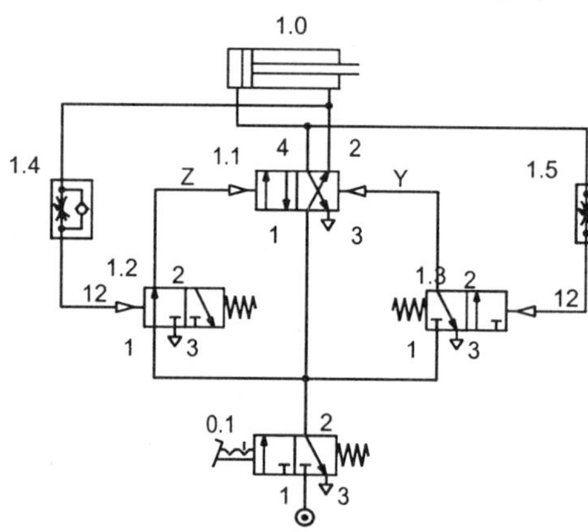

2) 공압 진동발생기의 구조

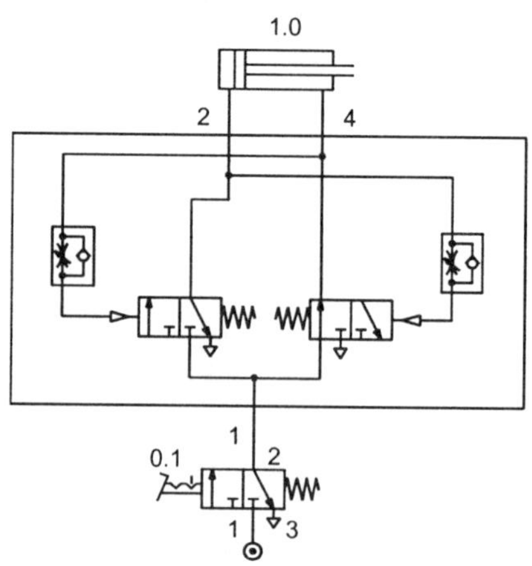

3) 신호제거회로

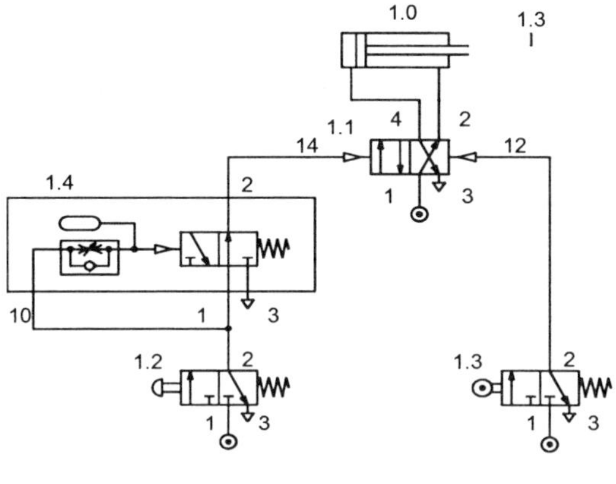

☑ 관계지식

신호제거회로란, 입력신호를 계속 유지해도 입력신호가 펄스화 되어 입력신호가 한번만 유지되고 자동으로 입력신호가 중단되는 회로.

【실습 13】 시퀀스 제어 회로도의 구성1(상자운반 A+B+A-B-)

실습목표

(1) 변위단계선도를 작성할 수 있다.
(2) 시퀀스 제어 회로도를 구성하고 시스템을 설치할 수 있다.
(3) 공압회로도를 이해하고 작성할 수 있다.

1. 문제의 정의

롤러 컨베이어에 의해서 운반된 상자를 공압 실린더로 밀어올린 다음, 두 번째 실린더가 상자를 다른 컨베이어로 밀어낸다. 두 번째 실린더는 첫 번째 실린더가 후진 운동을 완료한 후에 후진 운동을 시작하여야 한다. 작업시작 신호는 수동버튼으로 주어지며, 각 신호 때마다 한 사

[위치도 및 변위단계선도]

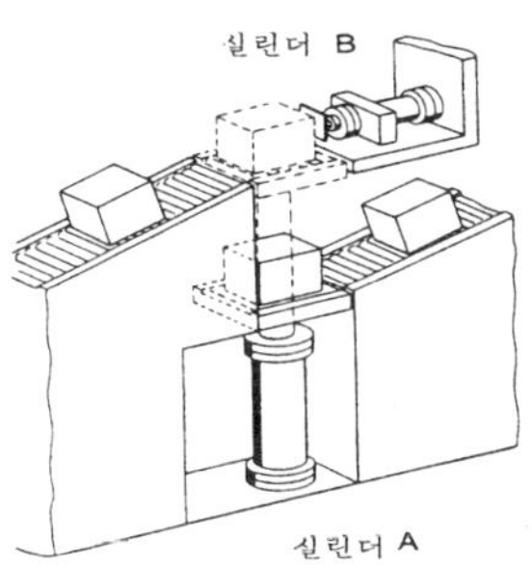

위치도

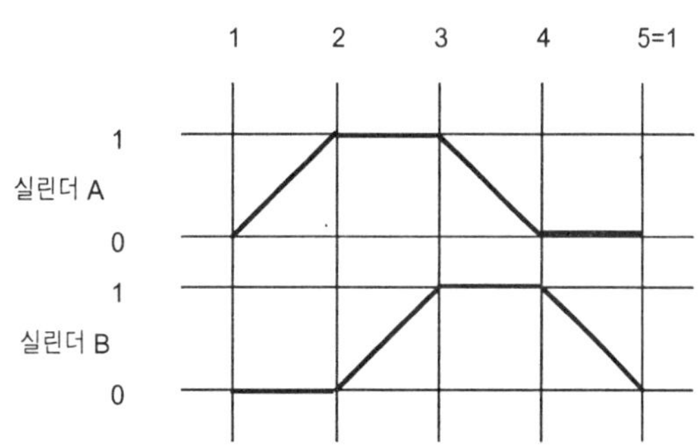

변위단계선도

이클씩 작업한다.

실습순서

(1) 구동 요소를 그린다.

(2) 각 구동 요소에 관련된 제어 요소를 그린다.

(3) 밸브 구동 기호를 표시하지 않고 신호 요소를 그린다. 메모리 밸브가 제어 요소로 사용되면 두 개의 신호가 필요하므로 각 메모리 밸브마다 두 개의 신호 요소가 필요하다.

(4) 에너지 공급선을 그린다.

(5) 제어선을 연결한다.

(6) 운동선도를 회로도로 옮긴다.

(7) 만약 마지막 단계의 작업완료를 확인하고 싶으면 실린더 B의 후진 위치에 리밋 스위치 1.4를 배치하면 확인이 된다. 즉 시동 스위치 1.2가 작동되고 리밋 스위치 1.4가 눌린 상태로 있어야만 작업시작이 가능해 진다.

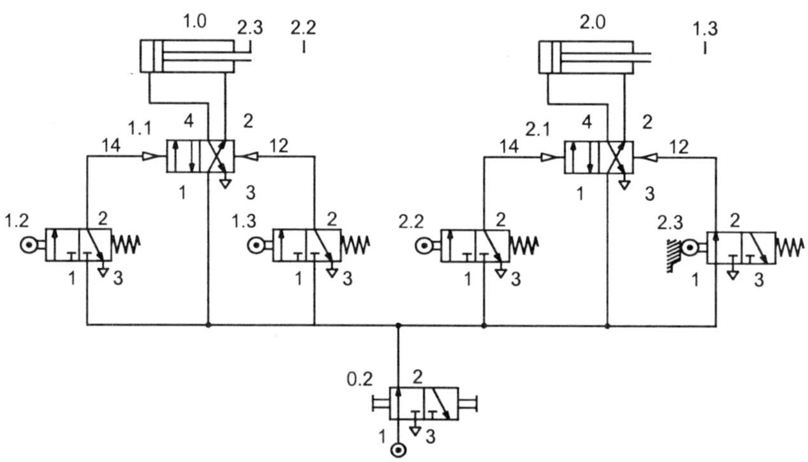

시퀀스 제어 회로도

【실습 14】 시퀀스 제어 회로도의 구성2(리벳팅 A+B+B-A-)

실습목표

(1) 변위단계선도를 작성할 수 있다.

(2) 공압회로도를 이해하고 작성할 수 있다.

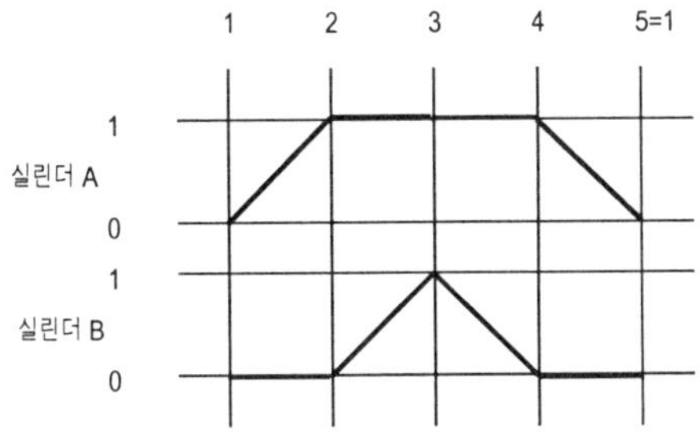

변위단계선도

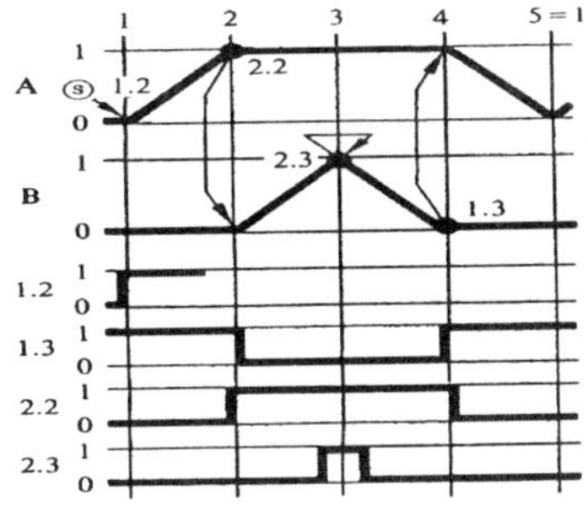

리벳작업의 기능표

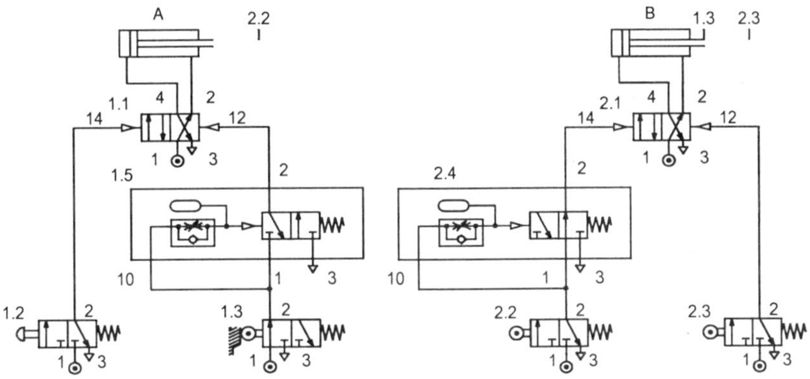

공압 타이머를 이용한 시퀀스 제어 회로도

☑ 관계지식

▪ 제어신호의 간섭현상

시퀀스 제어에서 가장 많이 발생되는 문제는 제어신호의 중첩현상이다. 다음 단계의 동작을 위한 제어신호가 입력되더라도 리미트 스위치나 수동작동 스위치가 계속 작동된 상태로 되면 여기에서 출력되는 제어신호가 다음 단계의 동작을 위한 신호를 방해하게 되는 현상을 신호간섭 혹은 신호중첩이라고 한다.

제거방법은 기계적인 신호제거 방법, 방향성 리밋 스위치를 사용하는 방법, 공압 타이머에 의한 방법, 캐스케이드 방법 및 시프트 레지스트 방법이 있다.

위 그림에서 1.2 스위치를 누르면 1.0 실린더가 전진하고, 다음으로 2.0 실린더가 전・후진 작업을 하게 된다. 이와 같은 작업순서를 갖는 시퀀스의 운동 순서도와 제어선도를 작성하면 위 그림과 같다. 위 제어선도에 의하면 1.0 실린더의 후진 운동을 담당하는 1.3 리미트 스위치는 4단계 2.0 실린더가 후진 운동을 완료한 후부터 계속 작동된 상태로 있기 때문에 1단계에서 1.2 스위치를 작동시켜 전진 운동을 제어신호를 발생시키게 되면 제어신호의 중첩현상이 발생하게 된다. 즉 1.0 실린더의 후진 운동 제어신호가 4단계에서부터 계속적으로 발생되고 있기 때문에 1단계에서 전진 운동 제어신호가 발생하여도 늦게 입력되는 전진 운동 제어신호는 기능을 발휘할 수 없게 된다. 실린더의 운동을 제어하는 1.1 밸브와 2.2 밸브는 밸브의 구조상 양쪽에 상반된 제어신호가 입력되면 먼저 입력된 제어신호만이 유효하기 때문에 1.0 실린더는 전진 운동을 할 수 없게 된다. 2.0 실린더 또한 전진 운동 제어신호(2.2 리미트 스위치)가 2단계에서부터 계속되고 있기 때문에 3단계에서 후진 운동 제어신호(2.3 리미트 스위치)가 입력되어도 후진 운동은 일어날 수 없게 된다.

【실습 15】 캐스케이드 방식1(리벳팅 A+B+B-A-)

실습목표

(1) 캐스케이드에 의한 회로도를 구성하고 시스템을 설치할 수 있다.
(2) 공압회로도를 이해하고 작성할 수 있다.

캐스케이드(cascade) 밸브는 4/2-way 밸브 또는 5/2-way 밸브가 사용된다.
이 회로를 구성하기 위해서는 다음과 같은 조건이 구비되어야 한다.

① 압축공기는 반드시 한 개의 그룹에만 공급되어야 한다.
② 압축공기는 반드시 순서대로 공급되어야 한다.
③ 초기상태에서 압축공기는 마지막 그룹에 공급되고 있어야 한다.

다음으로 캐스케이드 회로구성 방법 및 순서는

① 시스템 동작을 분석하고 그룹을 분류한다.

그룹	I 그룹		II 그룹	
동작순서	A+	B+	B-	A-
동작확인	S2		S3	
		S4		S1
리밋스위치	2.2	2.3	1.3	1.2

그룹을 변화시키는 신호는 밑에, 그룹 내에서 작동되는 신호는 위에 표시하여 두되, 각 그룹의 경계지점의 신호가 제어체인의 입력신호가 된다.

I 그룹의 입력 i_1 = ST AND S1(1.2밸브), II 그룹의 입력 i_2 = S4(2.3밸브)

② 그룹 개수만큼 파워라인을 구성한다(그룹을 제어하는 밸브의 개수는 필요한 그룹 수보다 1개 적다).

③ 한 순간에 1개의 라인에만 파워가 공급되도록 구성한다.

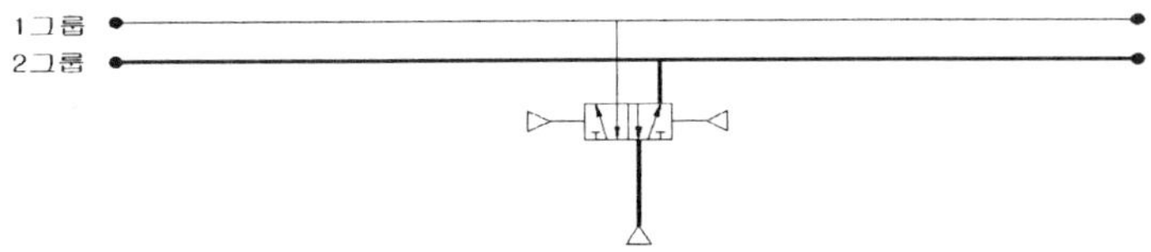

④ 그룹의 마지막 신호 S1을 이용하여 그룹을 전환한다(I 그룹의 마지막 신호 S1을 전환요소로 활용).

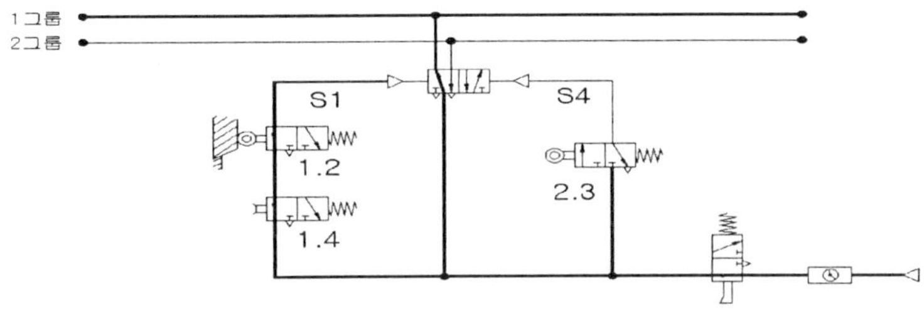

⑤ 그룹이 전환되면 그룹 최초의 동작을 파워라인에서 직접 에너지를 받아 구동한다(A+).

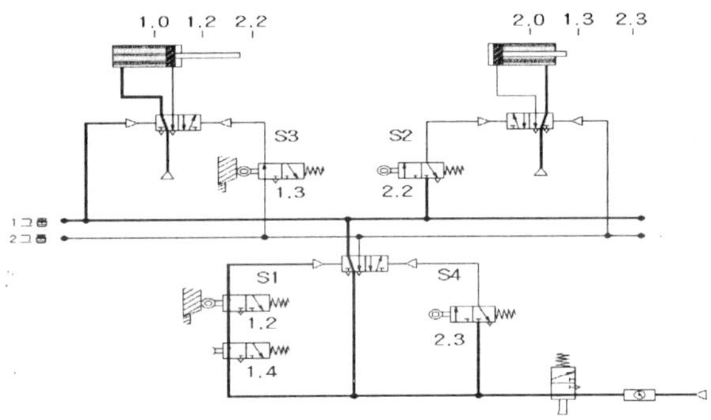

⑥ 그룹 다음 동작은 해당 동작신호를 받아 차례로 동작한다(B+).

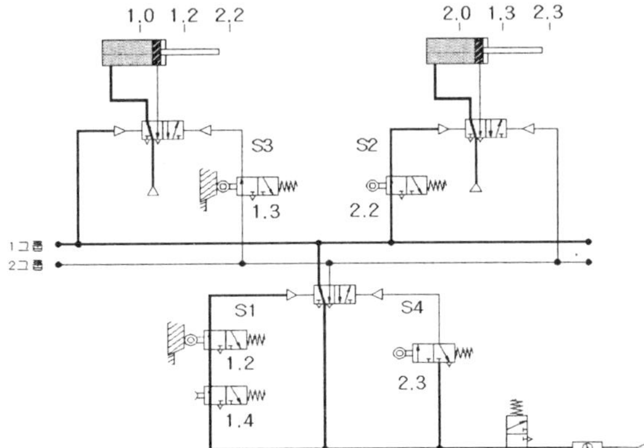

⑦ 그룹의 마지막 신호 S4를 이용하여 Ⅱ그룹을 작동한다(Ⅱ그룹의 마지막 신호 S4를 전환요소로 활용한다).

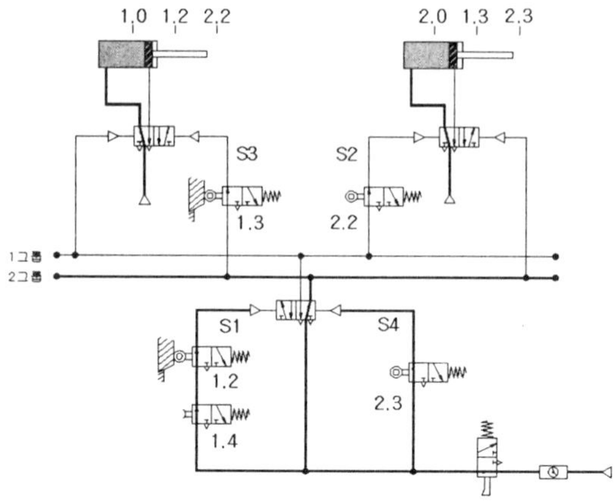

⑧ 그룹이 전환되면 그룹 최초의 동작을 파워라인에서 직접 에너지를 받아 구동한다(B－).

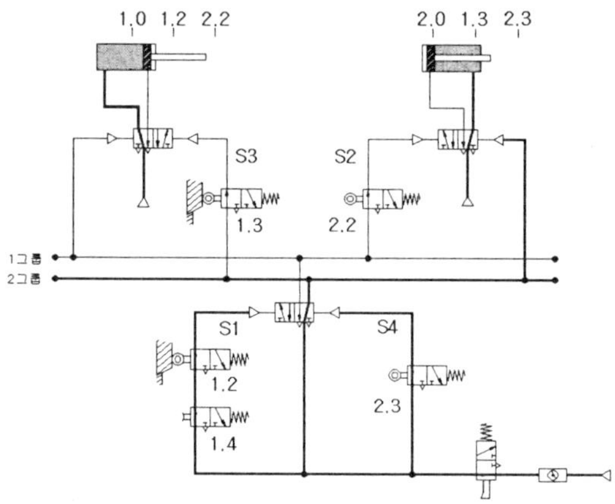

⑨ 그룹 다음 동작은 해당 동작 신호를 받아 차례로 동작한다(A－).

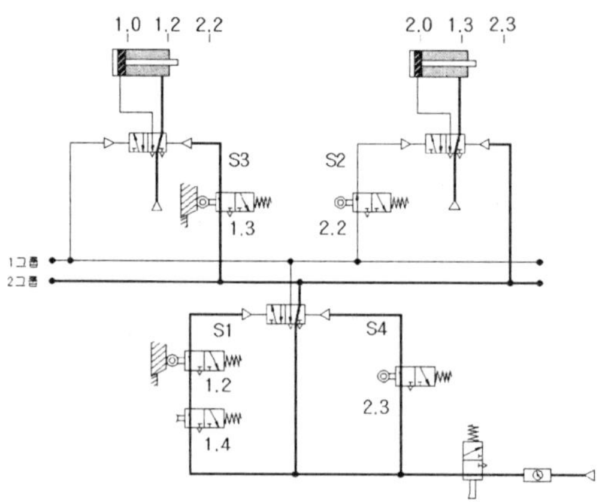

【실습 16】 캐스케이드 방식2(스탭핑 작업)

실습목표

(1) 변위단계선도를 작성할 수 있다.

(2) 캐스케이드에 의한 회로도를 구성하고 시스템을 설치할 수 있다.

(3) 공압회로도를 이해하고 작성할 수 있다.

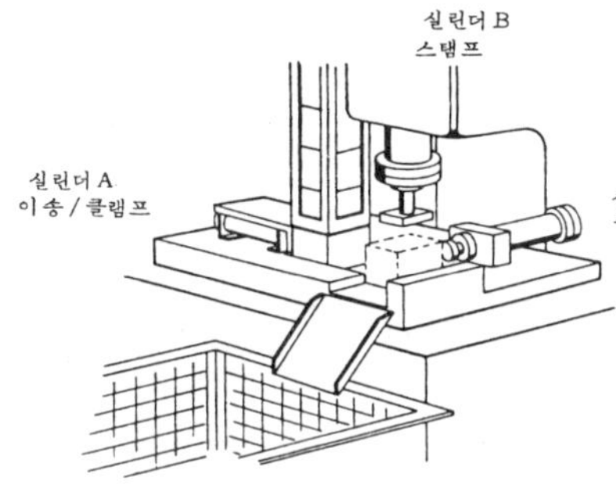

위치도

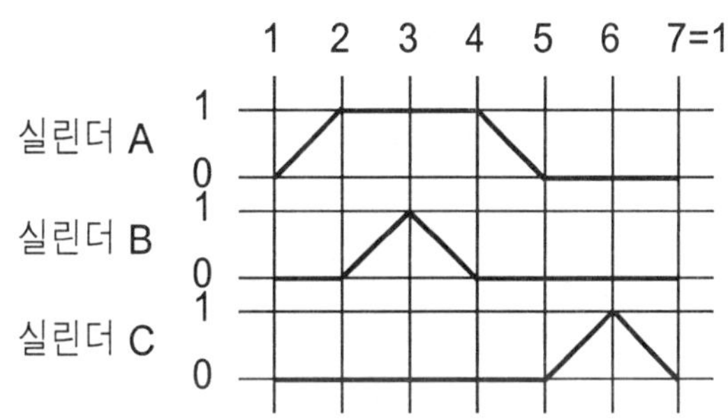

변위단계선도

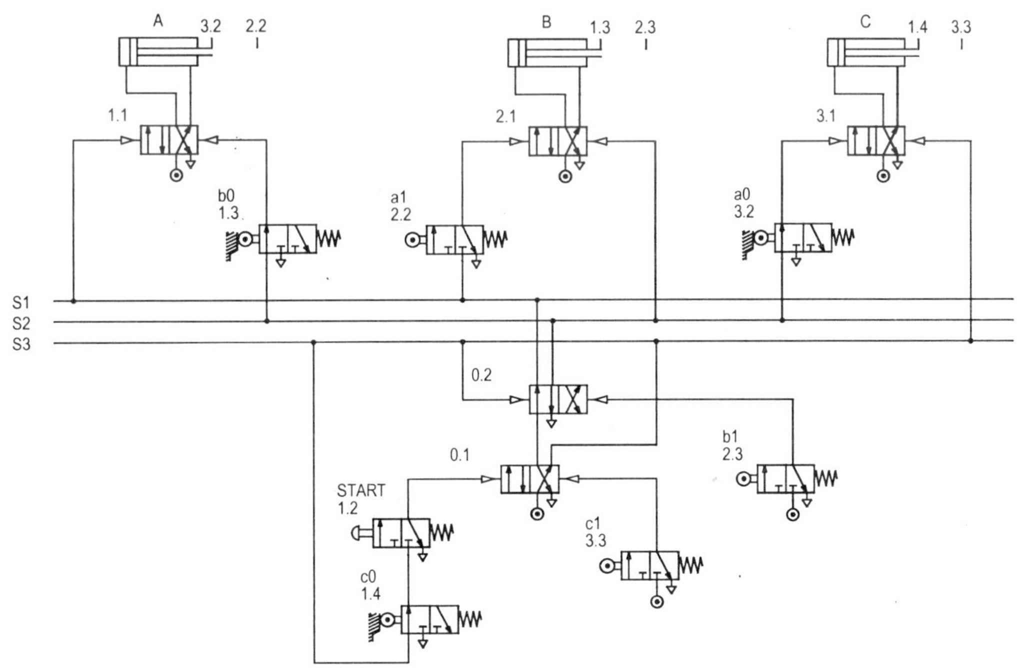

캐스케이드 제어 회로도

4. 부가조건을 갖춘 캐스케이드 제어 회로도(2)

※부가조건 :

① 동작이 자동으로 이루어져야 하고 단 사이클/연속 사이클 선택이 가능해야 한다.

② 소재공급기를 리미트 스위치로 감지해야 하고, 소재공급기에 부품이 남아있지 않을 때는 시스템이 초기 위치에서 정지한 상태로 있게 하기 위한 잠금장치가 있어야 한다.

③ 비상정지 스위치가 작동되면 모든 실린더는 어떠한 위치에 있더라도 즉시 초기 위치로 돌아와야 하며 비상정지가 해제되면 다시 작업이 가능해야 한다.

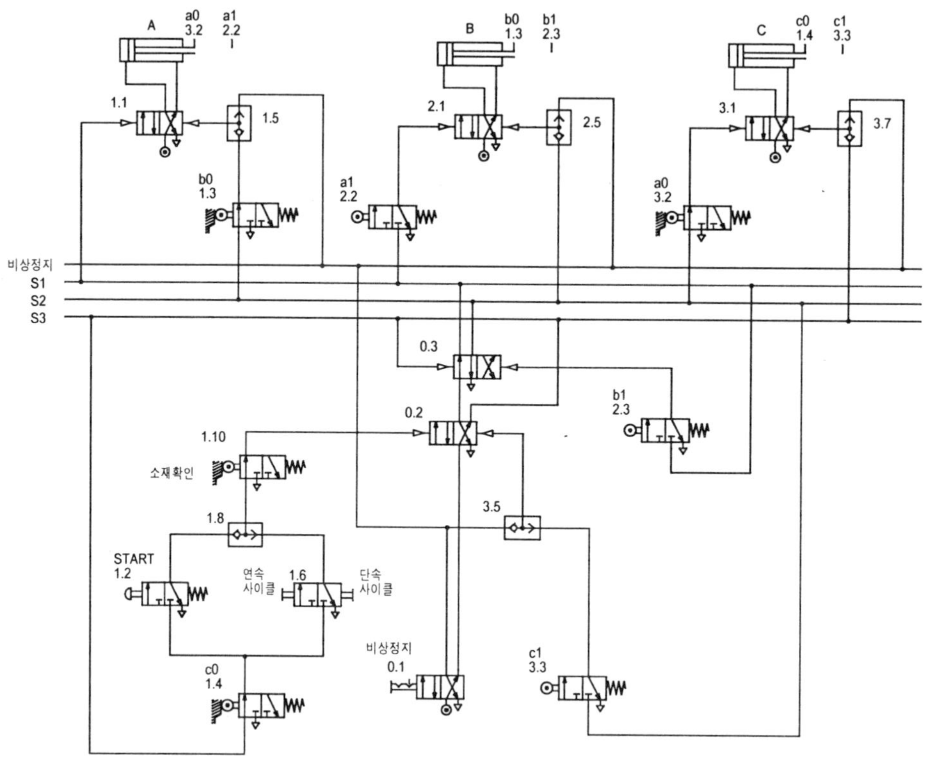

【실습 17】 쉬프트 레지스터 방식(벤딩작업기)

실습목표

(1) 변위단계선도를 작성할 수 있다.

(2) 쉬프트 레지스터에 의한 회로도를 구성하고 시스템을 설치할 수 있다.

(3) 공압회로도를 이해하고 작성할 수 있다.

도 면

1. 쉬프트 레지스터 방식에 의한 제어회로도

① 체그 백(Check back) 신호

단 계	1	2	3	4	5	6
운 동	A+	B+	B−	C+	C−	A−
체크백신호	a1	b1	b0	c1	c0	a0

② 공압회로도

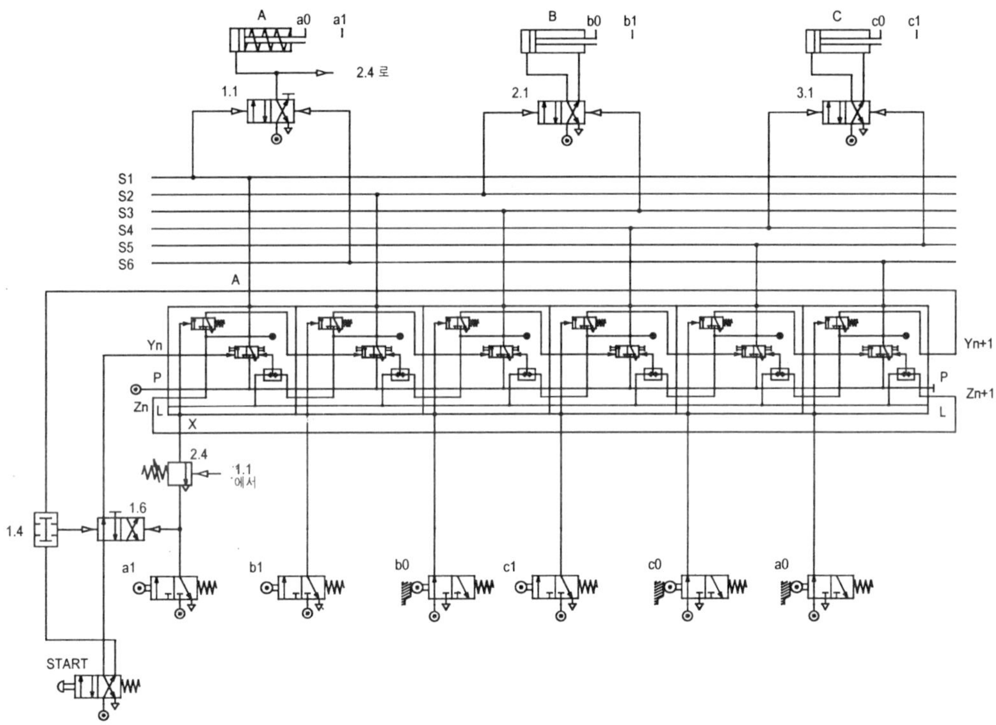

6.3 전기 공압 제어 실습과제

【실습 1】 램프제어

실습목표

(1) 접점과 기본 논리를 이용하여 램프를 제어할 수 있다.
(2) 전기회로도를 이해하고 작성할 수 있다.
(3) 전기회로도에 적합한 공압 시스템을 설치할 수 있다.

1) 각 접점을 이용한 램프의 제어

① a접점　　② b접점

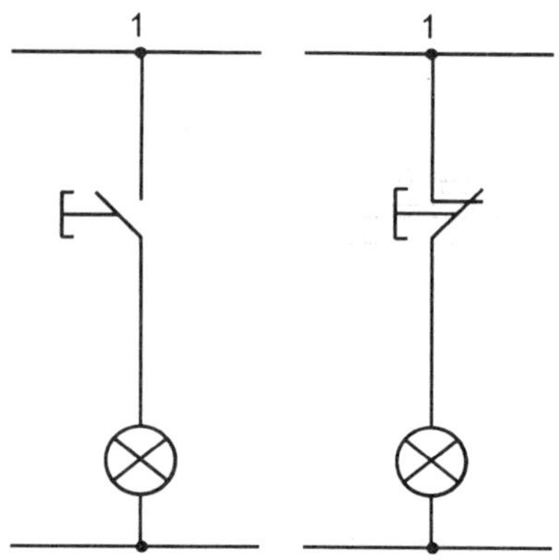

2) 논리회로를 이용한 제어

① AND논리　　② OR논리

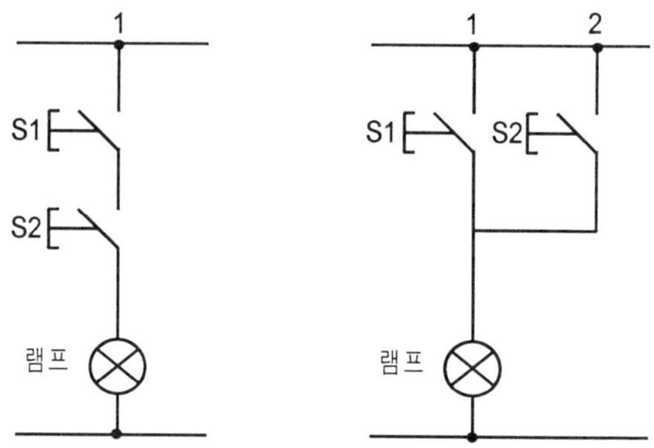

3) 논리회로를 이용한 제어

① NOT논리

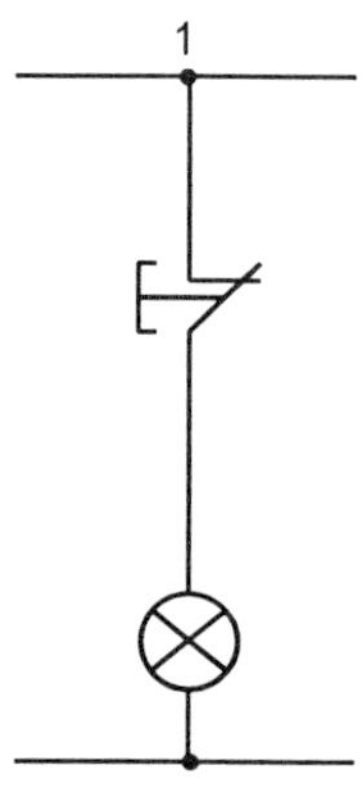

4) 논리회로를 이용한 제어

푸쉬버튼스위치 S1, S2가 작동되고 S3가 작동되지 않든지 또는 S4와 S5가 작동되면 램프 H1에 불이 켜져야 한다.

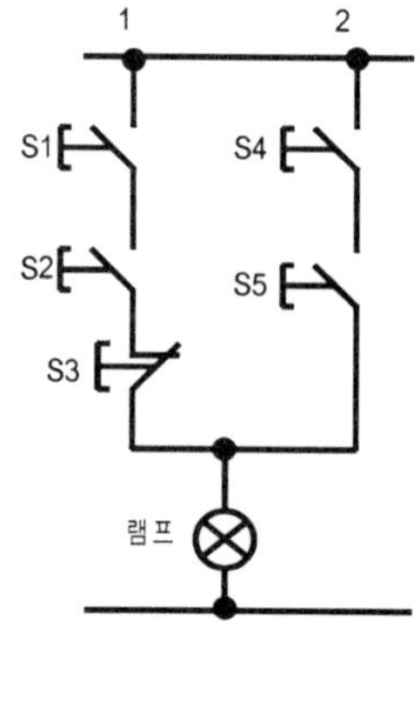

☑ 관계지식

a(arbeit)접점과 b(break)접점의 두 접점은 전기제어의 기초가 되며 결국 PLC 수강에도 필요하게 된다. a접점은 NO(normal open)접점 또는 메이크(make)접점이라고도 하며 b접점은 NC(normal close)접점 또는 브레이크(break)접점이라고도 한다.

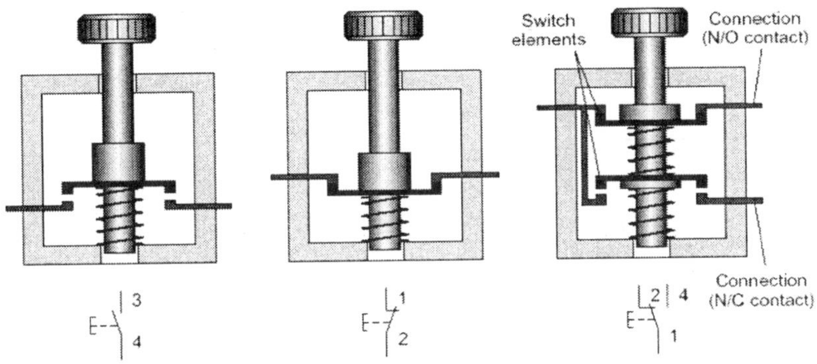

【실습 2】 자기유지회로

➡ 실습목표

(1) 릴레이의 구조 및 동작 특성을 설명할 수 있다.

(2) 자기유지회로의 종류 및 구성 방법을 설명할 수 있다.

(3) 전기회로도를 이해하고 작성할 수 있다.

1) 릴레이를 이용한 램프의 제어

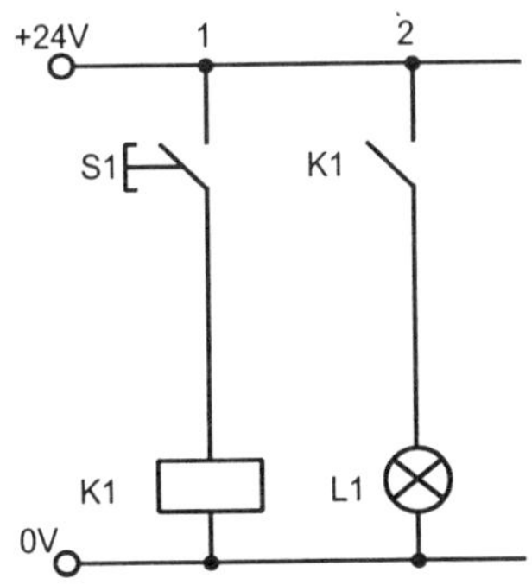

2) 릴레이를 이용한 자기유지

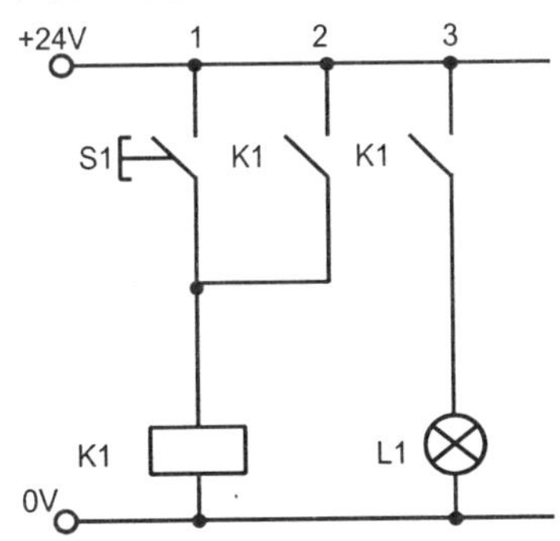

3) Set 우선회로

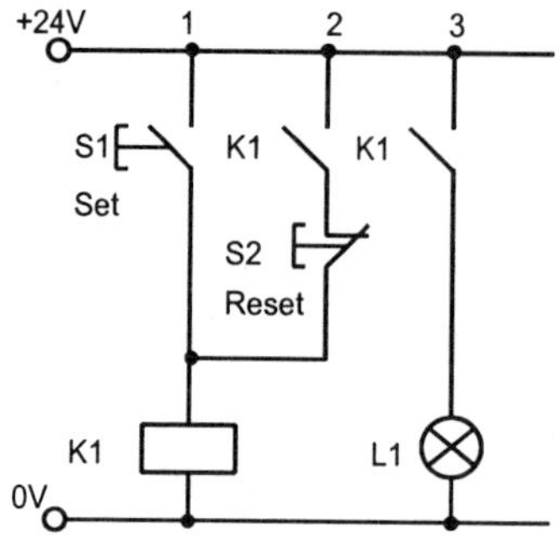

4) Reset 우선회로

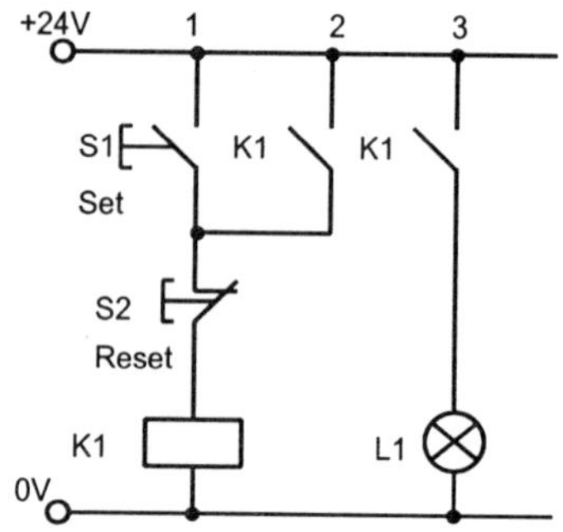

릴레이는 전자계전기라고도 불리며, 전자석에 의한 철편의 흡인력을 이용하여 접점을 개폐하는 기능을 가진 기기를 말한다.

장점으로는

① 여러 동작 전압을 제어하는 것이 가능하다.
② 여러 독립회로 개폐가능
③ 제어회로와 주회로 사이에 금속절연이 있어 고압제어가 안전
④ 작동이 확실히 보장된다.

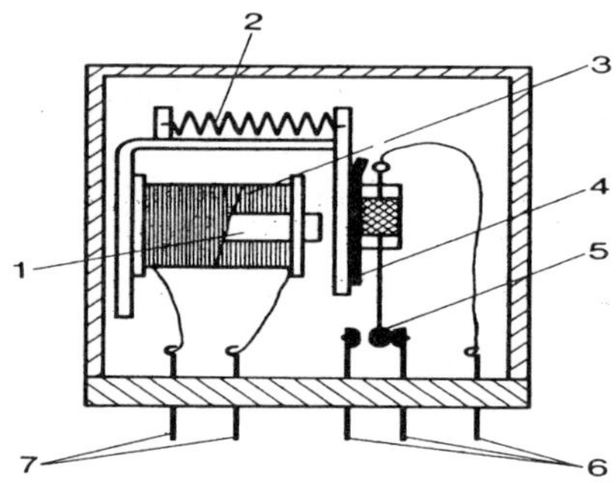

단점으로는

① 상시 개방점은 아크나 산소에 의해 마모되기 쉽다.
② 개폐시 소음이 난다.
③ 접점이 오염되면 오작동이 되기 쉽다.

【실습 3】 편 솔레노이드 밸브를 이용한 실린더 제어

실습목표

(1) 편 솔레노이드 밸브의 구조와 기능을 말할 수 있다.
(2) 단동실린더 및 복동실린더를 솔밸브를 이용하여 제어할 수 있다.
(3) 전기회로도를 이해하고 작성할 수 있다.

1) Single 솔레노이드 밸브를 이용한 단동실린더 직접제어

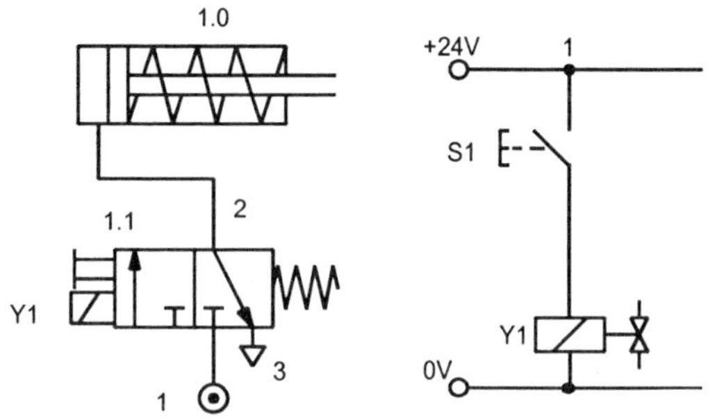

2) Single 솔레노이드 밸브를 이용한 단동실린더 간접제어

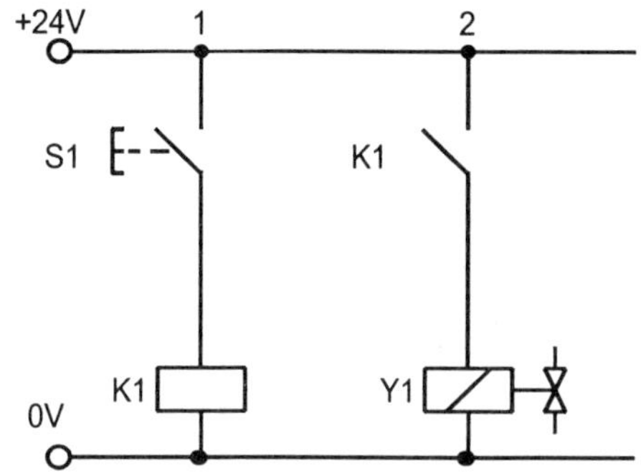

3) Single 솔레노이드 밸브를 이용한 복동실린더 직접제어

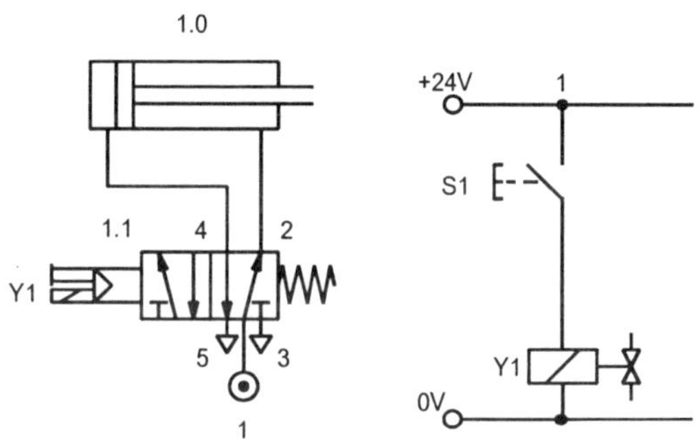

4) Single 솔레노이드 밸브를 이용한 복동실린더 간접제어

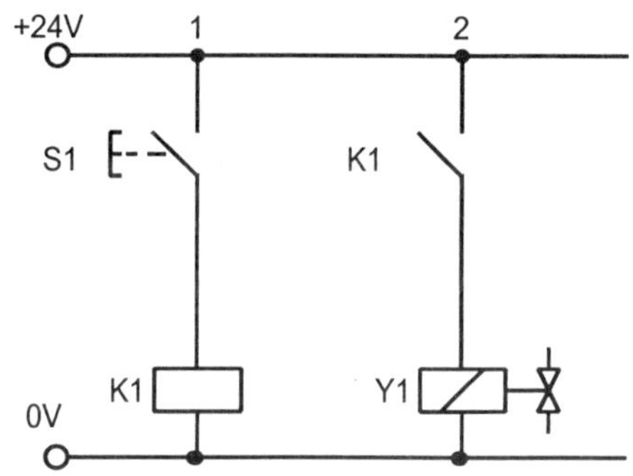

☑ 관계지식

솔레노이드(solenoid) 밸브는 전기신호로 작동되는 방향제어 밸브, 즉 전자석으로 작동이 되는 밸브다. 따라서 솔레노이드 밸브는 압축공기의 흐름의 변환, 즉 방향제어 밸브의 스위칭을 전기신호로 원격제어 할 수 있기 때문에 공압제어에서 가장 많이 사용되고 있다.

【실습 4】 양 솔레노이드 밸브를 이용한 실린더 제어

실습목표

(1) 유량조절 밸브 및 급속배기 밸브의 구조 및 기능에 대하여 설명할 수 있다.

(2) 양 솔을 이용하여 복동실린더를 제어할 수 있다.

(3) 전기회로도를 이해하고 작성할 수 있다.

1) Double 솔레노이드 밸브를 이용한 복동실린더 직접제어
(※전·후진 속도를 조절함.)

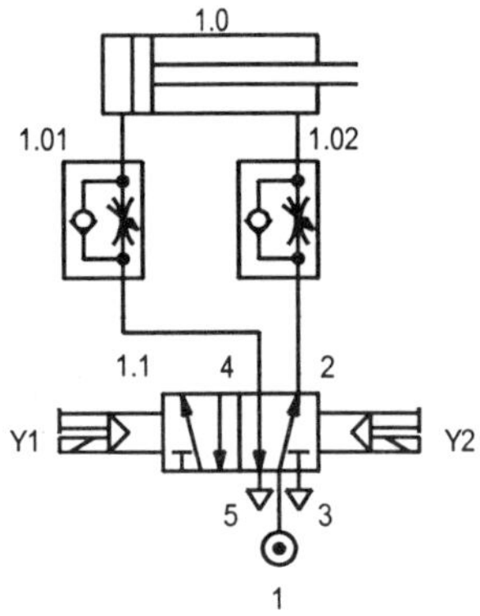

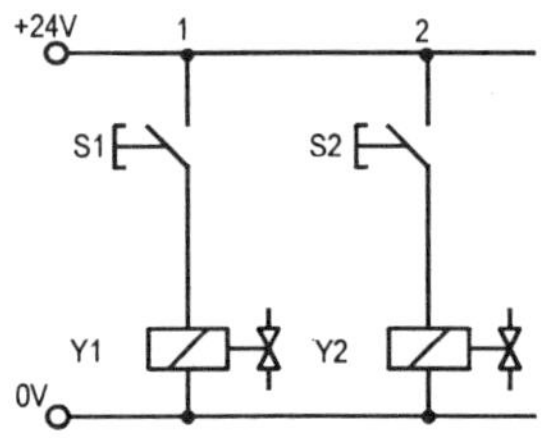

2) Double 솔레노이드 밸브를 이용한 복동실린더 간접제어
(※전·후진 속도를 조절함.)

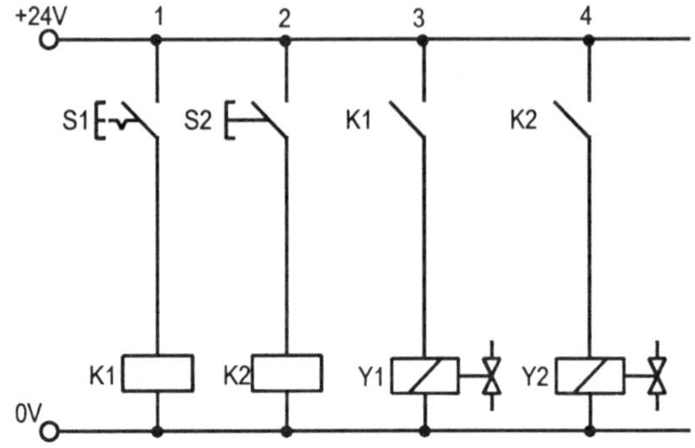

※공압회로도는 왼쪽과 같음.

3) 급속배기 밸브와 Double 솔레노이드 밸브를 이용한 복동실린더 간접제어
(※전진속도는 조절이 가능하고 후진속도는 빨리 됨.)

〈공압회로도〉

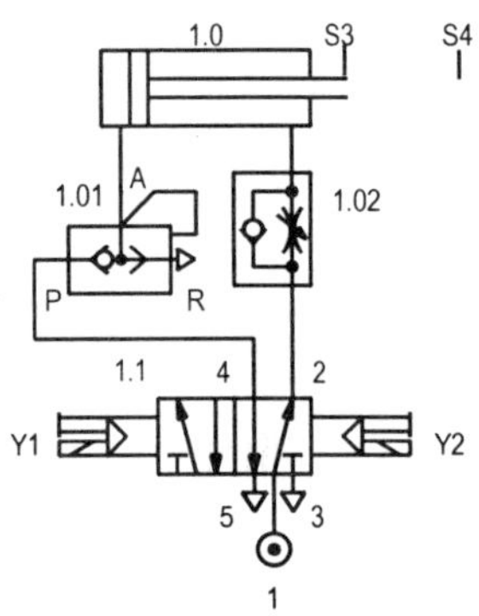

〈전기회로도〉

※리미트 스위치를 이용하여 전 후진을 확인한다.

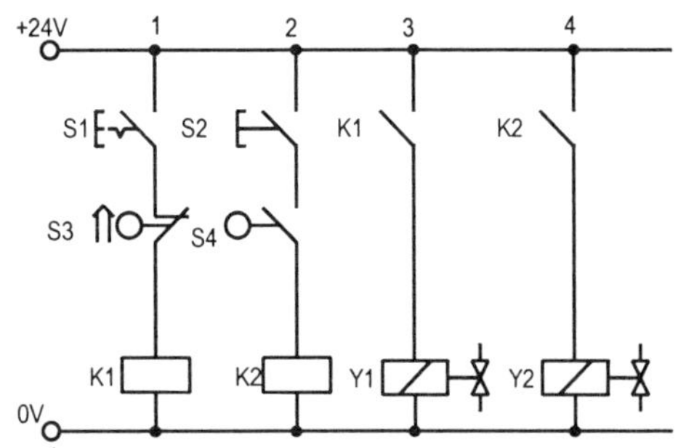

【실습 5】 실린더의 연속제어

실습목표

(1) 자기유지회로의 구성방법을 설명할 수 있다.

(2) 연속 회로를 구성할 수 있다.

(3) 센서를 활용한 회로를 구성할 수 있다.

1) Single 솔레노이드 밸브를 이용한 자동 연속 사이클

〈공압회로도〉

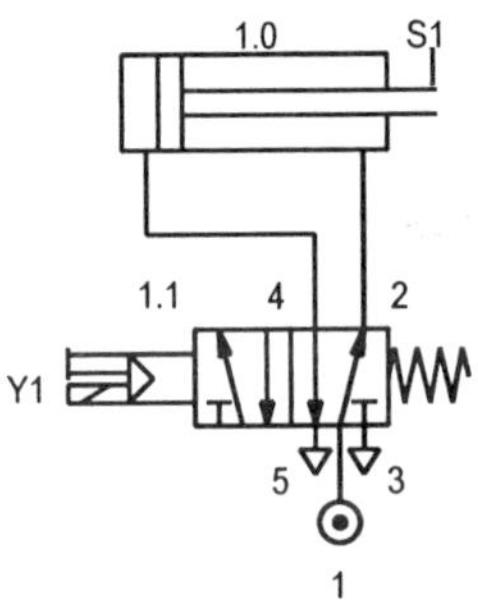

〈전기회로도〉

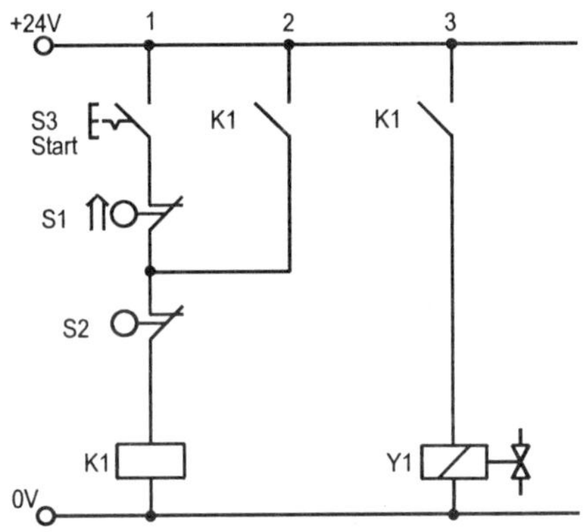

2) Double 솔레노이드 밸브를 이용한 자동 연속 사이클

〈공압회로도〉

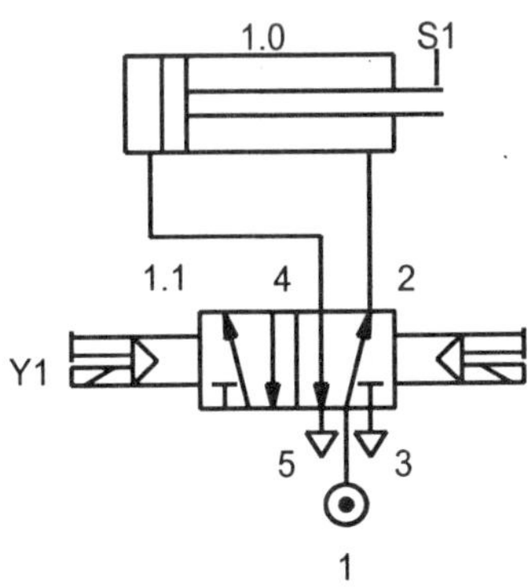

〈전기회로도〉

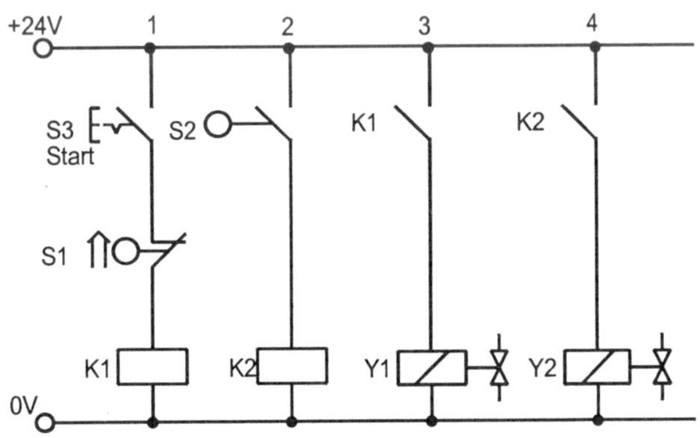

【실습 6】 연/단속 회로를 이용한 실린더 제어

실습목표

(1) 연속 및 단속 작업을 선택할 수 있다.

(2) 솔 밸브에 따른 회로 구성의 차이를 알 수 있다.

(3) 전기회로도를 이해하고 구성할 수 있다.

1) Single 솔 밸브를 이용한 자동 연속/단속 사이클

〈공압회로도〉

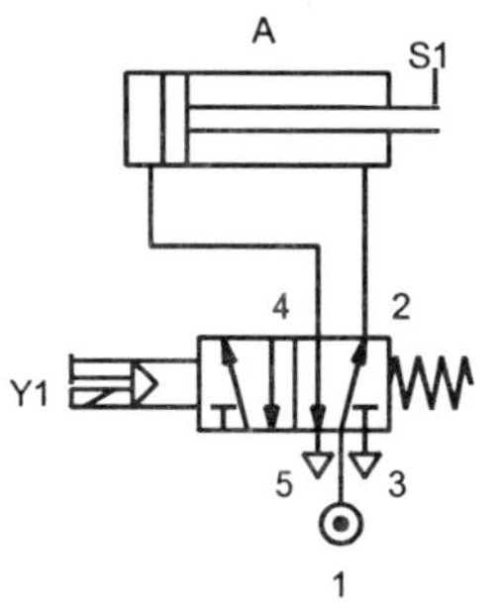

〈전기회로도〉

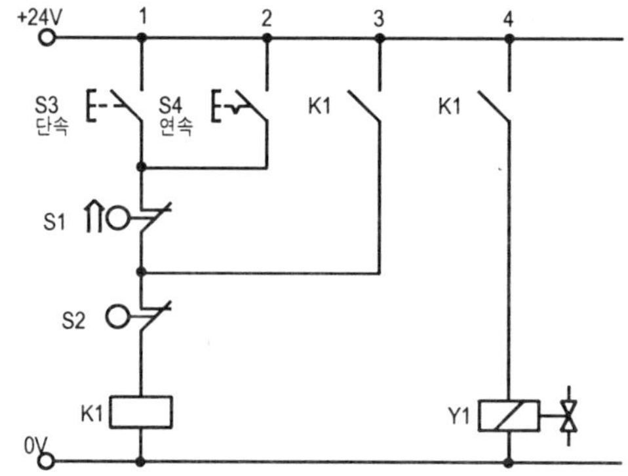

2) Double 솔레노이드 밸브를 이용한 자동 연속/단속 사이클

〈공압회로도〉

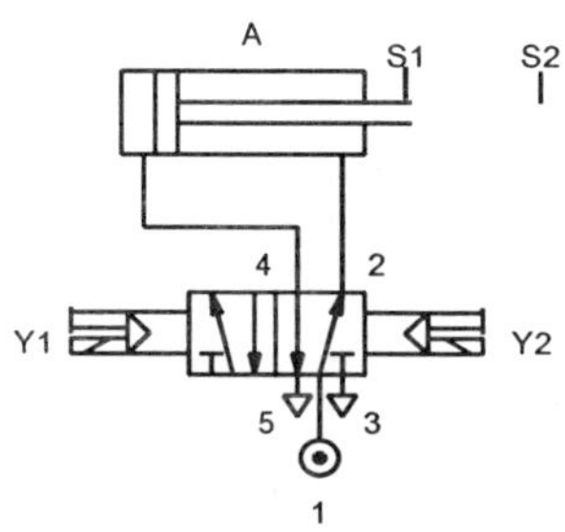

〈전기회로도〉

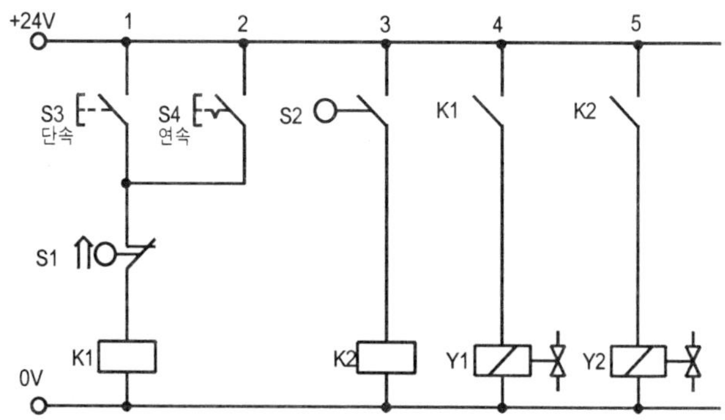

【실습 7-1】 연/단속 회로를 이용한 실린더 제어

실습목표

(1) 자기유지제어의 원리에 대하여 말할 수 있다.

(2) 연속 및 단속의 선택회로를 구성할 수 있다.

(3) 연속 회로에서의 정지회로를 구성할 수 있다.

1) Single 솔레노이드 밸브를 이용하여 작업시작, 정지기능이 있는 자동 단속/연속 사이클

〈공압회로도〉

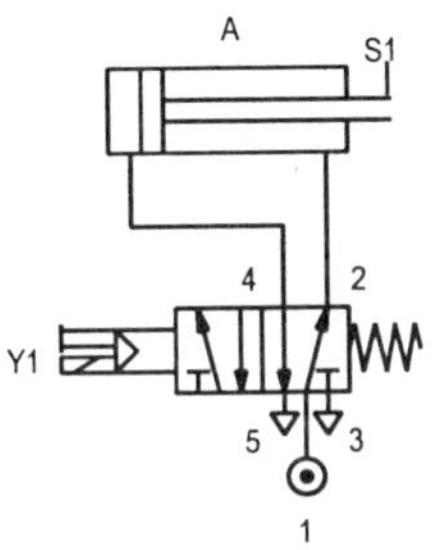

〈전기회로도〉

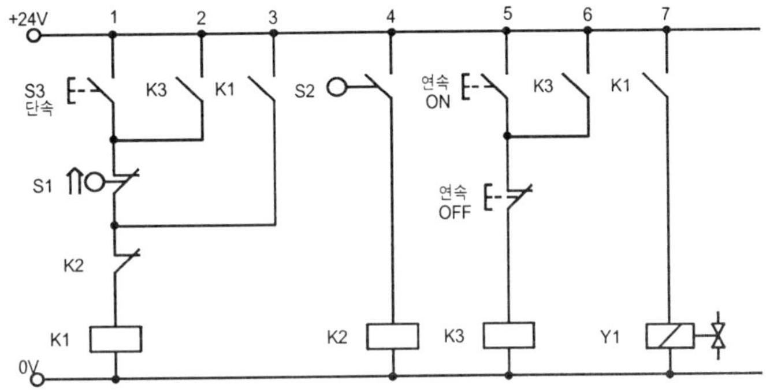

2) Double 솔 밸브를 이용, 작업시작, 정지기능이 있는 자동 단속/연속 사이클

〈공압회로도〉

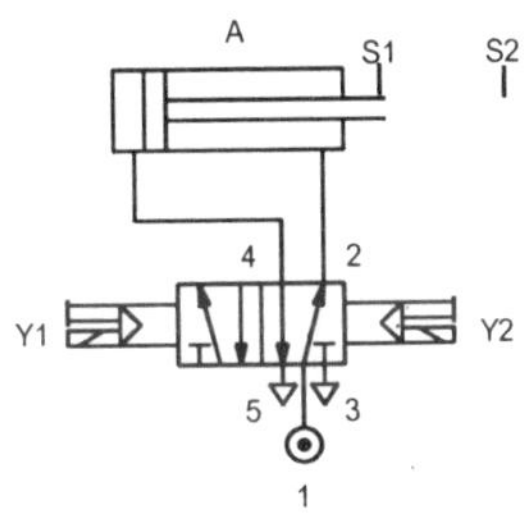

〈전기회로도〉

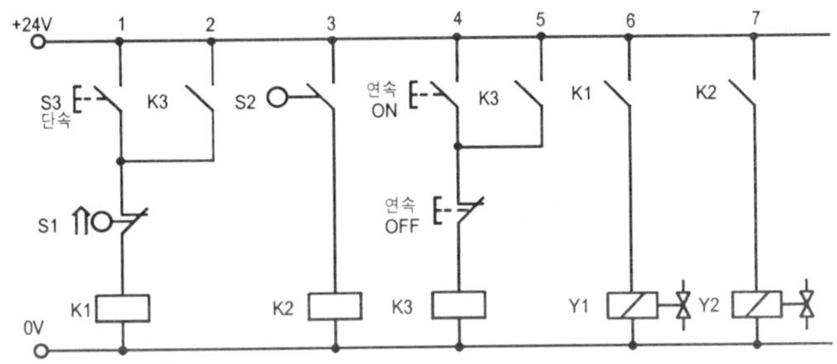

【실습 7-2】 연/단속 회로를 이용한 실린더 제어

1) Double 솔 밸브를 이용하여 작업시작, 정지기능이 있는 자동 단속/연속 사이클

※ 이 제어회로는 연속 사이클이 먼저 선택되고 시동스위치에 의해 작업을 진행하는 경우이다. 릴레이 K4가 필요하다.

〈공압회로도〉

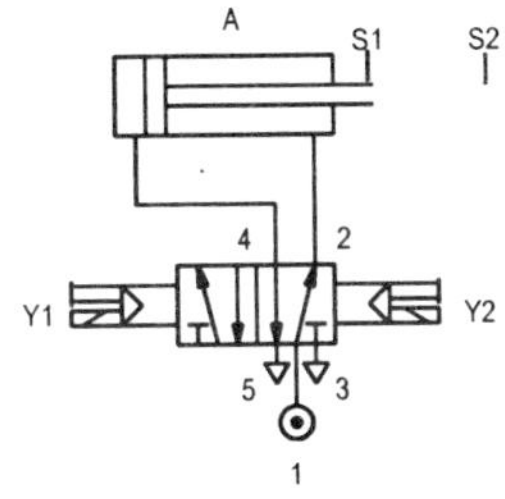

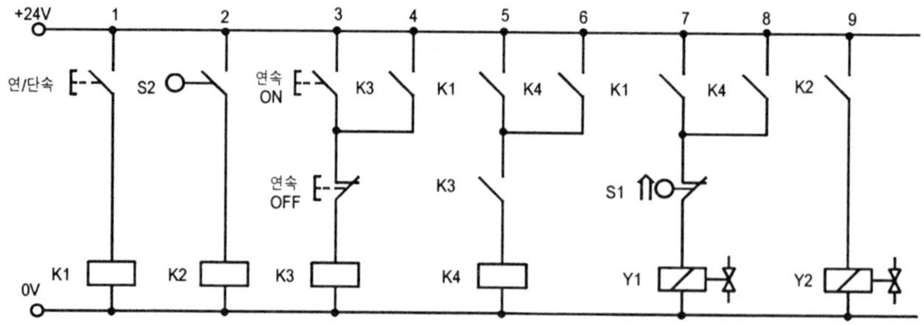

【실습 8】 비상정지회로의 구성

실습목표

(1) 회로구성에서 편 솔 및 양 솔을 사용 회로를 구성할 수 있다.

(2) 전기회로도를 이해하고 작성할 수 있다.

1) 비상정지-실린더는 모두 초기 위치로 귀환한다.

〈공압회로도〉

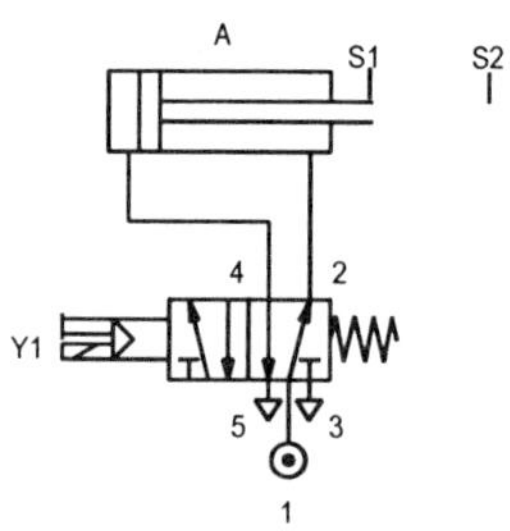

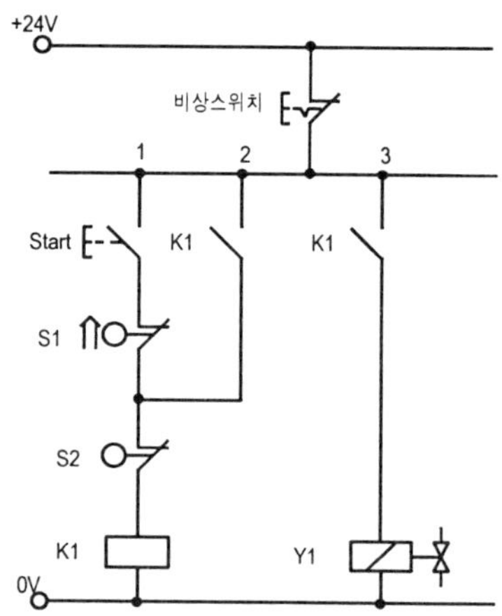

2) 비상정지-실린더는 모두 초기 위치로 귀환한다(Double 솔레노이드).

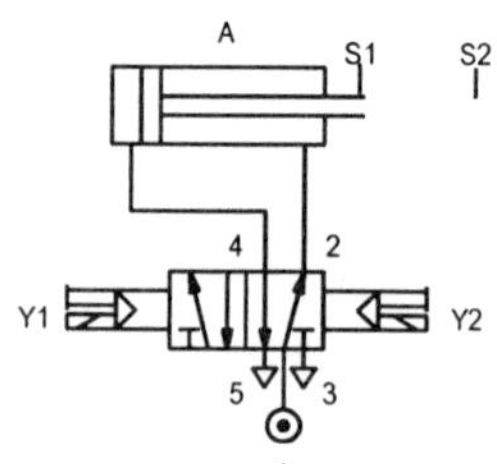

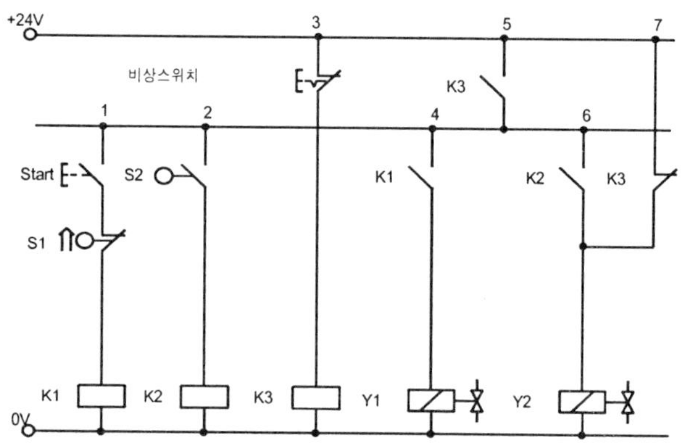

【실습 9】 자동회로를 이용한 실린더 제어

실습목표

(1) 자동회로 구조 및 기능에 대하여 설명할 수 있다.
(2) 자동회로를 이용하여 실린더를 제어할 수 있다.
(3) 회로도를 이해하고 작성할 수 있다.

1) 자동 및 수동 작동 선택

〈공압회로도〉

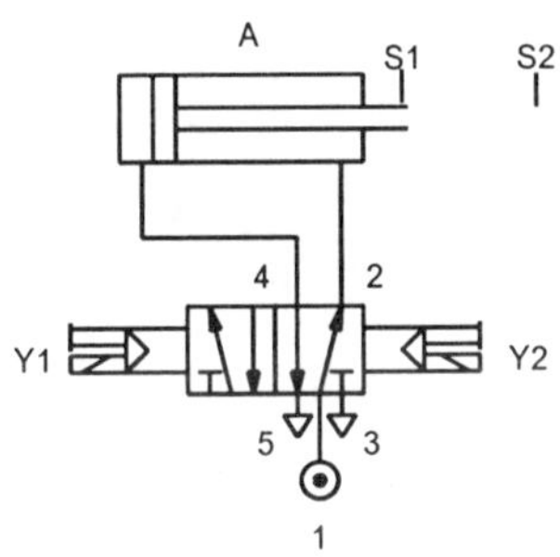

〈전기회로도〉 - 첫 번째 방법

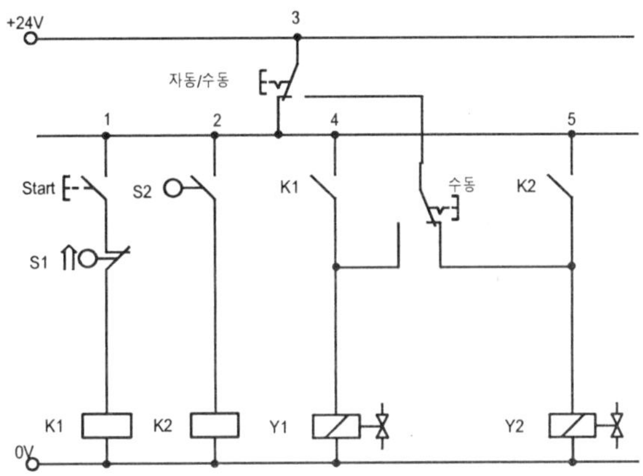

〈전기회로도〉 - 두 번째 방법

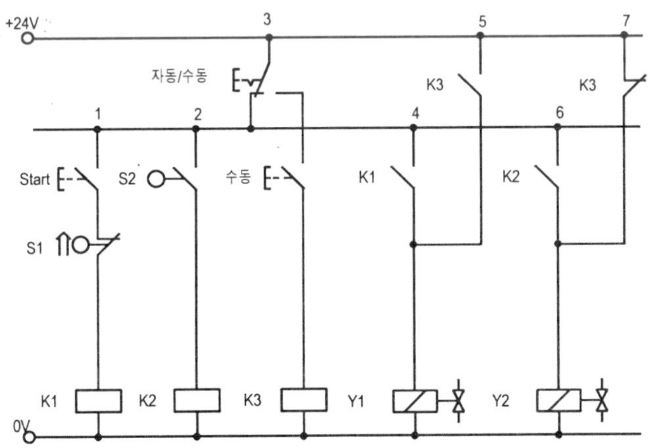

【실습 10】 시퀀스 제어(A+B+A-B-)

실습목표

(1) 시퀀스 제어를 구성할 수 있다.

(2) 스테퍼에 공식에 의한 회로구성을 할 수 있다.

(3) 변위단계선도를 작성할 수 있다.

1) 시퀀스회로1-상자이송장치

Single 솔레노이드 밸브를 사용 〈변위단계선도〉

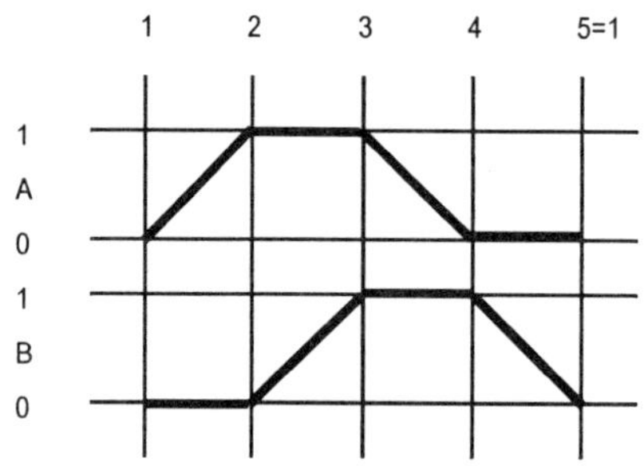

〈위치도〉

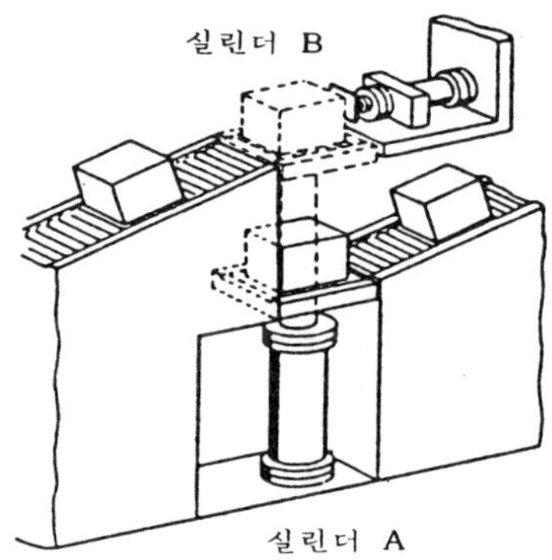

〈편솔을 이용한 전기회로도〉

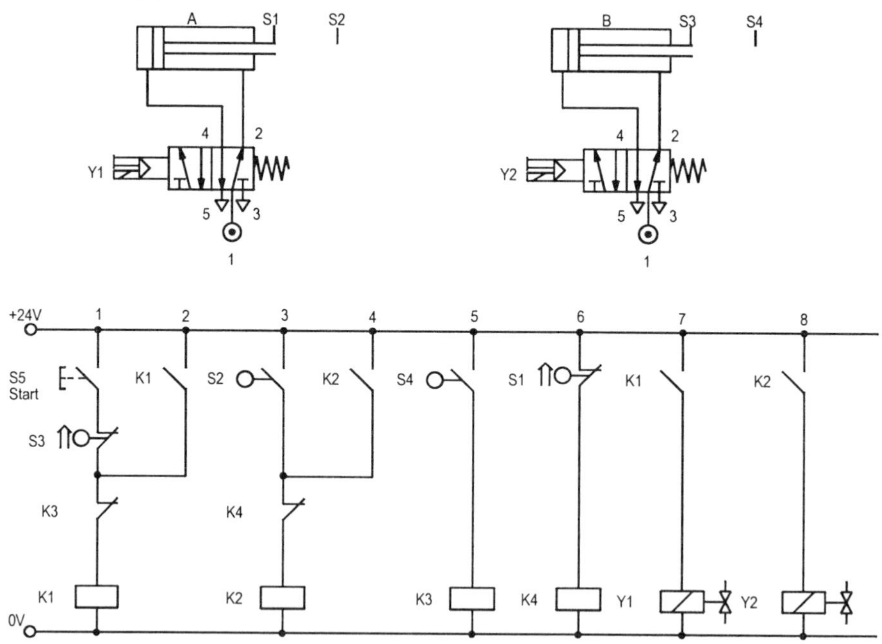

〈양솔을 이용한 전기회로도〉

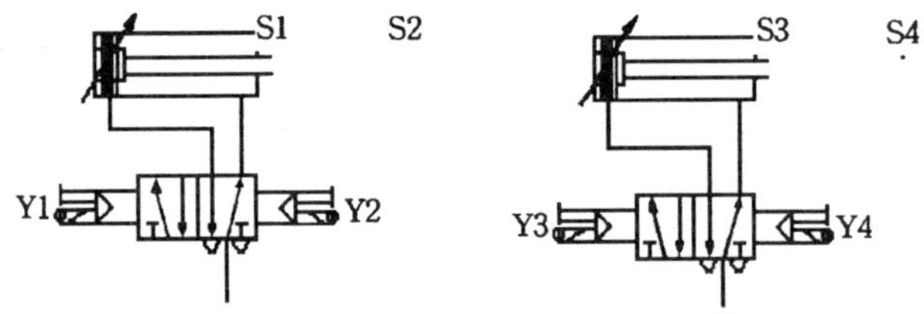

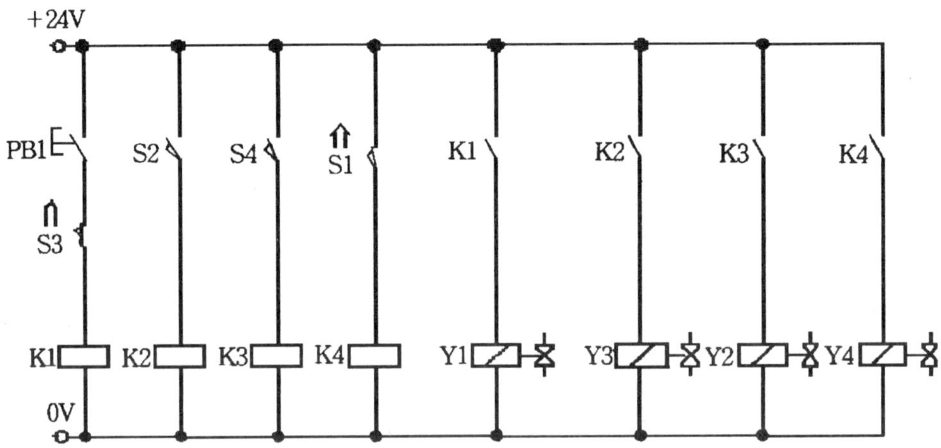

〈회로도 작성 순서〉

① 실린더의 작동순서와 체크 백 시그널, 작동 릴레이, 작동 솔레노이드 밸브를 배당한다.

실린더 작동 순서	A+	B+	A-	B-
체크 백 시그널	S2	S4	S1	S3
작동 릴레이	K1	K2	K3	K4
작동 솔레노이드	Y1	Y3	Y2	Y4

② 위 표를 중심으로 다음과 같이 연결한다.

K1 = start s/w · S3　　Y1 = K1

K2 = S2　　Y3 = K2

K3 = S4　　Y2 = K3

K4 = S1　　Y4 = K4

【실습 11】 캐스케이드 밸브를 이용한 실린더 제어(A+B+B-A-)

실습목표

(1) 캐스케이드의 그룹 나누기를 할 수 있다.

(2) 변위단계선도를 작성할 수 있다.

(3) 캐스케이드 회로를 구성할 수 있다.

각인장치(캐스케이드 회로1)

플라스틱 소재가 수동으로 삽입되고 start 버튼을 누르면 공압실린더 A가 전진 운동하여 소재를 이송하고 난 후 B실린더가 운동하여 이름을 각인하게 된다. 작업이 끝나면 B실린더가 후진 운동하고 난 후 A실린더가 후진한다.

〈위치도〉

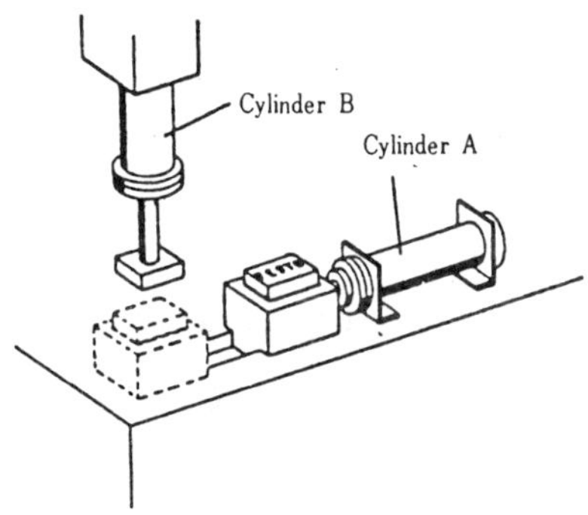

① 신호 지시선 및 제어선도 작성

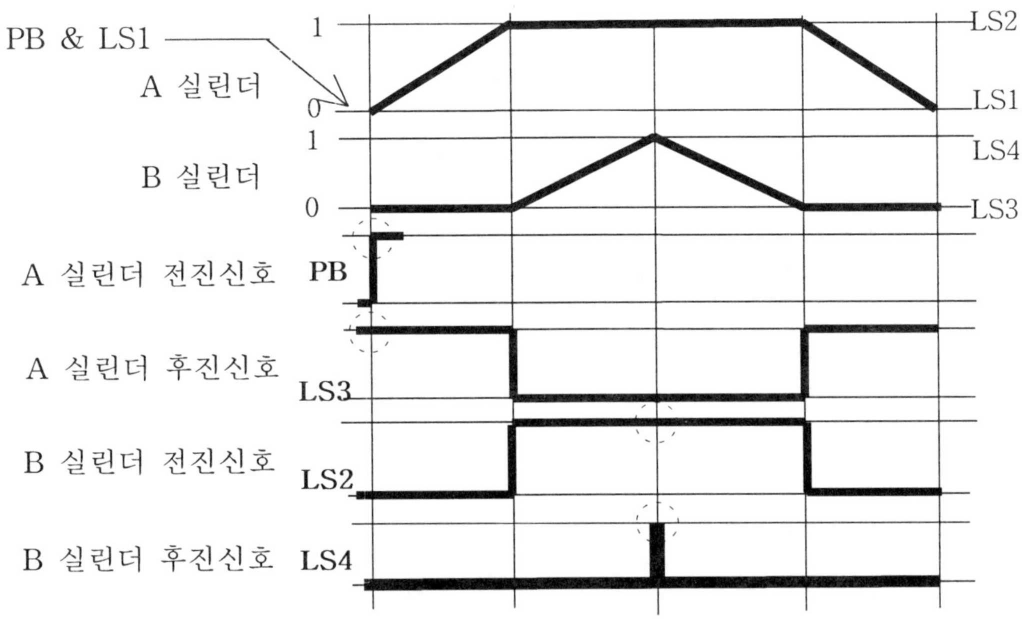

신호 지시선 및 제어선도 작성

② 1단계 제어그룹의 분류 및 캐스케이드 제어라인 준비

그 룹	I 그룹		II 그룹	
실린더 작동 순서	A+	B+	B-	A-
체크 백 시그널	S2	S4	S3	S1

여기서 S1, S2,--는 실린더의 운동완료 여부를 확인하는 리미트 스위치를 나타낸다.

실린더의 전진 운동을 확인하는 리미트 스위치는 짝수, 후진 운동을 확인하는 리미트 스위치는 홀수로 표시된다. S2 리미트 스위치는 A+ 작업의 완료를 확인하여 다음 단계인 B+ 작업을 발생시켜 주고 S4 리미트 스위치는 B+ 작업의 완료를 확인하여 다음 단계인 B− 작업을 가능하게 한다. 이를 check back signal이라고 한다.

제어그룹이 2개인 경우는 1개의 릴레이를 이용하여 제어할 수 있게 된다.

캐스케이드 방법에서는 실린더의 운동을 제어하는 밸브는 양솔레노이드 밸브가 사용된다.

③ 2단계 A+ 작업의 완성

첫 번째 작업인 A+ 작업은 첫 번째 제어그룹에 속하는 작업이다. 그러므로 A+ 작업이 가능하기 위해서는 첫 번째 제어선에 에너지가 공급되어야 하므로 K1 릴레이가 On 되어야 만 한다.

A+ 작업을 담당하는 맨 마지막 그룹의 마지막 작업(A−)의 완료 여부를 확인하는 리미트 스위치 S1과 작업을 하겠다는 의지를 나타내는 시동 스위치 S5는 K1 릴레이를 On 시켜 주어야만 한다. K1 릴레이가 On 되면 우선 자기유지회로도를 이용하여 자기유지 되어야만 S1 리미트 스위치가 Off 되어도 한 제어그룹을 관장하는 K1 릴레이는 작동된 상태로 있게 된다.

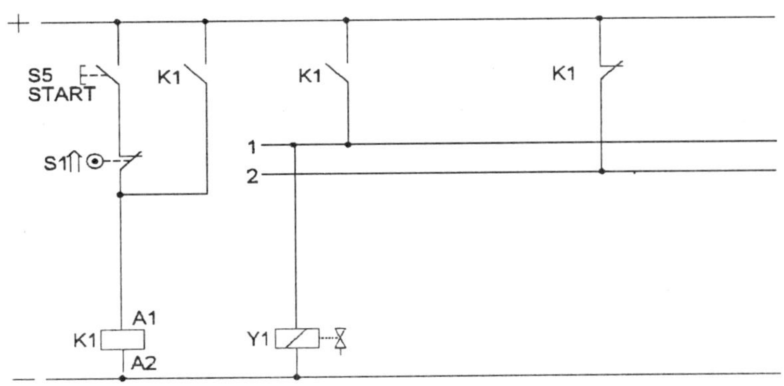

A+ 작업을 담당하는 Y1 솔레노이드는 K1 릴레이(첫 번째 제어선)를 통하여 작업에너지를 공급받게 되므로 실린더가 전진 운동을 할 수 있게 된다.

S1 리미트 스위치는 초기 시동조건에서 A실린더에 의하여 작동된 상태로 존재하기 때문에 작동된 상태로 되어 회로도에 표시되게 된다. 즉, S1 리미트 스위치의 접점은 b접점과 같이 되어 있지만 a접점 스위치이다.

④ 3단계 B+ 작업의 완성

두 번째 작업인 B+작업은 전단계의 A+ 작업과 마찬가지로 첫 번째 제어그룹에 속하는 작업이다.

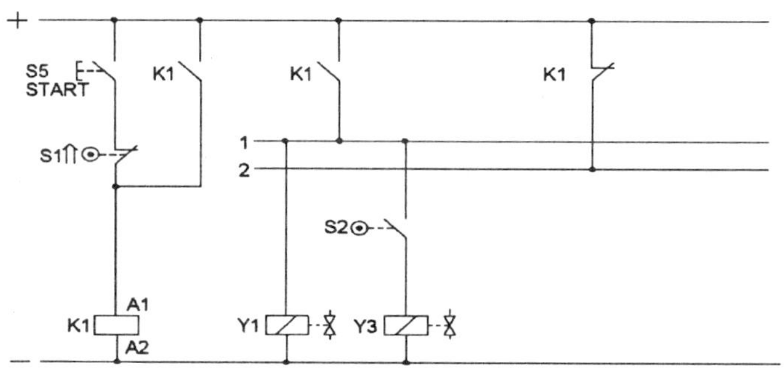

그러므로 B+ 작업을 하기 위해서는 제어선을 바꿀 필요가 없이 이미 바뀌어져 있는 첫 번째 제어선을 이용하여 작업을 하면 된다. 즉 A+ 작업의 완료여부를 확인하는 S2 리미트 스위치가 첫 번째 제어선으로부터 에너지를 공급받아 Y3 솔레노이드 밸브를 작동시켜 주면 B+ 작업이 가능하게 된다.

⑤ 4단계 B− 작업의 완성

세 번째 B− 작업은 두 번째 제어그룹에 속하는 작업이다. 그러므로 B− 작업이 가능하기 위해서는 우선 첫 번째 제어선으로부터 두 번째 제어선으로 바꾸어 주어야 한다. 첫 번째 제어선으로부터 두 번째 제어선으로 바꾸어 주기 위해서는 K1 릴레이를 OFF 시켜야 하므로 B- 작업을 담당하는 리미트 스위치 S4는 제어선을 첫 번째로부터 두 번째로 바꾸어 주어야 된다.

그러면 B− 작업을 담당하는 Y4 솔레노이드 두 번째 제 2선으로부터 직접 에너지를 공급받게 되어 B− 작업이 일어나게 된다.

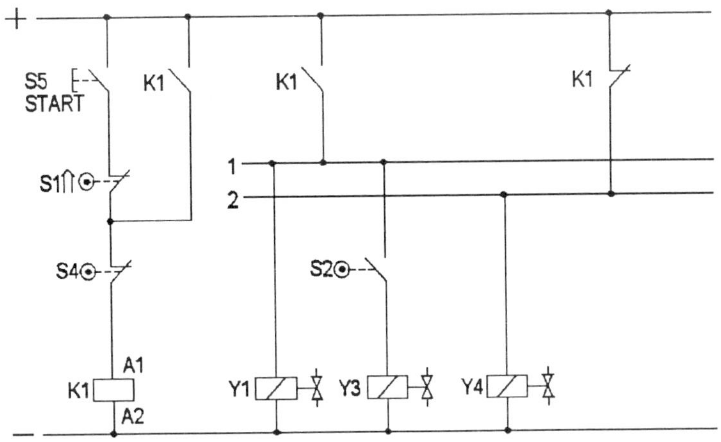

⑥ 5단계 A− 작업의 완성

마지막 A− 작업 및 제어회로도의 완성 A− 작업은 두 번째 제어그룹에 속하는 작업이다. 4단계의 세 번째 B− 작업을 위하여 제어선을 두 번째로 이미 바꿔 놓았기 때문에 다시 제어선을 바꿀 필요가 없다. 그러므로 A− 작업을 담당하는 리미트 스위치 S3는 두 번째 제어선에서 에너지를 공급받아 Y2 솔레노이드를 작동시켜 A− 작업을 가능하게 한다. S3 리미트 스위치는 초기 시동조건에서 B실린더에 의하여 작동된 상태로 존재하기 때문에 작동된 상태로 표시된다. 이와 같이 하여 제어회로가 완성되면 제어회로도의 배선 및 보수유지를 용이하게 하기 위하여 제어회로도의 각 라인에는 라인번호, 접점에는 접점번호를 부여하게 된다.

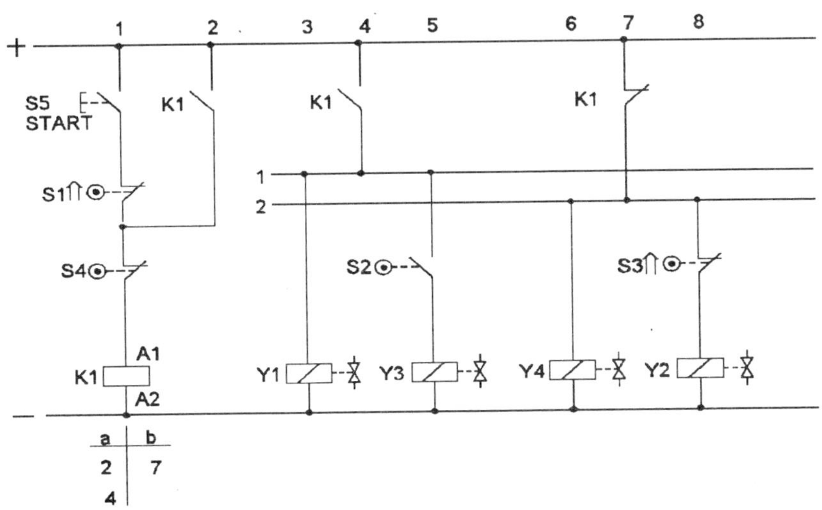

【실습 12】 캐스케이드 밸브를 이용한 실린더 제어(A+A-B+B-)

실습목표

(1) 캐스케이드의 그룹 나누기를 할 수 있다.

(2) 변위단계선도를 작성할 수 있다.

1) 캐스케이드 회로2 - 스탬핑 장치

밸브 몸체에 P, A, B 및 R의 문자를 각인하려 한다. 밸브 몸체는 수동으로 삽입하고 실린더 A를 이용하여 작업을 수행하게 된다. 작업이 끝나면 실린더 B가 밸브를 밀어내게 된다.

〈위치도〉

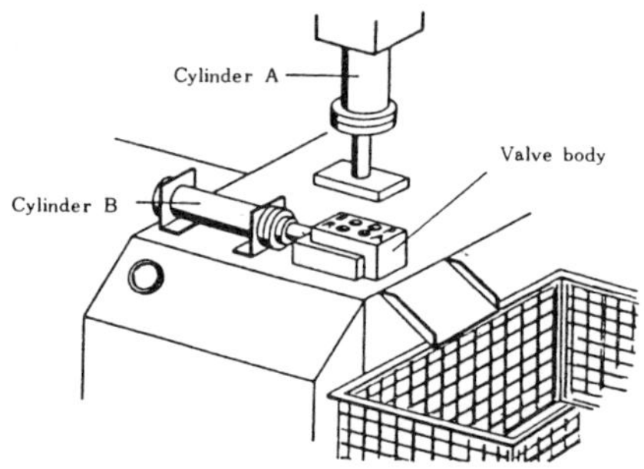

〈변위단계선도〉

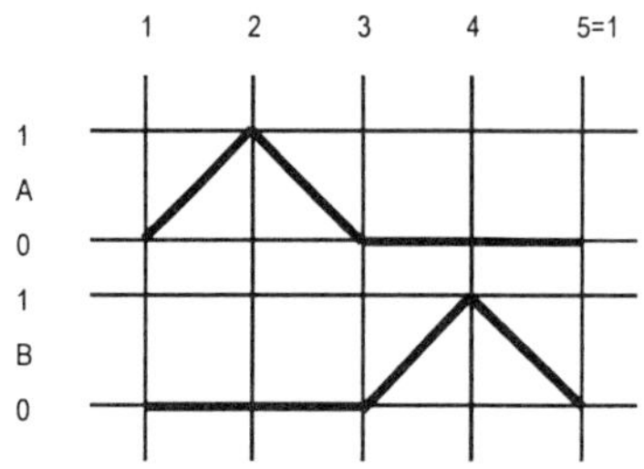

〈전기회로도〉

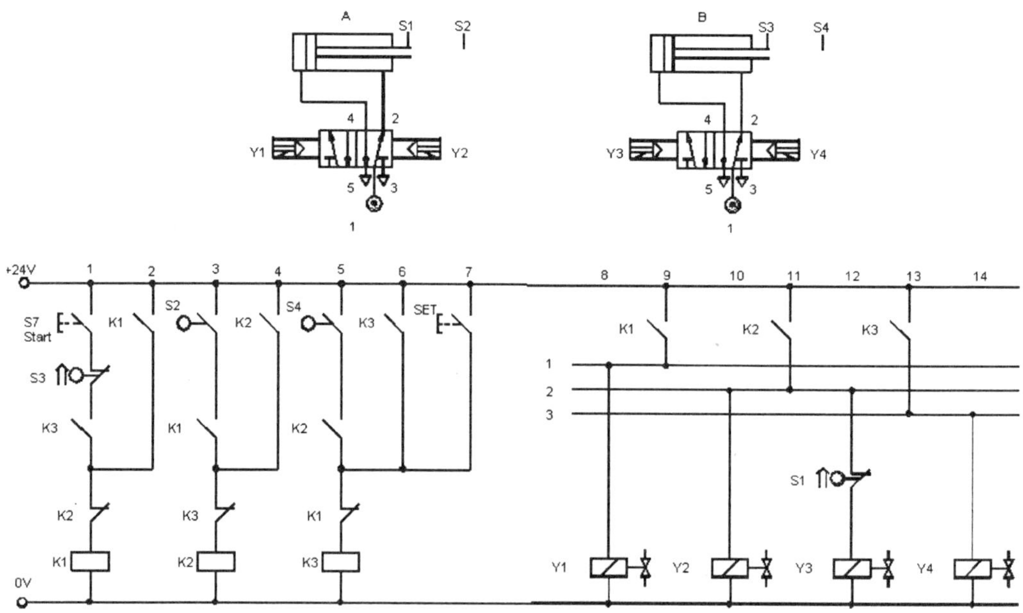

〈회로도 작성 순서〉

① 신호간섭을 방지하기 위하여 그룹나누기를 하고, 체크 백 시그널, 작동 릴레이, 작동 솔레노이드 밸브를 배정한다.

그룹	Ⅰ그룹	Ⅱ그룹		Ⅲ그룹
실린더작동 순서	A+	A-	B+	B-
체크 백 시그널	S2	S1	S4	S3
작동 릴레이	K1	K2		K3
작동 솔레노이드 밸브	Y1	Y2	Y3	Y4

② 캐스케이드 방식에는 그룹 수와 같은 수의 릴레이가 필요하며, 제어 그룹이 2개인 경우에 한해서 1개의 릴레이로 제어할 수 있게 된다.

- 제어회로의 구성
  - 각 그룹들은 순서대로 살아간다.
  - 각 그룹은 매 순간에 한 그룹만 살아간다.
  - 마지막 그룹은 살아 있어야 한다.
  - 릴레이는 K1 → K2 → K3의 순서로 작동된다.
- 각 그룹의 릴레이가 동작되기 위하여 고려하여야 할 사항
  - 첫 번째 K1 릴레이가 작동되기 위해서는
    : $K1 =$ 〔{(스타트 스위치)×(전 단계 도달 센서)×(최종 릴레이 K_{last})} + (자기유지를 위한 K1)〕×(인터록을 위한 $\overline{K2}$)
  - n 번째 릴레이가 작동되기 위해서는
    : $K_n =$ 〔(전 단계 도달 센서)×(전 단계 릴레이 K_{n-1}) + (자기유지를 위한 K_n)〕×(인터록을 위한 $\overline{K}_{n+1}$)
  - 마지막 릴레이가 작동되기 위해서는
    : $K_{last} =$ 〔(전 단계 도달 센서)×(전 단계 릴레이 K_{last-1}) + (자기유지를 위한 K_{last}) + (Reset s/w)〕×(인터록을 위한 $\overline{K1}$)

③ 상기 각 그룹의 릴레이가 작동되기 위하여 고려하여야 할 사항을 회로도를 작성하기 위하여 간추리면 다음과 같이 된다.

$K1=\{(start\ s/w \times S3 \times K3)+K1\} \times \overline{K}2$

$K2=\{(S2 \times K1)+K2\} \times \overline{K}3$

$K3=\{(S4 \times K2)+K3+Reset\ s/w\} \times \overline{K}1$

여기서 K : 릴레이 a접점

$\overline{K}$: 릴레이 b접점

× : 직렬 연결

\+ : 병렬 연결

④ 상부(24V)라인과 하부(0V)라인 사이에 그룹 수와 같은 평행선을 긋고 릴레이 접점 K1에 첫째 그룹 라인을, K2에 두 번째 그룹라인을, K3에 세 번째 그룹 라인을 연결한다.

⑤ 같은 그룹 내에서 1개 이상의 솔레노이드 밸브가 설치되는 경우, 해당 그룹라인에 직접 연결하되 두 번째(같은 그룹 내)에 작동되는 솔레노이드 밸브는 직전 단계에서 작동되는 센서를 직렬로 연결하여 해당 솔레노이드 밸브가 작동될 수 있도록 한다.

A+ 작동을 위한 솔레노이드 밸브의 연결

: Y1 = K1×1그룹 라인

A− 작동을 위한 솔레노이드 밸브의 연결

: Y2 = K2×2그룹 라인

B+ 작동을 위한 솔레노이드 밸브의 연결

: Y3 = K2×2그룹 라인×S1(직전 단계에서 작동되는 센서)

B− 작동을 위한 솔레노이드 밸브의 연결

: Y4 = K3×3그룹 라인

제 7 장 센서의 개요

7.1 센서 기술의 개요

센서(sensor)는 인간이 외계로부터 정보를 얻는데 없어서는 안 되는 도구이다. 인간은 감각 기관을 통하여 외계로부터 정보를 얻고 있는데, 이는 어떠한 기계도 미치지 못하는 기능이라 할 수 있다. 그러나 현대 사회는 공업제품의 생산 효율을 높이거나 오감으로 느낄 수 없는 분야에 관한 정보를 더욱 필요로 하게 되었다. 그래서 센서가 인간의 감각 기관을 대신하여 그 기능을 보완하게 되었다. 센서는 프로세서 공업, 기계 공업, 전자 공업 등의 각종 분야로부터 가전제품이나 안전, 방재 기기 등 넓은 분야에서 사용되고 있다. 또한 전자기술을 바탕으로 신호처리, 정보처리기술, 특히 마이크로프로세서의 급속한 발전으로 센서와 마이크로프로세서를 결합한 고기능의 제품 생산이 가능해짐으로 센서 기술이 각광을 받게 되었다. 센서는 정보를 받아들일 대상과 어떠한 형태로든지 관련지어 신호를 출력하고 있지만, 그 신호는 표시, 기록 등에 편리한 것이어야 한다. 따라서 많은 센서들은 전기적 신호(전압, 전류 등)로 출력하도록 되어 있다. 센서의 입력은 전기적 양 이외에 물리적 양의 것이 많아, 이들을 변환하기 위한

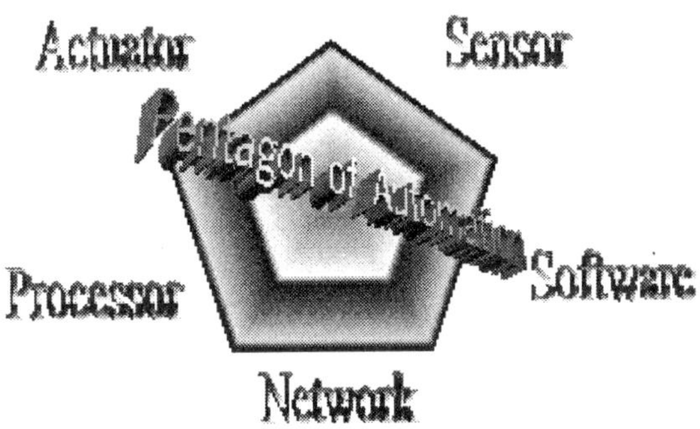

그림 7-1 자동화의 요소

기술들이 사용되고 있다.

일반적으로 자동화된 기계는 외부의 에너지를 공급받아 일을 하는 부분을 액추에이터(actuator), 액추에이터의 작업완료 여부 및 상태를 감지하여 제어기(controller)에 공급하는 센서(sensor), 센서로부터 입력되는 제어정보를 분석 처리하여 필요한 제어명령을 내려주는 제어신호 처리장치(signal processor)로 구성되는 하드웨어(hardware) 기술과, 시스템 구성을 위한 네트워크(network) 및 소프트웨어(software) 기술로 구성된다. 이 요소들을 자동화의 5대 요소라 하며, 자동화 문제를 해결하기 위해서는 어느 한 분야에 관한 깊은 지식도 필요하지만, 각 분야의 지식을 유기적으로 활용하는 것이 더욱 중요하다.

7.2 센서의 정의

1960년대 센서(sensor)라는 말이 처음 사용되기 시작한 이래 여러 가지 표현으로 센서가 정의되어 왔다. 현재까지도 엄격한 의미로서 체계적인 정의는 없지만 대체적으로 다음과 같이 정의하고 있다. 간단한 의미로 "측정 대상물로부터 감지 또는 측정하여 그 측정량을 전기적인 신호로 변환하는 장치(device)", 좀더 세부적으로는 "온도, 압력, 유량, pH 등과 같은 물리량이나 화학량의 절대치나 변화, 또는 소리, 빛, 전파의 강도를 감지(sense)하여 유용한 신호(signal)로 변환(convert)하는 소자 또는 장치"로 정의된다.

센서와 함께 유사한 용어로서 트랜스듀서(transducer), 검출기, 감지기, 상태정보의 검출장치 등이 많이 상용되고 있는데 이들과 센서를 엄격히 구분하여 사용하기란 용이하지 않다. 센서는 계측대상의 상태에 관한 정보를 획득하는 장치이고 트랜스듀서는 계측대상의 상태량을 이에 대응하여 측정 가능한 물리량의 신호로 변환하는 장치이다. 따라서 특히 트랜스듀서로서 강조하고 싶은 경우를 제외하고는 모두 센서라는 표현을 사용하도록 한다. 센서의 기능을 동물의 감각기관과 대비하여 표 7-1과 그림 7-1에 나타내었다.

즉 어떤 기계장치나 측정 대상물의 센서를 동물의 감각기관에 대비하여 보면 동물의 감각기관은 외계로부터 수용기(receptor)에 주어지는 자극(stimulation)을 수용기에서 전기신호로 변환하고, 신경(nerve)을 통해 이 신호를 뇌에 전달하여 정보화 한다. 이에 비해 센서는 외계로부터 받은 작용(action)을 트랜스듀서에 의해 적당한 에너지 형태의 신호로 변환하여 신호전송로(transmission line, lead wire)를 경유하여 정보처리 장치인 컴퓨터(computer)에 전달하여 제어나 감시에 사용되는 정보로 변환되어 출력된다. 간단히 말해 동물의 오감과 같이 측정 대상물의 특성을 나타내는 물리량이나 화학량을 전기적인 신호로 변환하여 이용 가능한 정보를 제공하는 기능을 가진다.

동물의 오감	기관	센서의 종류	센서 소자의 일례
시각(빛)	눈	광 센서	광 도전 소자, 이미지 센서, 포토 다이오드
청각(소리)	귀	음향센서	마이크로폰, 압전 소자, 진동자
촉각(압력) (온도) (기타)	피부	압력센서 온도센서 진동센서	변형, 게이지, 반도체 압력센서 서미스터, 백금 마이크로폰, 다이어프램
미각(맛)	혀	맛 센서	백금, 산화물, 반도체, 가스센서, 입자센서
후각(냄새)	코	냄새센서	바이오케이컬 소자, 지르코니아 센서
오감이 아닌 센서		자기센서	홀 소자, 유도형 센서

주) 인간의 오감은 서로 관계되어 있어 명확하게 구분할 수 없는 경우도 있다.

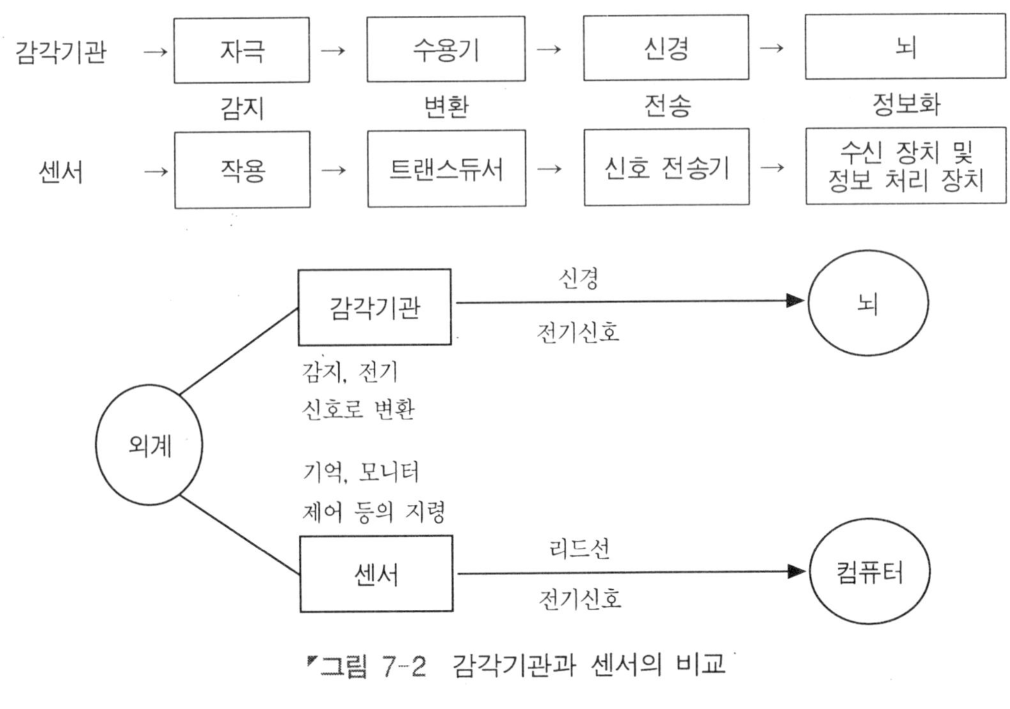

그림 7-2 감각기관과 센서의 비교

이처럼 센서라는 명칭이 사용된 것은 최근의 일이지만 많은 종류의 센서가 가전용, 산업용 기기에 응용되고 있으며 메카트로닉스(mechatronics)의 핵심 요소, 혹은 첨단 과학기술의 첨병기술로 인식되어 기술개발에 많은 관심이 집중되고 있다. 또한 산업의 구조가 정보화, 자동화로 되어감에 따라 센서는 이제 필수 중점 요소로서 인식되고 있다. 따라서 센서를 개별적인 데이터의 계측뿐만 아니라 정보를 조건에 따라 처리하여 정보화 하는 센서기술이 등장하게 되었다. 센서기술이라는 용어는 최근에 사용된 것으로 복합적 기술구조를 갖추어야 하므로 응용 면에서는 산업계 전반에 걸쳐 있으므로 어느 기술분야 보다도 활발하지만 기술체계 면에서는 아직 미약한 상태이다.

이러한 센서기술의 궁극적인 목표는 사람의 5감 기능을 더욱 확대, 보완하여 고성능의 감각기관을 개발하는 데 있다고 할 수 있다. 더불어 고성능은 물론 다기능 및 복합화 함으로 센서의 스마트화에 의한 인공지능 센서의 개발에 있다.

일반적으로 센서는 외계와의 인터페이스로서 외계에 직접 노출되므로 항시 가혹한 환경에서도 장시간 안정하게 동작하여야 하는 것이 요구된다. 특수한 용도는 일시적으로 사용되는 것만으로도 충분하지만 대개는 온도변화, 열적・기계적 스트레스, 습도・염분 등에 의한 화학변화, 전자계나 광의 영향 등을 받지 않고 동작되어야 한다. 특히 제어계를 구성하는 기본요소로서 사용시 발생하는 고장은 그 영향이 매우 심각하다. 따라서 센서는 고안정성, 고신뢰성, 장수명, 고내구성 등이 센서의 기본요건이며, 이 밖에 요구되는 센서로서의 특성은 표 7-2와 같다.

표 7-2 센서에 요구되는 특성

항 목	내 용	
특 성	・검출 범위 ・감도 검출 한계 ・선택성 ・구조의 간략화 ・과부화 보호	・다이내믹 레인지 ・응답 속도 ・정밀도 ・복합화, 기능화
신뢰성	・내환경성 ・경시 변화	・수명
보수성	・호환성 ・보수	・보존성
생산성	・제조 산출율	・제조 원가

7.3 센서의 목적

1. 정보의 수집

수치정보, pattern 정보, 지식정보의 취득, 수집을 목적으로 한다.

① 계량계측 : 과학연구에 있어서 계측·관측이나, 제조나 상거래에 필요한 계량에서나 "측정"에 의한 정확한 정량적 수치 정보를 제공한다.

② 탐지·탐사 : 특정의 목적을 위해서 측정 대상물의 상태를 탐지하여 정보화 한다. 대부분의 경우 원격계측임.

③ 감시·경보·보호 : 시스템이나 장치에 대해 상태를 감시하여 이상의 검출, 위험의 예고, 이상, 위험시의 경보신호 및 보호장치를 가동시키기 위한 신호를 발생시키게 함으로써 운전 및 안전관리를 가능케 한다.

④ 검사·진단 : 생산제품 특성의 적격성, 인체의 이상 정도 등의 판정에 필요한 계측을 한다.

2. 정보의 변환

① 문자·기호, 코드 등의 형식으로 종이나 필름 등에 기록된 정보를 컴퓨터, 팩시밀리 등에 이용할 수 있는 신호로 변환한다.

② 각종의 정보매체에 기록된 정보를 해독할 수 있도록 변환한다. 자기디스크, 광디스크 등에 사용한다.

3. 제어정보의 취급

제어대상장치, 제어장치 등이 설치되어 있는 환경의 제어정보를 검출하여 이들 장치의 상태를 안정하게 제어하거나 변화하는 목표값에 접근하도록 한다.

시스템이라는 것은 여러 가지 부품이 조직적으로 결합되어 있는 것으로서 각 부품이 각각의 역할을 분담, 수행하여 일정의 원리, 법칙, 규칙, 순서에 따라 상호관계를 유지, 협동함으로써 전체적으로 일정한 기능을 수행하는 하나의 조직체이다.

센서는 이러한 시스템들의 외계 또는 내계에 대한 인터페이스 역할을 하는 부분시스템(subsystem)이라 할 수 있다. 넓은 의미로 이 자체가 변환요소(트랜스듀서), 신호전송요소(송신기, 케이블, 수신기), 신호처리요소, 정보처리요소, 정보출력요소(디스플레이, 출력인터페이스)로 구성되고 정확한 정보를 출력할 수 있도록 노이즈, 드리프트, 온도보상 및 보정기구 등이 삽입된 하나의 시스템이다. 따라서 센서를 필요로 하는 시스템에서는 센서의 성능(측정범위, 감도, 응답속도, 정밀도) 등이 시스템의 가치를 좌우하게 되며 시스템의 신뢰성은 센서의 신뢰성에 강하게 의존하게 된다. 이상과 같이 시스템에 있어서의 센서의 역할을 그림으로 나타내면 그림 7-3과 같으며 점선 내는 센서 시스템(Sensor system)을 나타낸다.

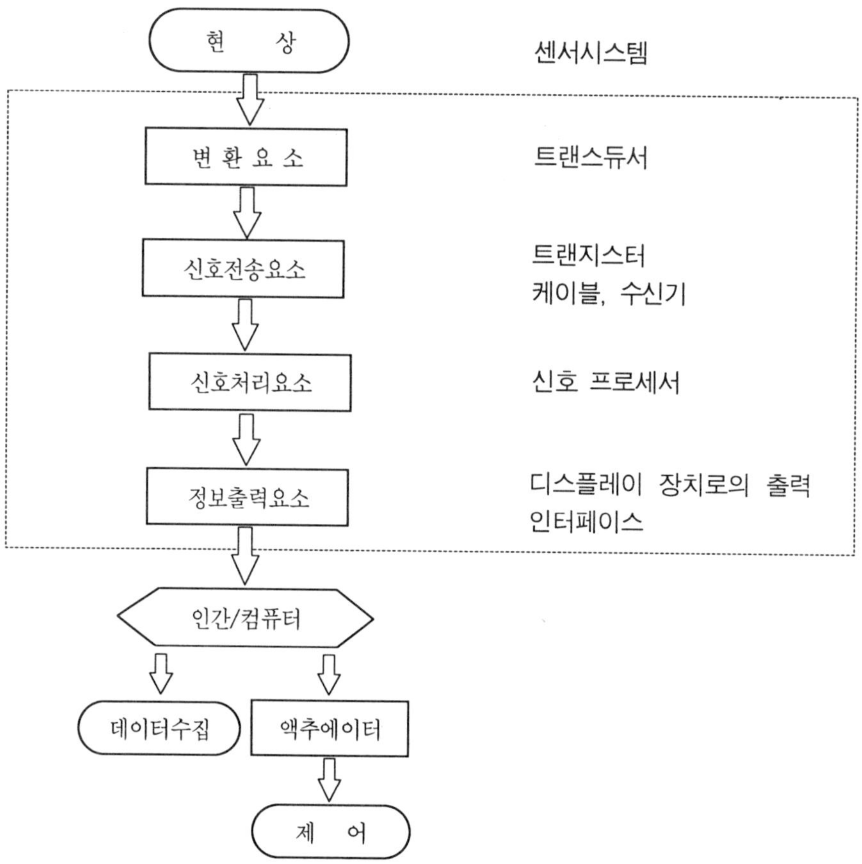

『그림 7-3 센서 시스템의 구성

7.4 센서의 분류

센서는 천차만별이라 할 정도로 다종다양하다. 현재로선 정설화된 분류방법은 없고 여러 가지 관점에서 분류되고 있는데 현재 센서를 분류하고 있는 주된 관점을 요약하면 표 7-3과 같다. 그러나 어떠한 분류방법을 취한다고 하더라도 센서를 1차원적 또는 2차원적으로 명확하게 분류할 수 있는 것은 아니고 표현하기는 곤란한 다차원으로 된다. 그리고 분류에서 끝나는 것 뿐 아니고 다종다양한 센서를 일목요연하게 분류하고 설명하는 데에는 어떠한 분류방법도 만족스러운 것은 아니다.

표 7-3 센서의 기본적 분류

구 분	센 서
1. 원리, 방식	물리 센서, 화학 센서, 생물 센서 등
2. 효과, 현상	압력 센서, 초전 센서, 광전 센서 등
3. 재료	세라믹스 센서, 금속 센서, 반도체 센서, 고분자 센서, 복합재료 센서
4. 검출 신호	아날로그 센서, 디지털 센서, 주파수형 센서, 스위치형 센서
5. 구성	기본 센서 : 광, 음향, 가스, 압력, 온도, 습도, 바이오 조립 센서 : 유량, 유속, 속도, 거리, 위치, 변위, 중량, 가속도, 회전수, 회전각, 레벨, 두께 응용 센서 : 로보트용, 자동차용, 우주탐사선용, 방재용, 사무기기용
6. 기능	전기 센서, 속도 센서, 습도 센서, 자기 센서, 가속도 센서, 광 센서, 변위 센서, 유량 센서, 방사선 센서, 압력 센서, 유속 센서, 분석 센서, 진동 센서, 진공도 센서, 바이오 센서, 음향 센서, 온도 센서
7. 에너지 변환, 제어	에너지 - 변환형 센서 ┌ 태양전지, 압전형 가속도 센서 └ 열전대, 형상기억합금 에너지 - 제어형 센서 ┌ 포토트랜지스터, 포토다이오드 └ 서미스터 등
8. 용도별	계측용, 감시용, 검사용, 제어용 등
9. 응용 분야	민생기기용 센서, 자동차용 센서, OA용 센서, 메카트로닉스용 센서, 연구용 센서, 산업기기용 센서, 농·수산용 센서 등

1. 측정량에 따른 분류

여기서는 측정 또는 검출하고자 하는 양이 물리량이냐 역학량이냐 아니면 화학량이냐에 따라 모든 센서를 물리 센서, 역학 센서, 화학 센서 등으로 구분하였다.

표 7-4 측정량에 따른 분류

구분	감지 대상	센 서
역학 센서	변위 · 길이	차동 트랜스, 스트레인 게이지, 이미지 센서, 콘덴서 변위계
	속도 · 가속도	회전형 속도계, 동전형 가속도계
	회전수 · 진동	인코더, 리졸버, 스코프, 압전형 검출기
	압력	다이어프램, 로드 셀, 수정 압력계
	힘 · 토크	저울, 천칭, 토션 바
역학 센서	변위 · 길이	차동 트랜스, 스트레인 게이지, 이미지 센서, 콘덴서 변위계
	속도 · 가속도	회전형 속도계, 동전형 가속도계
	회전수 · 진동	인코더, 리졸버, 스코프, 압전형 검출기
	압력	다이어프램, 로드 셀, 수정 압력계
	힘 · 토크	저울, 천칭, 토션 바
물리 센서	온도	열전대, 서미스터, 온도계
	빛 · 색	광도전, 광결합형, 이미지 센서, 포토 다이오드
	자기	Hall 소자, 자기저항 소자
	전류	분류기, 변류기
	자외선 · 방사선	조도계, 광량계, GM(Geiger Müller) 계수기
화학 센서	습도	세라믹 센서, 결로 센서, 고분자막 센서
	가스	매연 센서, 반도체 가스 센서, 지르코니아 산소 센서, 백금선
	이온	pH 전극 센서, 이온 선택 전극 센서

2. 등가 회로적 분류

손전등은 실생활에서뿐만 아니라 전기회로를 배우는 데서도 중요하다. 그것은 손전등을 전기회로도로 나타내면 그림 7-4처럼 되는데 이것이 전기회로의 가장 기본적인 것이기 때문이다. 그림에 그려져 있는 전지, 저항, 스위치 등을 전기회로소자 또는 요소라고 한다. 이 외에도 커패시터(콘덴서) 또는 인덕터(코일)가 있으며 이들 모두 기본적인 소자이다. 그리고 다이오드, 트랜지스터 등도 소자로 나타낼 수가 있다. 이렇게 나타낸 회로를 등가 회로라고 한다. 따라서 어떠한 소자를 사용할 경우 먼저 그 소자의 등가 회로를 알아두는 것이 중요하다.

그런데 센서의 경우 대개의 것은 전지나 저항이나 스위치 중 어느 것으로 나타낼 수가 있다. 예를 들면 수광 소자의 하나인 태양전지는 전지, 감온 소자의 서미스터는 저항이다. 그리고 자기 센서의 하나인 리드 스위치는 이름 그대로 스위치가 된다.

이상은 간단한 한 예로서 어느 센서에 대해서도 여기서와 같은 지식이 필요하다. 이것을 모르고서는 센서 뒤에 이어지는 전기회로를 설계할 수 없다. 또한 광 센서, 온도 센서, 자기 센서와 같이 응용 범위가 넓은 센서의 경우 다음 3가지 타입이 모두 있어 필요에 따라 적절한 타입의 것을 사용하고 있다.

① 전지가 된다.··········기전력형
② 저항이 된다.··········도전형
③ 스위치가 된다.·········스위치형

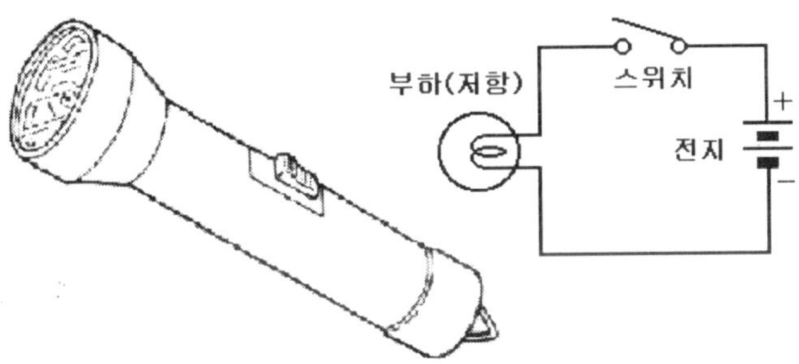

「그림 7-4 손전등의 등가 회로

3. 위치 검출용 센서 분류

또한, 공장 자동화에서 주로 사용되는 물체의 존재 여부 및 물체의 운동 상태를 감지하는 센서는 감지하는 방법에 따라 접촉식(contact)과 비접촉식(contactless)의 2가지로 나눌 수 있으며, 사용하는 에너지에 따라 전기 센서와 공압 센서의 2가지로 나눌 수 있다. 접촉식 센서를 우리는 리밋 스위치(limit switch)라 부르며 공압리밋 밸브와 전기 리밋 스위치의 2종류가 있다. 그리고 비접촉식 센서를 우리는 일반적으로 센서라 부르며 이에는 압축공기 흐름의 특성을 이용하는 반향 센서(reflex sensor), 배압 센서(back pressure) 및 에어배리어(air barrier)가 있고 전기신호를 발생시켜 주는 유도형 센서(inductive sensor), 정전용량형 센서(capacitive sensor) 및 광전 센서(optical sensor) 등이 있다.

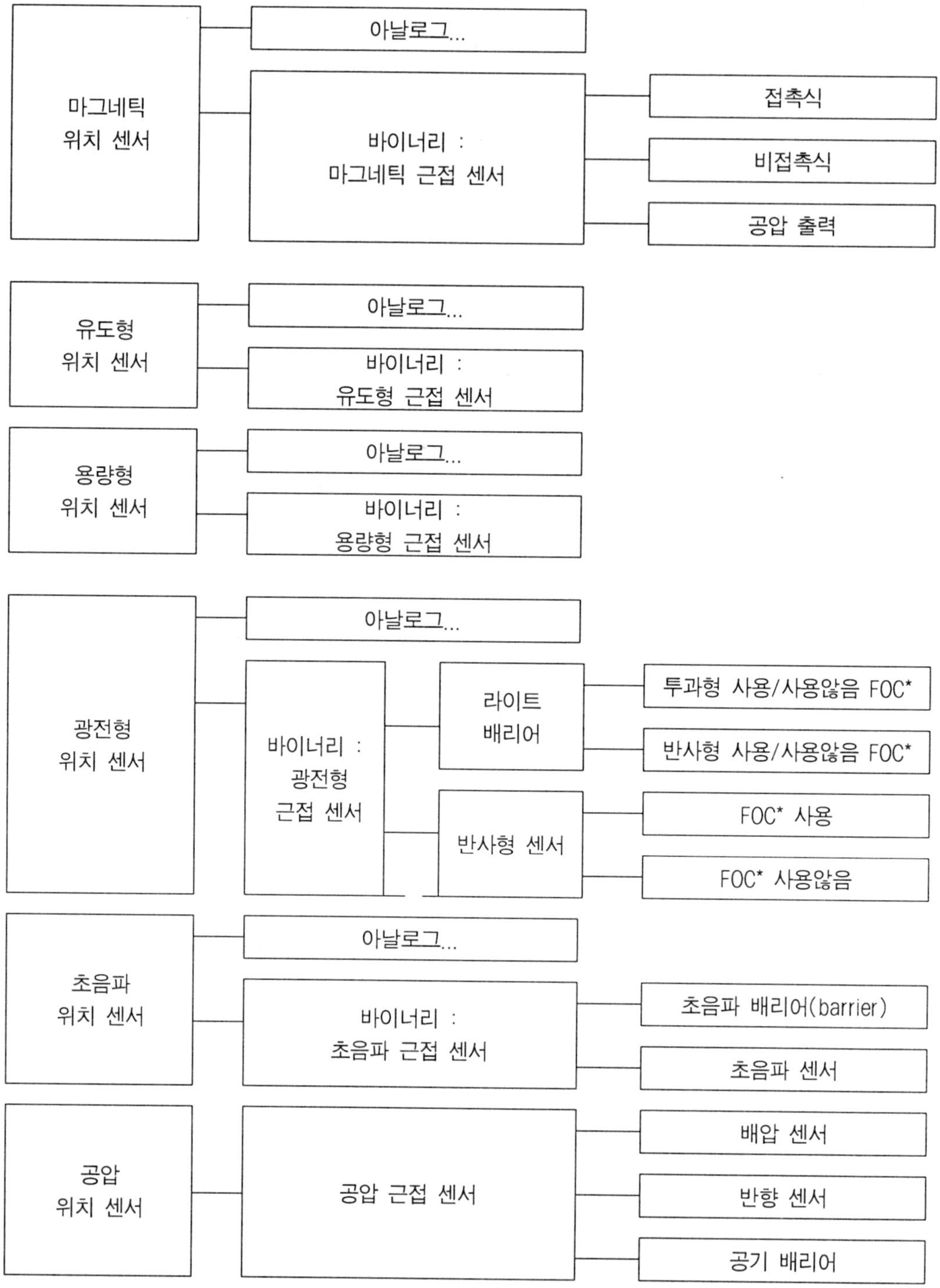

*FOC = Fibre Optic Cable

「그림 7-5 위치 검출용 센서의 분류

7.5 센서의 특성과 평가

공정처리가 자동적으로 제어된다면 프로세서(제어부)는 공정처리 상태에 대한 데이터를 받아야 한다. 공정처리 데이터는 예를 들면, 온도, 압력, 힘, 길이, 회전각, 수위(저장 탱크), 유량 등과 같은 물리적 값이 된다. 센서들은 이와 같은 물리적 값에 반응하고 적정한 신호를 전달한다.

응용 분야에서의 센서 선정에 대한 기준은 다음과 같다.

① 정확성
② 신뢰성과 내구성
③ 반응 속도
④ 감지 거리
⑤ 단위 시간당 스위칭 사이클
⑥ 정밀도

연습문제 1.1

전기 히터(측정점)의 온도(측정변수) 감지에서 설정 온도 이상이 되면 경고등이 점등되는 회로를 설계하려 한다.

▶풀 이

이 경우에서 온도 변수를 위한 적정한 센서를 바이메탈 온도계이다. 바이메탈 온도계는 열팽창계수가 다른 두 개의 금속판을 겹쳐 구성된다. 이 두 금속판이 가열되면 서로 다른 변형이 발생되므로 전기회로를 이용하여 이 문제를 해결할 수 있으며, 이를 위한 회로는 그림 7-6과 같다.

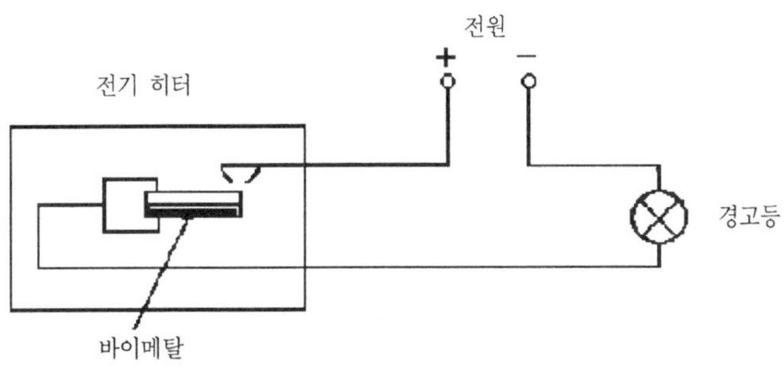

그림 7-6 전기 히터의 온도 감지

즉, 설정된 온도에 도달되면 바이메탈 접점이 전기회로를 연결한다 : 램프가 점등된다. 이 신호의 전달은 다음의 과정으로 진행된다.

첫째, 전기 히터의 온도 변화는 바이메탈을 기계적으로 휘게 한다. 이것이 측정변수 "온도"에 의한 최초의 변형이다.

둘째, 온도가 한계치에 이르면 바이메탈은 전기회로를 연결시킬 때까지 휘어, 램프에 전류를 흐르게 한다.

셋째, 측정 변수 "온도"의 세 번째 변형은 전류를 빛으로 변환시킨다.

넷째, 관찰자는 신호를 감지한다 : 점등은 전기 히터의 온도가 상한 온도 이상임을 나타내는 신호이다. 소등은 전기 히터의 온도가 상한 온도 이하임을 나타낸다.

신호가 정보의 전달로 사용되는 예는 교통신호 제어장치에서 찾아볼 수 있다. 신호등이 붉은 색으로 점등되면 보행자들은 일반적으로 멈춘다. 이러한 신호등의 신호는 일정시간 동안 자동차 통행이 우선임을 사람에게 알린다. 일반적으로 신호등의 신호는 교통상황에 대한 정보를 알려주고 이러한 일은 교통 경찰관에 의해서도 행해진다.

그러나 전기 오븐의 빨간등은 또 다른 의미의 정보를 나타내는 신호로써 이는 전기 오븐의 스위치가 ON 상태인지 아니면 OFF 상태인지를 알리는 정보이다. 전기 히터의 불빛은 온도가 너무 높은지 혹은 너무 낮은지를 나타낸다. 교차로는 때때로 중앙에서 모니터되고 제어된다. 제어 컴퓨터에서 각 신호등까지의 연결망은 교차로의 상황에 대한 데이터를 여러 가지 형태의 신호에 의해 전달된다. 신호의 여러 형태는 이를 이용하는 각 시스템을 통해 살펴보자.

1. 신호 형태

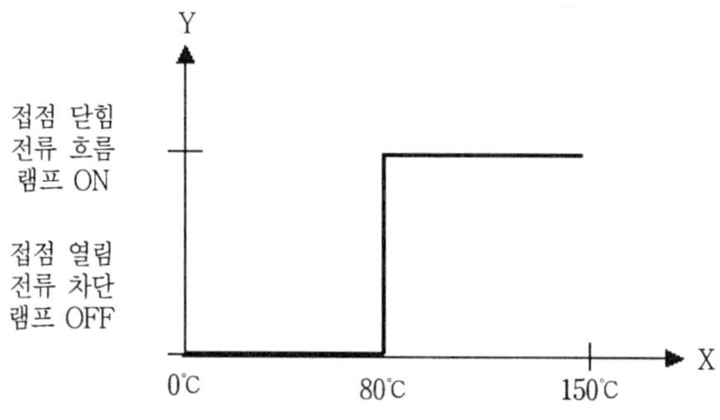

「그림 7-7 바이메탈 온도계의 신호

첫 번째 신호의 형태는 바이메탈 온도계의 신호로서 그림 7-7에서 온도와 센서의 출력 신호 관계를 나타낸다. 온도는 X축에 나타내고 Y축 상에는 램프의 ON 혹은 OFF 상태를 나타낸다.

분명히, 램프의 점등, 소등의 신호 상태는 전류의 흐름-차단 혹은 접점의 닫힘-열림을 나타낸다. 상한 온도 이하에선 신호가 낮은 레벨이고 상한 온도 이상에선 신호가 높은 레벨로 가정되지만 이것은 평균값이 아니다. 신호의 낮은 레벨에서 높은 레벨로의 변화는 무한히 빠른 속도로 진행된다. 즉, 신호는 두 가지의 값으로 가정될 수 있으며 이를 이진신호라 부른다.

이진신호는 제어공학에서 특히 중요하며 이 신호는 ON-OFF, 이상-이하 같은 데이터, 또는 위-아래, 전-후 혹은 클램핑-반클램핑 같은 위치에 대한 정보를 전달한다. 두 개의 값을 갖는 이진신호는 디지털 신호의 특정한 형태이며 디지털 신호는 유한한 값을 취할 수 있다. 여기서 각각의 값은 기준값의 정수배로 표시된다(예 : 디지털시계 혹은 측정장치의 수치 표시).

다음에는 또 다른 형태의 신호에 대해 알아보자.

온도변화에 따른 신호값의 변화를 볼 수 있는 수은 온도계의 그래프를 작성할 수 있다.

여기서, 실질적인 신호값은 무엇인가?

온도에 수은이 어떻게 반응하는가?

수은은 열에 의해 팽창되며 모세관 속의 수은의 수위가 신호값이다. 그래프에서 Y축에는 수은주를 "mmHg" 단위로, X축에는 온도를 "℃" 단위로 나눈 눈금을 표시함으로서 아래와 같은 신호값 변화를 나타낼 수 있다.

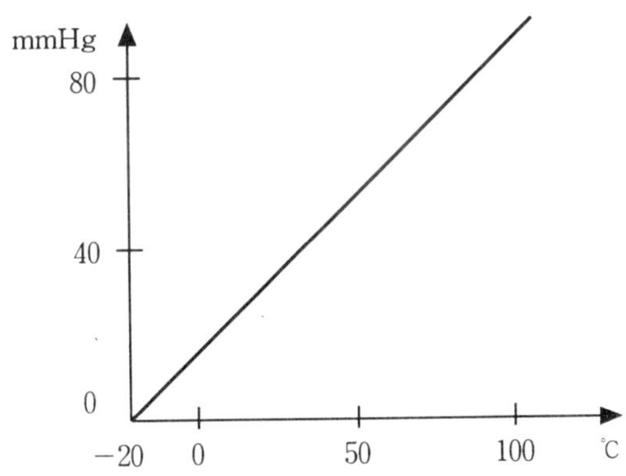

그림 7-8 수은 온도계의 신호값 변화

−20℃에서 100℃ 사이의 온도는 수은 액주관의 변위로 정확하게 읽을 수 있다. 측정값과 신호값 사이의 일정한 비례 관계에 따라 변하므로 이 신호를 아날로그 신호라 한다. 관심을 갖는 것은 수은 액주관의 변위보다는 오히려 온도에 있기 때문에 액주관의 눈금은 섭씨온도로 분할되어 있다. 신호 변화의 특성을 서술하면 그래프는 일정한 기울기를 갖고 있으므로 각 측정점에서의 온도 변화는 수은 액주관의 변위 변화와 같다. 때문에 신호치의 변화는 선형으로 나타낼 수 있다.

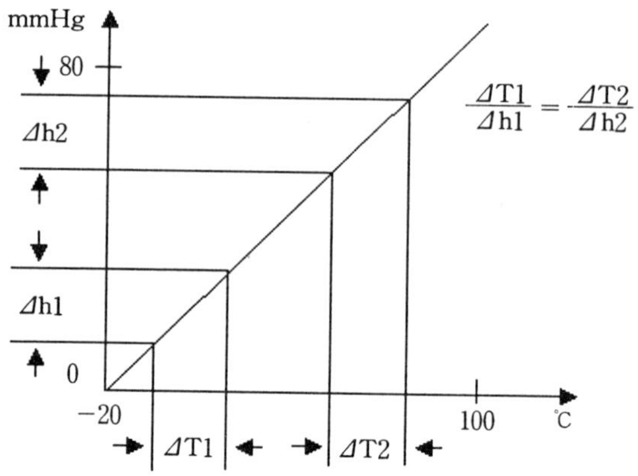

「그림 7-9 수은 온도계의 선형적 신호 변화

2. 신호 변환

1) 다른 형태로의 신호 변환

수은 온도계는 측정된 온도와 일치되는 신호값이 요구되는 기술 분야에는 적합하지 않다. 때문에 액주관의 변위를 감지하고 그것을 적정한 전압값으로 변환하는 것이 필요하다. 기술분야에서의 응용을 위한 더 좋은 측정방법이 있는데 예를 들면, 온도 센서는 온도 변화에 비례하여 측정값을 전기적 전압값으로 변환한다. 이러한 측정값이 이진신호 또는 디지털 신호값으로 변환할 수 있는 시스템이 필요하다.

2) 디지털 데이터 표현

한 개의 이진신호를 사용하면 0∼100 V 아날로그 전압 범위는 2개의 균등한 간격으로 나뉘어진다.

「표 7-5 1비트

전압 범위	신 호
0∼49 V	0
50∼100 V	1

이것은 불안정한 전압 범위를 나타내므로 2개의 이진신호를 사용하여 다음과 같은 전압 범위로 나눈다.

표 7-6 2비트

전압 범위	신호 1	신호 2
0~24V	0	0
25~49V	0	1
50~74V	1	0
75~100V	1	1

이것은 2개의 전압 범위를 더 추가하여 세분화한 것으로 세분화 수는 다음과 같이 결정된다.

조합의 개수$=2^n$(n은 이진신호의 개수)

2개의 이진신호를 사용하면, 아날로그 신호는 $2^2=4$개의 간격으로 나뉠 수 있다. 8개의 이진신호를 사용하면 $2^8=256$개의 간격으로 나뉘며 이 경우 0~100V의 아날로그 값의 최소범위는 100/256=0.39V이다. 최소 정보 단위는 이진신호에 의해 표현되며 1bit라 한다. 8개의 이진신호로 데이터가 전송될 때 우리는 8bit 데이터라 말한다. 8개의 bit 조합을 워드(word) 혹은 코드워드라 하며 한 개의 8bit 코드워드가 전송되기 위해서는 8개의 신호선이 필요하다.

입력측에 공급되는 아날로그 전압값을 등가의 비트 조합값으로 변환하여 출력측에 전달하는 전자회로가 존재한다. 이러한 기능을 수행하는 회로를 아날로그-디지털 변환기(A-D 변환기)라 한다. 온도변화가 측정되면 A-D 변환기는 센서로부터 아날로그 전압값을 매우 빈번히 등가의 디지털값으로 변환한다. 변환기의 입력측 아날로그 신호는 특정시간 간격으로 분석되어 디지털값으로 변환되어 출력측에 전달한다.

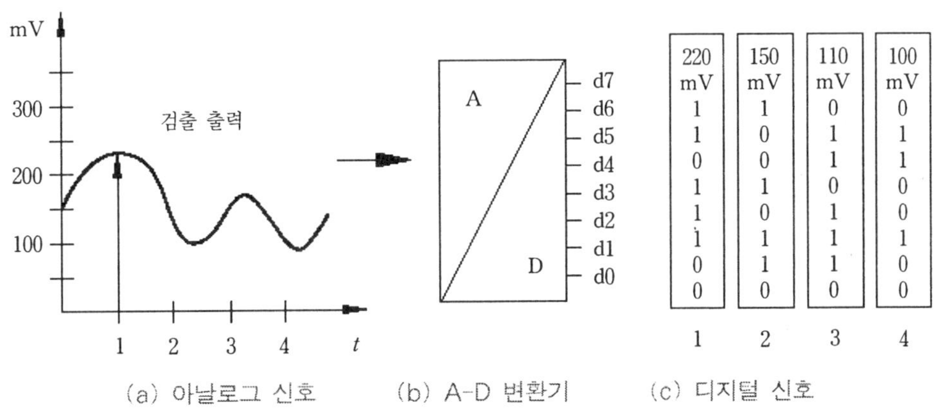

그림 7-10 아날로그-디지털 변환기

아날로그 신호의 변화가 빠르고 많을수록 데이터의 상실을 방지하기 위해 분석 횟수가 더 많아진다. 하지만 분석주기(초당 분석작업 횟수)는 제한된다.

A-D 변환기의 첫 번째 중요한 특성은 변환속도이며, 빠른 변환의 경우 마이크로 초 단위이다. 두 번째 중요한 특성은 출력측에서 디지털 정보의 워드 위스(Word-width ; 비트의 수)이다. 이것은 신호의 신뢰성 즉, 아날로그 신호의 정확한 표현을 결정한다. 일반적인 값은 8, 12 그리고 16 비트이다.

3) 신호 증폭

센서는 구동 기기를 직접 구동시킬 수 없을 정도로 작은 범위의 신호값을 출력하므로 구동 기기의 구동을 위해서는 이 신호를 증폭시켜야 한다. 증폭을 시행할 때 신호의 변형이나 왜곡이 되지 않도록 신뢰성 있는 방법으로 증폭시키는 것이 중요하다. 그림 7-11은 신호를 1,000배로 증폭시키는 예를 보여준다.

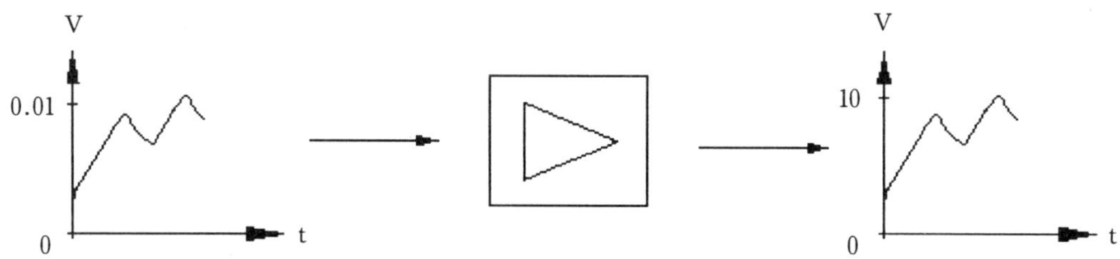

(a) 입력 신호 (b) 증폭기 (c) 출력 신호

『그림 7-11 신호의 증폭

신호를 증폭하는 방법에는 사용하는 에너지에 따라 전기, 공압 그리고 유압을 이용하는 신호 증폭기가 있다.

4) 신호의 선형화

선형적 신호는 그림 7-9의 수은 온도계의 선형적 신호 변화에서 나타내었다. 센서는 비선형 신호를 출력하며 그러한 신호는 그림 7-12에서 보이는 비선형 신호의 형태와 같다. 따라서, 시스템에 적용하기 위해서는 선형적 신호로 전달되는 것이 필요하며 이 경우, 선형화 작업은 적당한 회로를 통해 작업이 이루어진다.

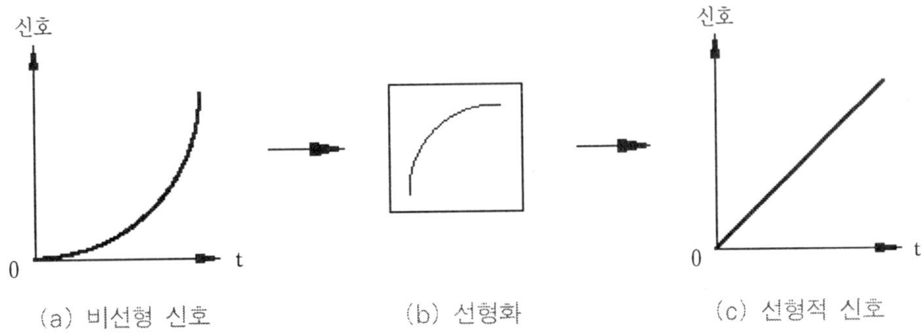

그림 7-12 신호의 직선화

7.6 센서 활용 효과

센서는 과학과 기술의 다양한 분야에서 이용되고 있다. 연구 분야에서는 실험을 목적으로 하여 고정도의 특수 센서들이 사용되고, 자동화기술 분야에서는 표준형과 특정 목적의 센서가 모두 사용되고 있다. 일반설비에는 범용성의 센서가 주로 사용되는데, 이들은 신뢰할 수 있는 기능과 무보수의 특징을 요구한다.

(1) 자동화를 위한 센서의 주요 사용 기준은 다음과 같다.

① 생산 원가의 절감
② 생산 공정의 합리화
③ 생산 설비의 자동화
④ 생산 체제의 유연성
⑤ 작업자의 보호 및 안전

(2) 센서가 자동화에 사용되는 이유는 다음과 같다.

① 자동화 시스템의 고장여부 진단
② 고장 발생 개소의 진단 및 표시
③ 공구의 수명 계측 및 검출
④ 제어 및 조정에 의한 생산 공정 최적화에 요구되는 측정값 제공

⑤ 품질제어관련 자동화 분야
⑥ 자재 관리 및 물류
⑦ 유연 자동화 생산 체제에서 제품의 판별
⑧ 유해 환경에서의 작업

(3) 센서기술 발전 동향은 다음과 같다.

① 감도, 정도, 응답 속도, 신뢰성의 증가
② 설계 및 생산 기술의 발달
③ 새로운 요소기술

따라서 센서를 잘 활용함으로써 기대되는 효과 및 이익으로는 설비 이상진단 및 예방보전에 있어 약 70%의 이익을 기대할 수 있고 품질 관리의 자동화, 산업공정의 최적화, 생산의 유연화, 작업 환경의 쾌적화 등의 경우 30% 이상의 효과가 있다.

제8장 검출용 스위치

8.1 기계적 작동 스위치

출입문의 개폐 여부 또는 가공물의 존재 유무를 감지하는 마이크로 스위치와 리밋 스위치가 작동되려면 물체와의 접촉이 필요하며 이러한 센서를 기계적 작동 방식의 접촉식 센서라 한다. 이들 스위치 사이의 서로 다른 점은 구조와 용도면에 약간의 차이가 있다. 마이크로 스위치는 비교적 소형으로 성형품 케이스에 접점기구를 내장하고 밀봉되지 않은 구조로서 주로 계측장치나 소형 기계장치의 검출기용으로 사용한다. 리밋 스위치는 견고한 다이캐스트 케이스에 마이크로 스위치를 내장한 것으로 밀봉되어 방수, 방청의 구조로 내구성이 요구되는 장소나 외력으로부터 기계적 보호가 필요한 생산 설비와 공장 자동화 설비 등에 사용된다. 따라서 리밋 스위치를 봉입형 마이크로 스위치라고도 한다.

1. 마이크로 스위치

마이크로(micro) 스위치는 리밋 스위치의 한 종류로서 리밋 스위치 중에서 아주 소형인 것을 말한다. 마이크로 스위치는 조작 및 제어에 중요한 구성요소로서 널리 사용되며 작은 형상에도 불구하고 큰 전력을 스위칭 할 수 있는 요소이다. 마이크로 스위치는 규정된 힘으로 직접 조작하여 접점의 떨어지는 속도가 조작 속도와 관계없이 스위칭을 반복한다. 또한 특정의 동작 특성을 충실히 반복하는 높은 반복 정밀도를 가지며, 작은 힘이나 움직임에도 스위치가 동작하므로 정밀 스냅 액션(snap action) 스위치 또는 센시티브 스위치라고도 불리고 있다.

1) 마이크로 스위치의 구조

마이크로 스위치의 구조는 외력을 내부 기구에 전달하는 액추에이터부, 전기전도 스프링재를 사용한 스냅 동작 기구부, 전기회로의 개폐를 안전하게 유지하는 접점부, 회로 접속을 용이하게 하는 단자부, 형상 변화가 작고 절연 성능이 우수한 플라스틱 하우징부로 구성되어 있다. 단자는 통상 3개가 있고 COM(Common: 공통 단자), NC(Normally Close contact: b접점 단자), NO(Normally Open contact: a접점 단자) 접점으로 구성되어 있다.

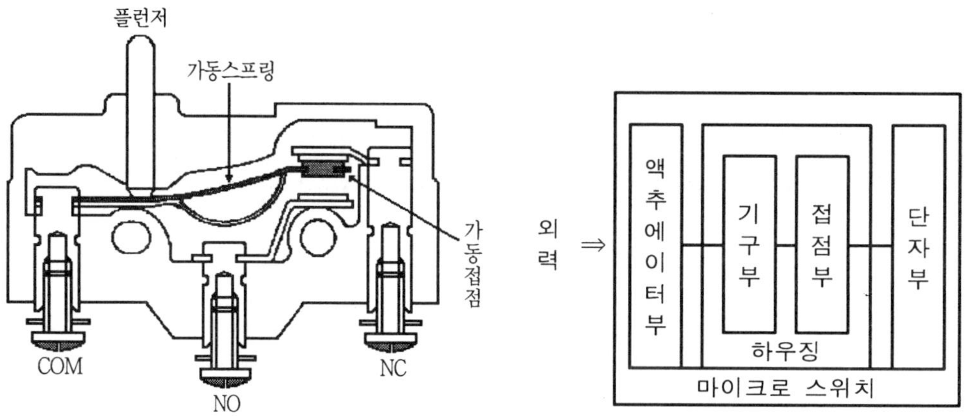

(a) 스위치의 구조　　(b) 구성 요소

「그림 8-1　마이크로 스위치

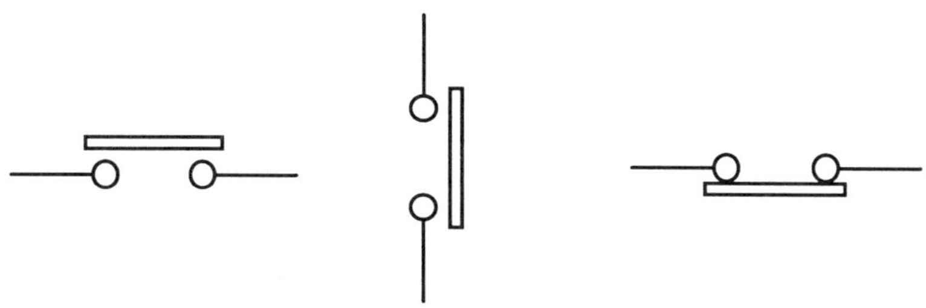

(a) a접점　　(b) b접점

「그림 8-2　마이크로 스위치의 접점

2) 마이크로 스위치의 동작 특성

마이크로 스위치에서 가장 중요한 기구는 스냅 액션 기구이다. 스냅 액션이란 스위치의 접점이 액추에이터의 움직임과 관계없이, 어떤 위치에서 다른 위치로 빨리 반전하는 것을 의미한다. 사용되고 있는 스냅 액션 기구는 판 스프링 방식과 코일 스프링 방식이 있다. 고감도, 고정밀도의 특성에는 판 스프링 방식이 많이 사용된다.

이는 사무용 기기나 가전제품과 같은 좁은 공간에서 스위칭 하고자 할 때 주로 이용된다. 마이크로 스위치의 반복 정밀도는 0.01~0.1mm 정도이나 보다 고정밀도인 것도 있다. 또한 마이크로 스위치의 스위칭 주파수는 1분에 약 60~400회 정도의 스위칭 동작을 한다. 수명은 약 100만회 정도이나 사용 환경에 따라 차이가 있다. 마이크로 스위치의 장·단점은 다음과 같다.

(1) 장점

① 소형이고 대용량의 전력을 개폐할 수 있다.
② 정밀 스냅 액션 기구를 사용하여 반복 정밀도가 높다.
③ 응차의 움직임이 있으므로 진동, 충격에 강하다.
④ 액추에이터에 따른 기종이 다양하여 선택 범위가 넓다.
⑤ 기능 대비 경제성 높다.

(2) 단점

① 금속 접점을 사용하여 접점 바운스나 채터링이 있는 것도 있다.
② 전자 부품과 같은 고체화 소자에 비해서 수명이 짧다(응력 집중형이기 때문에).
③ 동작, 복귀시에 소음이 난다(장점이 되기도 함).
④ 전자회로와 같은 드라이 서킷 회로에서는 개폐 능력에 한계가 있다. 또한 구조적으로 완전 밀폐가 아니므로 사용 환경에 제약이 있다(폭발성 환경).
⑤ 납 단자의 기종에서 작업성에 주의(단자부는 완전 밀폐가 아니기 때문에).

「표 8-1 마이크로 스위치의 기술 자료

항 목	내 용
허용 전류(저항성 부하)	직류 24V, 6A/교류 250V, 6A
반복 정도	0.01~0.1mm(고정도인 경우 0.001mm)
스위칭 주파수	약 60~400(스위칭동작/분)
수명	1000만회
보호 등급(IEC 529)	IP00~IP67

2. 리밋 스위치

기계식 센서의 가장 대표적인 물체 검출용 ON/OFF 센서 중의 하나가 리밋 스위치(limit

switch)와 마이크로 스위치이다. 이들은 외부의 작용에 의해 전기적 접점이 변환되는 동작을 갖는다. 접점의 수명은 약 1000만회 정도에 이른다. 접점부의 허용 전류는 외관에 비해 상대적으로 큰 전력까지 스위칭이 가능하다. 또한 스냅 동작 기구에 의해 1~15ms 범위의 빠른 스위칭 타임을 갖는다. 사용시 스위치의 보호 구조가 사용 장소의 환경에 적합한지 확인하여야 한다.

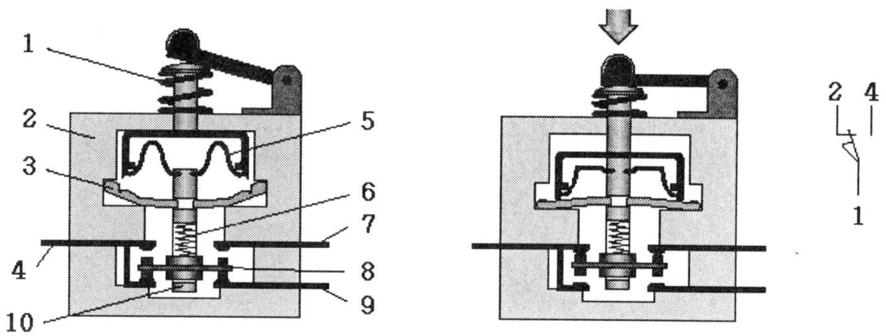

1. 압축 스프링
2. 보호 케이스
3. 정지 레버
4. 공통 단자
5. 아치형 스프링
6. 접점 압착 스프링
7. a접점
8. 접점 날
9. b접점
10. 고정볼트

『그림 8-3 전기 리밋 스위치

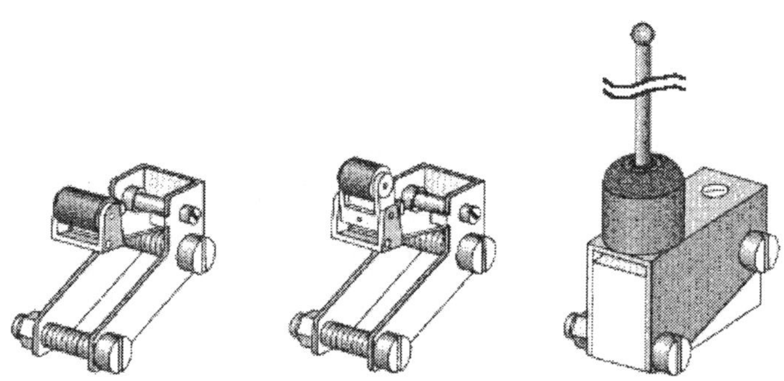

(a) 롤러레버 (b) 방향성 롤러레버 (c) 안테나형

『그림 8-4 액추에이터

3. 보호 회로

리밋 스위치와 마이크로 스위치의 접점은 유한한 수명을 갖는다. 특히, 유도 작용을 이용한 장치에 공급 중이던 전원을 차단하면 자장이 감소되고, 그 결과 전원 전압의 수배에 해당하는

유도 전압이 발생한다. 이러한 높은 유도 전압에 의해 절연에 손상이 발생하거나, 아크에 의해 심각한 접촉 마모가 발생한다. 이를 방지하기 위해 아크 억제 회로를 삽입하는 데, 이는 코일 내에 축적되어 있던 에너지의 방전 시간을 늘려 일순간에 일어나는 방전을 분산시키는 방법을 이용하는 것이다.

1) 다이오드를 이용한 보호 회로

이 방법은 교류에서는 사용할 수 없고 직류 전원에서만 사용이 가능한 방법이다. 스위치를 ON 하면, 다이오드는 역극성이므로 코일 L에만 전류가 흐르게 된다. 반대로 스위치를 OFF 할 때, 코일 L에 의해 방출되는 역기전력은 다이오드의 극성과 일치하므로 에너지는 회로 내에서 소진되어 스위치의 접점에는 영향을 미치지 않게 된다. 이 방식을 사용할 때는 전원의 극성에 특히 유의하도록 한다.

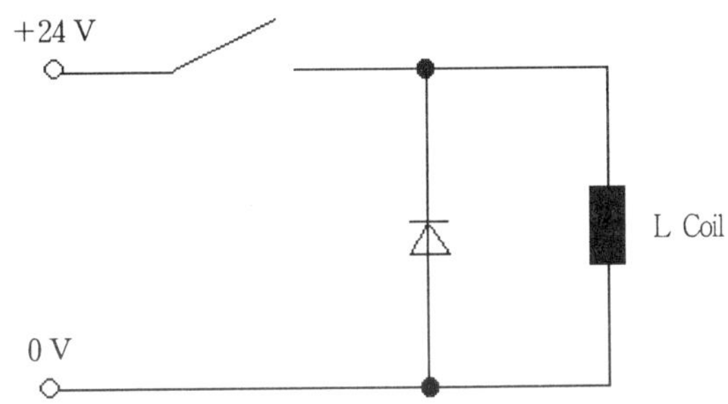

『그림 8-5 다이오드를 이용한 보호 회로

2) R-C를 이용한 보호 회로

교류에서 콘덴서 C는 임피던스(impedance)로 작용하고, 직류에서는 전류를 흘리지 않는다. 스위치를 ON 하면 코일 L에 전류가 흐르게 되고, 반대로 스위치를 OFF 하면 코일에서 방출하는 에너지를 콘덴서에 저장하였다가 서서히 방출함으로 스위치의 접점을 보호하게 된다. R과 C를 스위치와 직렬로 연결하는 경우 직류와 교류 전원에 사용 가능하며, 스위치와 병렬로 연결하여 교류 전원에 사용할 때는 코일(부하)의 임피던스가 R과 C의 임피던스보다 매우 적을 때 사용하도록 한다. 일반적으로 C 소자는 접점 전류 1A에 대해 1~0.5㎌를 사용하며 200~300V의 내전압을 갖도록 한다. R 소자는 접점 전압 1V에 대해 1~0.5Ω의 저항으로 부하의 성질에 따라 결정한다.

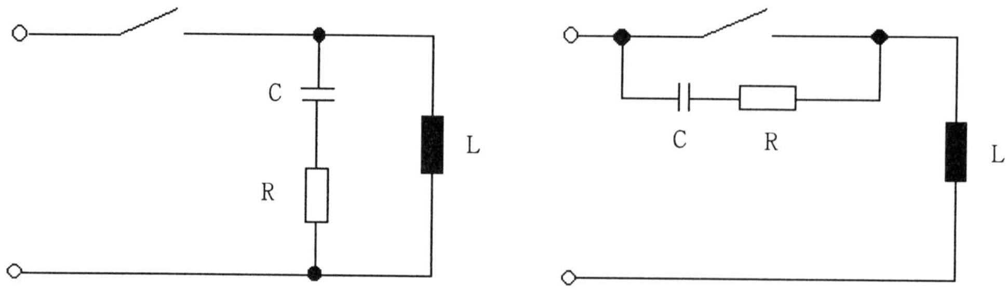

(a) 스위치와 직렬연결 (b) 스위치와 병렬연결

▼그림 8-6 R-C를 이용한 보호 회로

3) 바리스터를 이용한 보호 회로

바리스터(varistor)는 voltage dependant resistor를 의미한다. 즉, 바리스터의 양단에 인가되는 전압이 작으면 저항은 커지고, 큰 전압이 인가되면 저항이 작아지는 기능을 갖는 저항체이다.

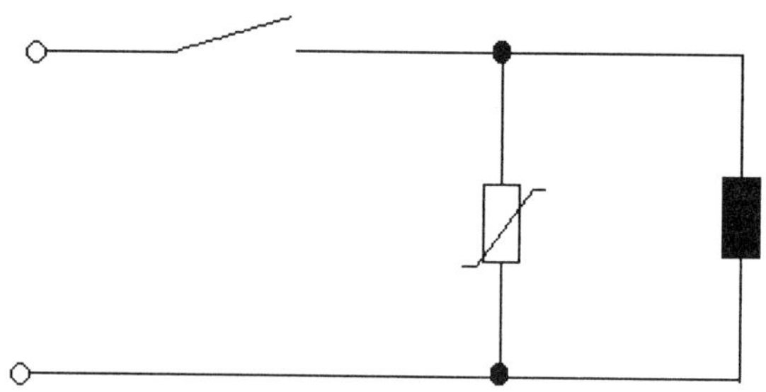

▼그림 8-7 바리스터를 이용한 보호 회로

4) 용량성 부하에 대한 보호

교류 전원을 이용하는 용량성 부하의 경우 스위치 on시 과전류(돌입전류)가 흐르게 된다. 따라서 스위치와 직렬로 다음 식에 의한 보호 저항을 연결한다.

$$R = \frac{V}{I_{max}}$$

여기서 V는 스위칭 전압, I_{max}는 허용 가능한 최대 스위칭 전류를 나타내며 R은 계산된 저항값으로 허용 전력(W)을 고려하여 선정한다.

5) 낮은 전력에 대한 보호

상대적으로 낮은 전력을 스위칭 하는 경우에도 외부의 먼지가 접점에 침투하는 경우 고장을 야기하는 수도 있다. 이 때는 부하에 병렬로 저항을 연결하여 리밋 스위치의 신뢰성을 높이거나 방수, 방진에 관한 보호 등급을 고려한다.

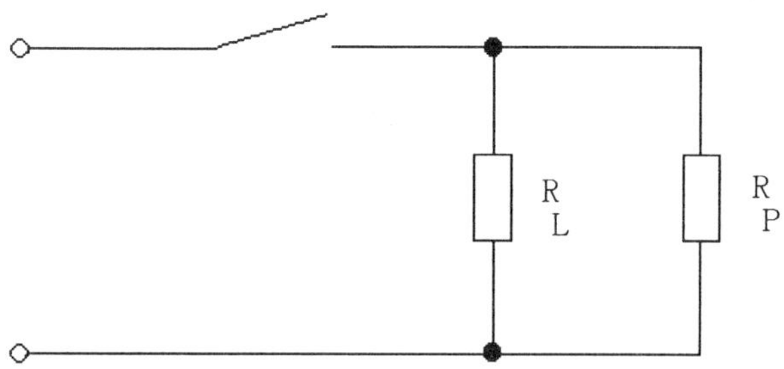

「그림 8-8 저전력에 대한 보호 회로

IEC 144 규정에 의한 방진, 방수 등급은 IP46과 같이 2자리 숫자로 표시된다.

여기에서 IP : International Protection의 약자이다.

4 : 첫 번째 숫자 코드는 0에서 6까지 사용하여 전기가 통하거나 움직이는 물체와 사람이 접촉할 경우 및 외부의 고체 물체의 침투에 대한 보호 등급을 나타낸다.

6 : 두 번째 숫자 코드는 0에서 8까지 사용하여 물의 침투에 대한 방수 등급을 나타낸다.

8.2 리드 스위치

자동화 기계에서 사용되고 있는 물체 검출을 위한 근접 센서(proximity sensor)는 위치 센서 또는 변위 센서의 일종으로, 접근하는 물체의 위치를 검출하기 위한 센서이다. 이는 근접 스위치(proximity switch)로도 불리는데 근접 스위치는 기계적으로 동작하는 리밋 스위치나 마이크로 스위치 대신, 비접촉식으로 스위칭 동작을 하는 센서를 말한다. 이러한 근접 센서가 갖는 장점은 다음과 같다.

- 비접촉 감지 동작으로 마모의 염려가 없다.
- 비교적 수명이 길고, 신뢰성이 높다.
- 접점부의 밀봉으로 내환경성(물, 기름, 먼지)이 우수하다.
- 빠른 스위칭 주기를 갖는다.

1. 전기 리드 스위치

리드 스위치는, 1936년 미국 BELL 연구소에서 개발되어 1940년대에는 항공기나 병기에, 1956년부터는 전화교환기에 사용되었다. 이러한 리드 스위치는 응답속도가 빠르고 유리에 봉입되어 접촉 신뢰성이 높은 등의 장점으로, 현재 전자 제어장치, 기계 제어장치 등 자동 기기의 스위칭 소자로서 널리 활용되고 있다.

1) 구조 및 동작 원리

리드 스위치의 기본 구조는 그림 8-10(a)와 같이 백금, 금, 루테늄, 로듐 등의 귀금속으로 이루어지는 접점 도금을 한 자성체 리드 편을 적당히 접점 간격을 유지하도록 하고 유리관 중에 질소와 수소 혼합 가스와 같은 불활성 가스와 함께 봉입한 것이다.

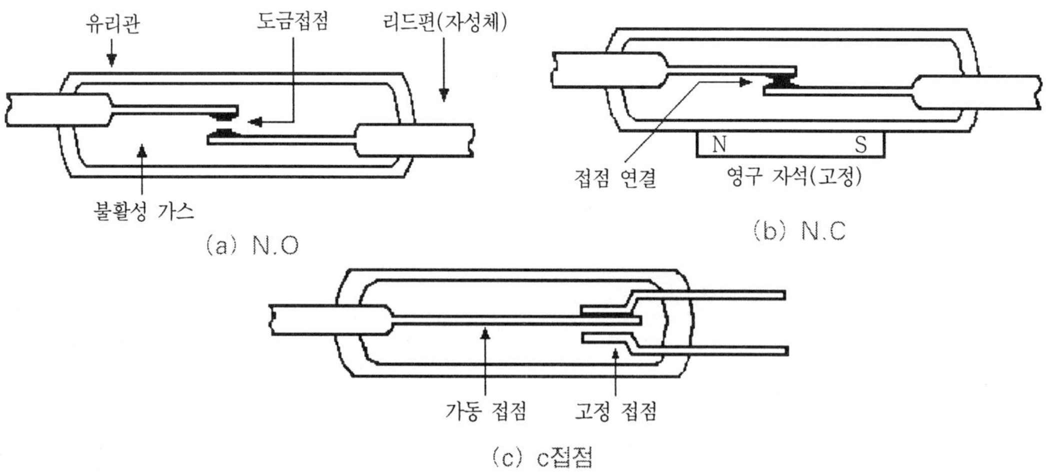

그림 8-10 리드 스위치의 구조

접점 형식에 따라 그림 8-10의 (a)는 노멀 오픈(normal open)형, (b)와 같이 바이어스용 영구 자석을 부가해서 접점을 닫은 상태로 유지한 노멀 크로즈(normal closed)형, 그림의

(c)와 같이 고정 접점을 2개 설치해 배치한 트랜스퍼(transfer)형 등이 제작되고 있다. 리드의 겹친 부분은 전기 접점으로서의 역할과 동시에 자기 접점으로서 역할도 하고 있다. 동작계와 전기회로가 동축 상에 구성된 구조로 되어 있다.

리드 스위치의 동작 원리는 구조에서 추측할 수 있듯이 막대자석을 리드 스위치에 접근시키면 연질 강자성 재료의 리드 편은 자계의 방향에 따라 자화되고 리드 편이 N극, S극을 갖게 되어 접점부는 서로 끌어당기는 인력이 발생한다. 이 자기적 흡인력이 리드의 기계적 탄성력을 능가하면 접점을 폐로하는 전류가 흐르게 된다. 외부 자계가 없어지면 자기를 띠고 있지 않던 최초의 상태로 되돌아가고 전기회로는 오픈 된다. 그림 8-11은 실린더 위치를 감지하기 위해 실린더 몸통에 부착된 리드 스위치의 응용을 보여준다.

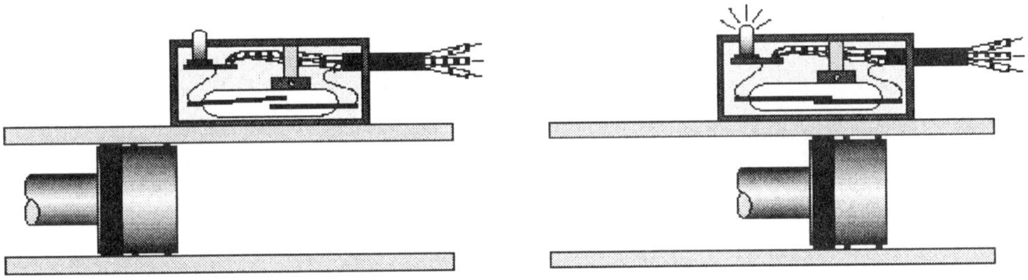

(a) 동작 전 (b) 동작 후

그림 8-11 리드 스위치 동작

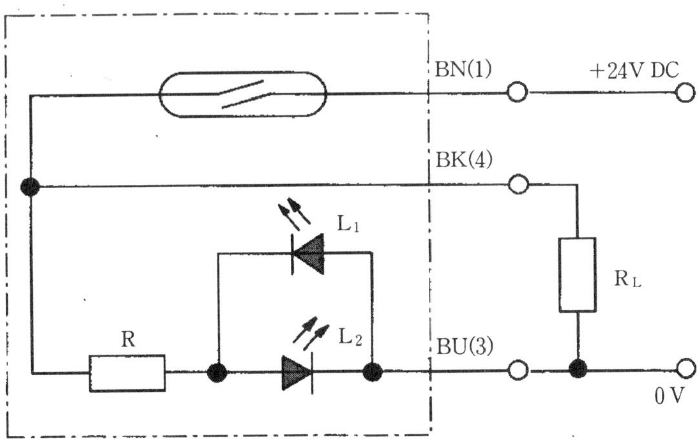

그림 8-12 리드 스위치 발광 동작

이와 같은 리드 스위치는 다음과 같은 특성을 갖고 있다.

① 접점부가 완전히 밀폐되어 가스, 액체, 고온 고습 환경에서도 안정하게 동작한다.

② ON/OFF 동작시간이 비교적 빠르고(<1ms), 반복 정밀도도 우수하다(±0.2mm).
③ 사용 온도 범위가 넓다(−270～+150℃).
④ 내전압 특성이 우수하다(>10kV).
⑤ 동작 수명이 길다.
⑥ 소형, 경량, 저가격

이러한 리드 스위치는 자동차, 가정 전기기기, 계측기기 등에 널리 사용되고 있다. 최근에는 비교적 가벼운 부하의 개폐로부터 중부하의 개폐쪽으로 용도가 확대되고 있다. 리드 스위치의 사용에 있어서 다음과 같은 주의가 필요하다.

① 유리관이 하우징 재로 사용되고 있으므로 강한 외부 응력은 피한다.
② 과도한 충격을 가하지 않는다.
③ 부하 조건으로 수명이 크게 좌우되므로 사용 조건의 검토가 필요하다.

2) 동작 특성

또한, 이 리드 스위치는 자극의 설치면에 따라 검출 특성이 달라지는데 다음의 그림 8-13은 자극에 따른 검출 곡선을 나타내었다. 그림에서 알 수 있듯이 두 개 혹은 세 개의 검출 곡선이 자극면의 위치에 따라 나타나는데, 이처럼 애매한 출력 신호는 자석의 올바른 부착에 의해 방지될 수 있으며 정확한 거리를 측정할 수 있다.

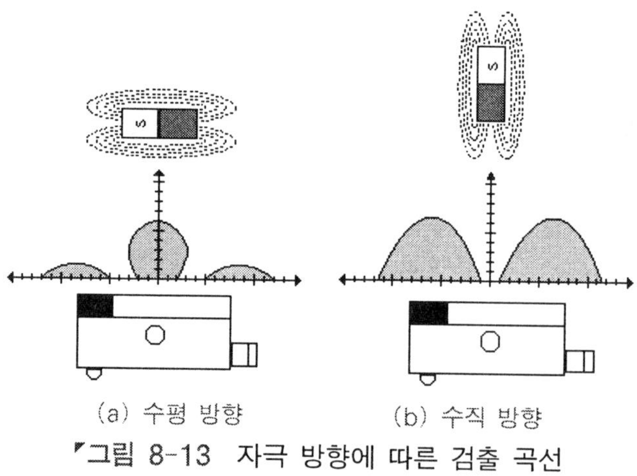

(a) 수평 방향　　(b) 수직 방향

「그림 8-13　자극 방향에 따른 검출 곡선

『표 8-2 리드 스위치의 기술자료

항 목	내 용
스위칭 전압	12 V~27 V DC, AC
스위칭 정밀도	±0.1 mm
최대 스위칭 전력	40 W
최대 허용 간섭 자장	0.16 mT
최대 스위칭 전류	2 A
최대 스위칭 주파수	500 Hz
스위칭 타임	≤2 ms
접촉 저항	0.1 Ω
수명(보호 회로 내장)	5×106회
보호 등급	IP 66
허용 주위 온도	−20℃~60℃

제9장 유도형 센서

9.1 구조 및 동작원리

유도형 근접 센서(inductive proximity sensor)의 주요 구성요소에는 발진 회로, 검파 회로, 트리거 회로, 출력 회로가 있으며 그림 9-1과 같다.

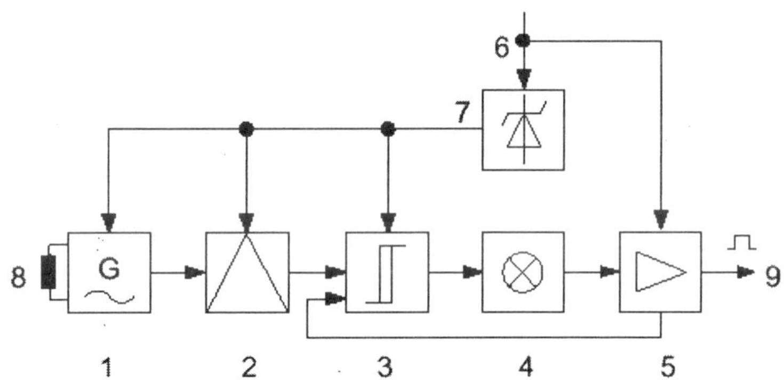

그림 9-1 유도형 근접 센서의 구조

센서에 전원이 공급되면 LC 발진 회로에 의한 고주파의 자장이 검출면에서 발진이 시작되고 이를 위한 일정 크기의 전류가 흐르게 된다. 이때 검출면에 전기적 도체가 접근하면 전자유도에 의한 와전류(eddy current)가 도체 내에 발생되고, 이 영향으로 근접 센서의 발진 에너지는 감소하게 된다. 이 발진감쇠 현상은 검파 회로에 의해 포착되어 트리거 회로를 통해 2진 신호형태로 출력된다. 그림 9-2에는 유도형 근접 센서의 동작원리를 나타내었으며, 일반적으로 센서의 검출거리는 센서의 검출면의 크기에 따른다. 표 9-1에는 직류용 유도형 근접 센서의 기술적 자료를 나타내었다.

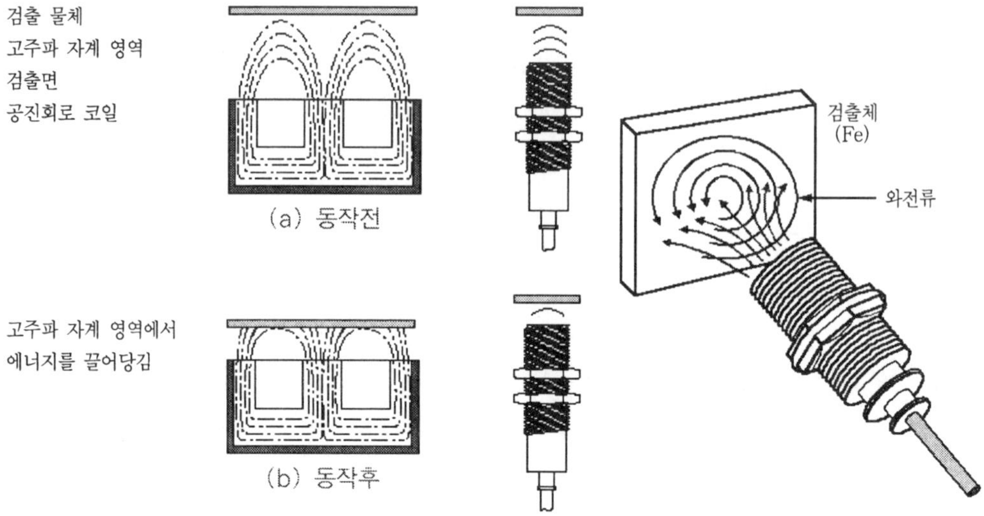

『그림 9-2 유도형 근접 센서의 동작원리

『표 9-1 DC용 유도형 근접 센서의 기술자료

재 질	금 속
동작 전압	DC, 10 V~30 V
공칭 검출 거리	일반 0.8~10 mm, 최대 약 250 mm
최대 스위칭 전류	75 mA~400 mA
허용 주위 온도	−25℃~+70℃
진동	10~50 Hz, 1 mm 진폭
먼지에 대한 감도	둔감
수명	매우 김
스위칭 주파수	일반 10~5,000 Hz, 최대 20 KHz
외형	원통형, 사각형
크기	Ø4~Ø30 mm, 25 mm×40 mm×80 mm
보호 등급	IP 67까지

9.2 검출 거리

검출 거리란 표준 검출체를 이동시켰을 때 근접 센서의 검출면에서 검출 동작이 일어나는 곳까지의 거리를 뜻하며, 근접 센서의 검출 거리에 관한 규정은 1992년에 IEC 947.5.2로 제정되었다. 이에 의하면 표준 검출체는 1mm 두께의 연철로 사각면의 길이는 센서 검출면의 직경 또는 공칭 검출 거리 S_n의 3배 중 큰 것으로 한다.

또한 검출 거리는 측정시 허용 조건에 따라 다음과 같이 분류한다.

① 정격 또는 공칭 검출 거리 ; S_n

센서를 표시하는데 사용하는 검출 거리로 제조 공정, 온도, 공급 전압에 의한 허용 오차를 고려하지 않은 것이다.

② 정미 검출 거리 ; S_r

정격 전압과 정격 주위 온도일 때 측정하는 것으로, $0.9S_n \leqq S_r \leqq 1.1S_n$ 범위에 있다.

③ 유효 검출 거리 ; S_u

공급 전압과 주위 온도의 허용한도 내에서 측정한 것으로, $0.9S_r \leqq S_u \leqq 1.1S_r$ 범위에 있다.

④ 실 검출 거리 ; S_w

어떠한 전압 변동 또는 온도 변화에도 관계없이 표준 검출체를 검출할 수 있는 영역이다. $0 < S_w \leqq 0.9 \times 0.9 \times S_n$ 범위에 있다.

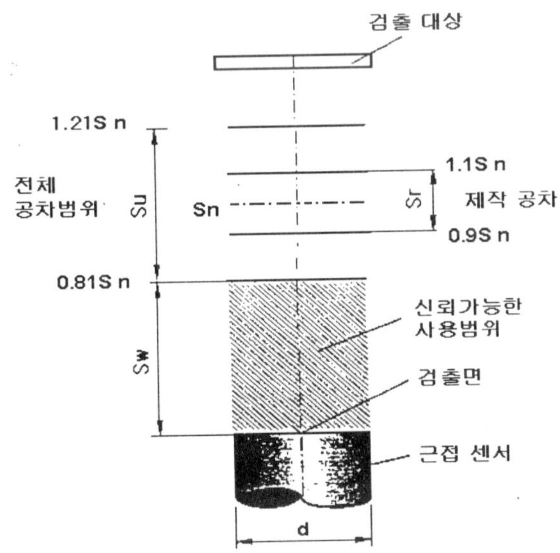

「그림 9-3 검출 거리

이상의 규정에 의하면, 실무에 적용하기 위한 실 검출 거리(S_w)를 계산하기 위해서는 검출 대상의 재질, 크기, 환경에 따라 달라지므로 적절한 보정 계수를 적용하여야 한다.

표 9-2 재질에 따른 보정 계수

재 질	보 정 계 수
연 철	1.0
크롬 니켈 강	0.7~0.9
황 동	0.35~0.5
알루미늄	0.35~0.5
구 리	0.25~0.4

9.3 응답 주파수

고주파 발진형 근접 센서의 응답 주파수는 검출 물체를 반복하여 접근시켰을 때 1초 사이에 검출하는 횟수의 최대값을 의미한다. 일반적으로 센서의 검출면이 클수록 응답 주파수는 낮아지며, 교류 전원용 센서보다 직류 전원용 센서의 응답 주파수가 높다.

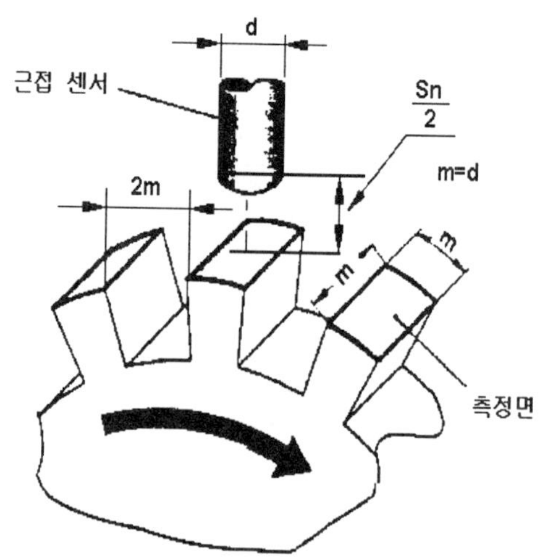

그림 9-4 응답 주파수 측정

그림 9-4는 EN 50010(European Standard)에 의한 응답 주파수 측정 방법을 나타낸 것이다.

9.4 사용시 주의 사항

유도형 근접 센서를 금속 고정체에 장착하고자 할 때는 플러쉬(flush)형과 논-플러쉬(non-flush)형을 구분하여 설치하여야 한다.

1. 플러쉬형

금속면과 센서의 검출면이 평면을 유지해도 좋으나 금속면 보다 낮아서는 안 된다. 센서의 직렬 연결시 센서 지름 d 이상 거리를 유지하여야 하며, 오 동작을 방지하기 위해 배경체와 거리를 S_n의 3배 이상 유지하여야 한다.

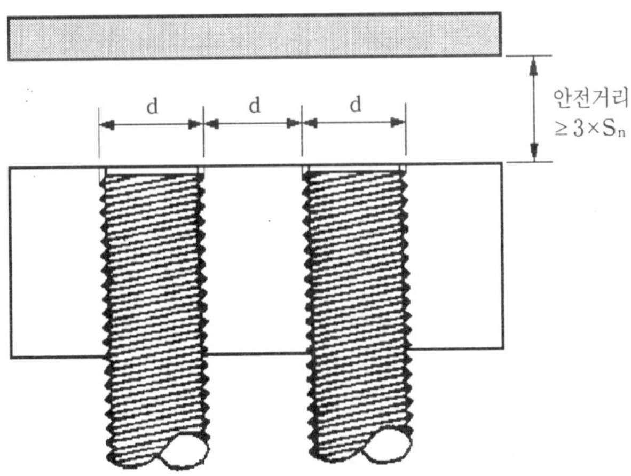

그림 9-5 플러쉬형

2. 논-플러쉬형

이는 센서의 전면과 측면에서 모두 자장을 형성하는 것으로 플러쉬형에 비해 검출 거리가 길다. 금속체에 내장하여 사용할 때는 지름 d의 3배 이상의 공간을 확보하여야 한다.

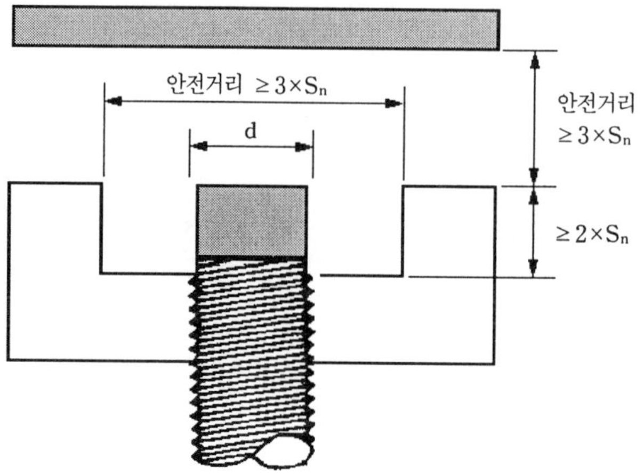

「그림 9-6 논-플러쉬형

제10장 용량형 센서

10.1 구조 및 동작원리

용량형 근접 센서의 검출 회로는 고주파 발진 회로이며, 그 일부로 검출면에 전극이 배치되어 있다. 물체의 이동에 따른 발진 신호는 변조 회로로 검파 되고, 트리거 회로를 거쳐 출력 회로에 의해 출력된다. 그림 10-1에 용량형 센서의 구조를 나타내었다.

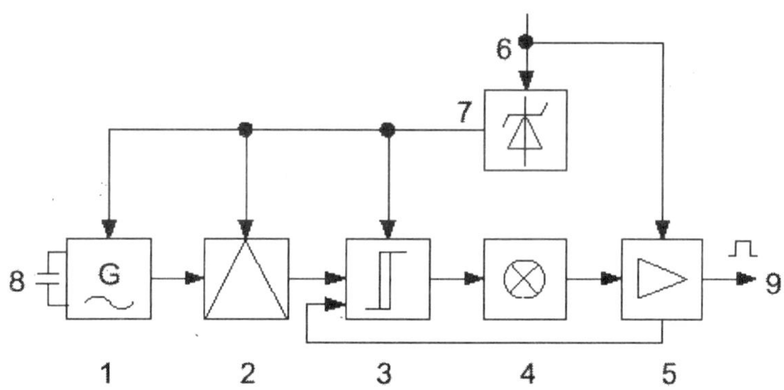

그림 10-1 용량형 근접 센서의 구조

센서에 전원이 공급되면 대지는 −전하로 센서 전극은 +전하로 대전되어, 이들 사이에 약한 전계가 형성된다. 이때 전극에 충전되는 전하를 Q, 전극에 가해지는 전압을 V, 정전용량을 C라 할 때 Q=C·V의 관계로 표현된다. 검출체가 센서에 접근하면 물체 내부는 통상 중성이고 전하는 분리되기 시작한다. 그 결과 전극의 +전하는 증가하게 된다. 따라서 충전 전하 Q가 증가하게 되는데, 이는 전압 V가 일정하므로 정전용량 C가 증가하는 것과 같다.

용량형 센서의 발진 회로는 전극과 전원선 간의 정전용량이 변화하면, 발진 상태가 변화하게 된다. 그러나 전원선과 지면은 직접 도체에 접속되어 있지 않지만, 배선에 의한 정전용량이 전극과 대지간의 정전용량에 비해 크므로 전원선은 접지되어 있는 것으로 가정할 수 있다.

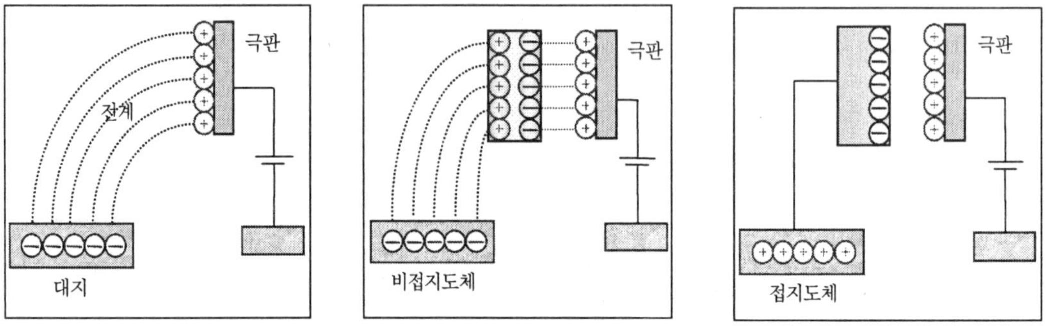

(a) 전극과 대지의 전계 (b) 검출체의 접근 (c) 전원선의 접지

그림 10-2 센서의 정전용량 변화

따라서 센서는 정전용량의 변화에 의해 발진 주파수가 변화하게 되고, 이 발진 주파수의 변화를 검파하여 출력하게 된다. 즉, 용량형 센서는 감지되지 않은 상태에서 약 1mA 이내의 전류가 흐르다가 감지거리 내로 검출체가 센서에 접근하면 약 4mA로 상승된다.

또한 센서에는 감도(감지 정도)를 조절할 수 있는 포텐쇼미터가 부착되어 있다.

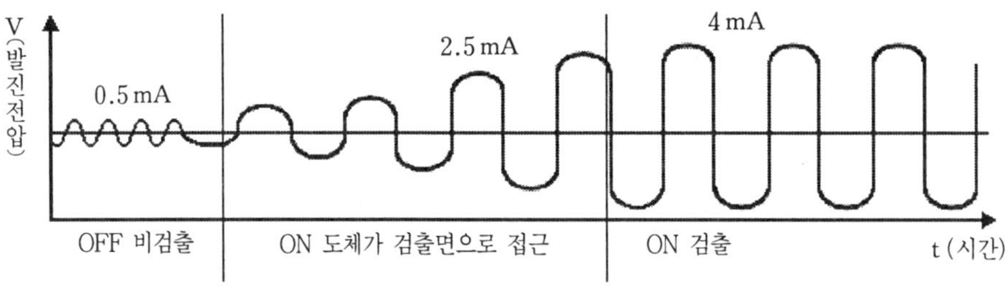

그림 10-3 발진 파형

센서 전극의 정전용량은 검출체의 크기, 두께, 유전율과 관계가 있다. 따라서 센서의 검출거리에 영향을 미치는 인자로는 검출면과 검출체 사이의 거리, 검출체의 크기, 검출체의 유전율 등을 들 수 있다. 표 10-1은 물체에 따른 비유전율을 나타낸 것이며, 표 10-2는 재질에 따른 센서 검출 거리의 보정 계수를 나타낸 것이다.

표 10-1 물질의 비유전율

물 질	비유전율	물 질	비유전율
에틸 알코올	25.1	슬레이트	6~10
폴리비닐 클로라이드	2.9	공기	1
메틸 알코올	33.5	벽돌	2.3
폴리에틸렌	2.3	단단한 고무	3~4
유리	3~15	바셀린	2.1~2.3
폴리스티렌	3.0	종이	1.2~3.0
물	81	전선비닐	2.5
변압기 기름	2.2~2.5	파라핀	2.2
얼음	4	기름 종이	5

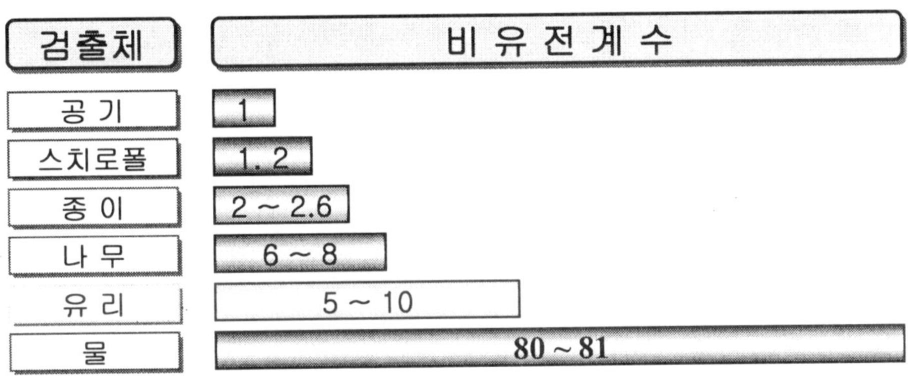

그림 10-4 비유전율 비교

표 10-2 재질에 따른 보정 계수

재 질	보정 계수
모든 금속	1.0
물	1.0
유 리	0.3~0.5
플라스틱	0.3~0.6
카드보드	0.3~0.5
나무(수분 함유량에 따라 다름)	0.2~0.7
기 름	0.1~0.3

센서와 검출체의 접지 조건에 따른 검출 거리의 변화를 나타낸 것이다.

접지 조건					
접지 조건	스위치 a	ON	OFF	ON	OFF
	스위치 b	ON	ON	OFF	OFF
동작거리(mm)		15	15	16	16

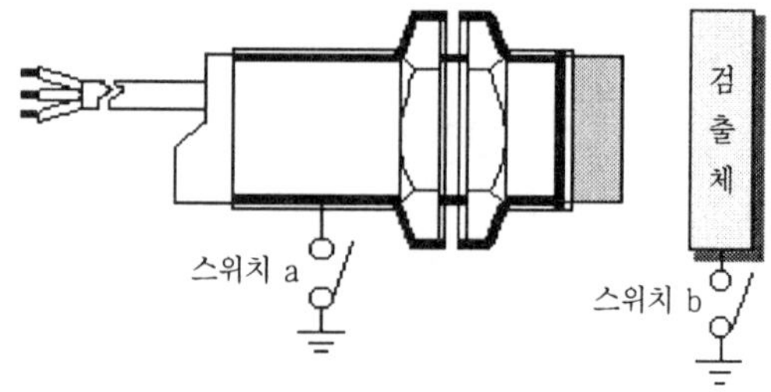

ʳ그림 10-5　접지에 따른 검출 거리

표 10-3은 용량형 근접 센서의 기술적 자료를 나타내었다.

ʳ표 10-3　용량형 근접 센서의 기술자료

항　목	내　용
동작 전압	DC 10~30 V 또는 AC 20~250 V
공칭 검출 거리	일반 5~20 mm 최대 60 mm(일반적으로 포텐쇼미터에 의해 조절 가능)
검출 대상	비유전율이 1 이상인 모든 물체
스위칭 전류	최대 500 mA DC
사용 주위 온도	−25℃ ~ +70℃
먼지에 대한 감도	민감
수 명	매우 김
스위칭 주파수	300 Hz까지
외 형	원통형 예) M18×1, M30×1
보호 등급	IP 67까지

10.2 응답 시간

센서의 입력 신호가 간헐적으로 계속될 때 제어 출력이 동작 또는 복귀하기까지 늦어지는 시간을 말하며, 일반적으로 ON, OFF형 출력을 갖는 센서에서는 동작 시간(TON)≒복귀 시간(TOFF)이다.

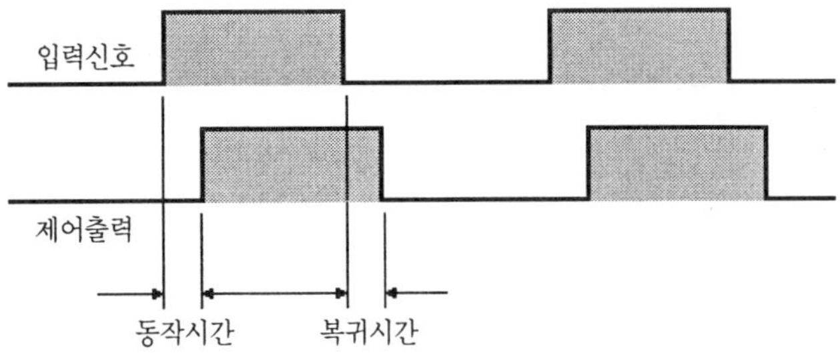

「그림 10-9 응답 시간

10.3 사용시 주의 사항

유도형 근접 센서와 같이 플러쉬형과 논-플러쉬형으로 나뉘어져 있어 선택시 유의하여야 한다. 또한 물의 비유전율이 81에 달해 습도에 대해 매우 민감하다. 반면에 비금속체로 된 벽에 가려진 물체를 검출하는데 활용될 수도 있다. 이 경우 벽의 두께는 4mm 이하이어야 하며 검출하고자 하는 물체의 비유전율은 벽보다 4배 이상이어야 한다.

유도형 근접 센서에 비해 다양한 감지 대상체를 갖는 장점으로 용량형 근접 센서의 활용 범위가 넓다. 또한 수증기, 이슬, 얼음에 대한 센서의 간섭을 보상하기 위해 많은 메이커에서는 보조 전극을 사용하고 있다.

사용시의 주의 사항은 다음과 같다.

① 가격의 문제로, 금속체의 검출시는 용량형 근접 센서보다 유도형 근접 센서를 이용하는 것이 유리하다.
② 비금체의 검출시는 광 근접 센서가 가격에서 비교적 유리한 경우가 많다.
③ 탱크 내 충진 레벨의 검출과 같은 경우는 비교적 용량형 근접 센서가 유리하다.

용량형 근접 센서는 모든 물질을 감지할 수 있다는 장점과 온도, 습도의 변화가 심한 곳에서는 사용이 곤란하며, 감지거리가 짧다는 단점이 있다.

10.4 사용 예

그림 10-10은 고무, 가죽, 플라스틱 등의 재질에 의한 검정색 제품을 검출하는 예이다. 일반적으로 광 센서에 의한 검정색 제품을 검출하기에는 곤란한 점이 있고, 초음파 센서는 비교적 고가이다.

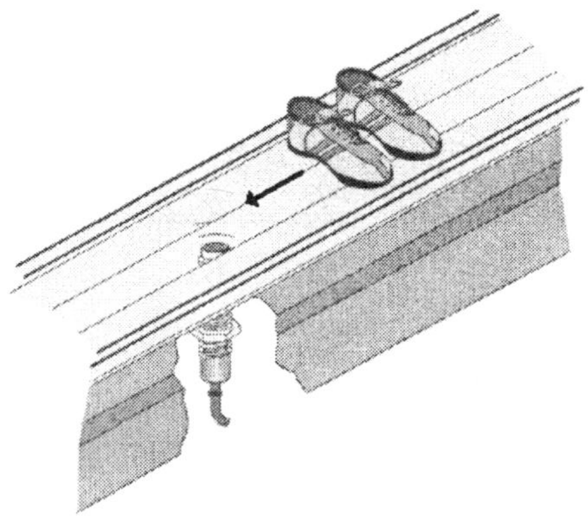

그림 10-10 검정색 제품의 검출

용기에 채워지는 액체의 높이를 검출할 때는 용량형 근접 센서를 플라스틱이나 유리 재질의 캡슐을 만들어 검출하거나, 튜브 형태를 외부에 장착하여 액면의 높이를 검출할 수 있다. 이때 캡슐과 튜브의 두께는 근접 센서에 의해 검출되지 않도록 제한하여야 한다.

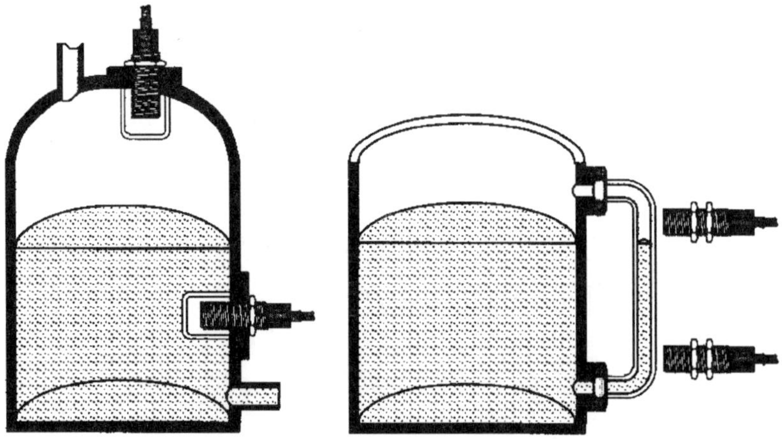

(a) 캡슐을 이용한 검출 (b) 튜브를 이용한 검출

그림 10-11 용기 내의 액체 높이 검출

제 11 장 광전 센서

11.1 광 센서의 개요와 분류

광 센서란 빛을 매개체로 하여 물체의 유무 검출에서부터 색채 검출 및 색농도 검출, 이미지 검출 등에 사용되는 검출기기를 말한다. 즉, 검출대상이 광학적 에너지이며 전자파이기도 하는데, 광에는 눈에 보이는 가시광선이 있고 눈에 보이지 않는 자외선, 적외선 등이 있으며 특히 X선과 같은 극히 투과도가 높은 방사선도 있다.

이러한 광을 응용한 기기에는 복사열의 색상으로 온도를 검출하는 적외선식 온도센서에서부터 광통신, 광리모콘, 카메라, 투시경, X선 투사기 및 촬영기에 이르기까지 헤아릴 수 없을 정도로 많다. 그러나 통상 광 센서라고 하는 것은 물체의 위치나 상태, 자세 등을 검출, 판단하기 위해 사용되는 것으로 검출소자로서는 포토 다이오드(photo diode)를 비롯하여 포토 트랜지스터(photo transistor), CdS 셀, 포토 IC, 태양전지, 이미지 센서 등이 있다.

- 광전 효과
  - 광전전력 효과 — 포토 다이오드, 포토 트랜지스터, 태양전지
  - 광도전 효과 — Cds 셀, Cdse 셀
  - 광전자 방출효과 — 광전관, 광전자 증배관
  - 집전 효과 — 적외선 센서

그림 11-1 광전 효과에 의한 광 센서의 분류

광 센서는 분류하는 방법에 따라 반도체의 접합상태나 수광 소자 등에 따라 분류하기도 하나, 여기서는 광전효과(photoelectric effect)에 따라 분류한다. 광 센서는 광 에너지를 전기에너지로 변환하는 일종의 트랜스듀서로서 광과 물질 사이에는 물리적 상호 작용이 작용된다. 즉, 물질이 광자를 흡수하고 그 결과 전자를 방출하게 되는데 이 현상을 광전효과라고 한다.

1) 광기전력 효과

반도체의 접합부에 빛이 조사되면 전자와 정공의 흐름이 생겨 기전력이 발생하는 현상을 광기전력 효과라고 하고, 대표적인 센서에는 포토 다이오드와 포토 트랜지스터 등이 있다. 이 형식의 소자는 Si나 Ge를 베이스로 한 반도체가 많고 감도영역은 가시광에서 적외영역까지이다.

2) 광도전 효과

반도체에 빛이 조사되면 전자와 정공이 증가하고 광량에 비례하는 전류 증가가 일어나는 현상을 광도전 효과라 하며, 빛이 조사되면 소자의 도전성이 양호해지는 소자가 사용되는데 대표적인 것으로는 CdS 셀이 있다. 감도는 가시광의 중심영역으로 소자는 비교적 응답이 늦다.

3) 광전자 방출 효과

광전관 등에 사용되는 원리로서 전극부에 빛을 조사하면 광전자가 방출되는데 이것을 광전자 방출 효과라 한다. 대표적인 소자로서는 광전관이나 광전자 증배관이 있으며 이것은 감도가 높고 큰 출력이 얻어지기 때문에 미약한 광의 검출이나 자외광의 검출에 주로 사용되고 있다.

표 11-1 광 센서의 종류에 따른 특징과 용도

분 류	센서의 종류	특 징	주 용도
광기전력 효과형 광센서	포토 다이오드 포토 트랜지스터 광사이리스터	소형, 저코스트, 전원 불필요, 대출력, 대전류 제어	카메라, 스트로보, 광전 스위치, 바코드 리더, 카드 리더, 화상 판독, 조광 시스템, 레벨제어
광전자 방출형 광센서	광전자 증배관 광전자	초고감도, 응답 속도가 빠르다. 펄스 계측. 미약광 검출, 펄스 카운터	정밀 광계측 기기 초고속, 극미약광 검출
광도전 효과형 광센서	Cds 광도전 셀	소형, 고감도, 저코스트	카메라 노출계 포토 릴레이, 광 제어
복합형 광센서	포토커플러 포토인터럽터	전기적 절연, 아날로그 광로에 의한 검출	무접점 릴레이, 전자 장치 노이즈 컷 광전 스위치, 레벨 제어, 광전식 카운터

이상의 광전 효과들을 응용하는 센서를 분류하면 표 11-1과 같이 분류되나 이들 소자가 단독으로 자동화용 센서로서 사용되는 것은 많지 않다. 그 주된 이유는 포토 다이오드를 예로 들자면 소형 경량으로서 입사광에 대한 선형성이 우수하고, 응답 특성이 좋을 뿐만 아니라 파장감도가 넓고 진동 충격에도 강하다는 장점을 가지고 있으나 출력 전류가 극히 작다는 단점 때문에 포토 트랜지스터와 조합하여 사용하듯이 증폭 수단을 병용해야 하기 때문이다.

11.2 광전 스위치

광전 스위치란 빛을 내는 투광부와 그 빛이 대상물에 의해서 반사, 투과, 흡수, 차광 등의 변화를 받는 것을 수광부에서 수광하여 ON/OFF 신호를 내는 것을 말한다. 즉, 전기 에너지를 빛으로 변환시키는 발광소자(GaAs, CaAlAs, GaP 등의 PN 접합소자)를 사용하여 빛을 내는 발광부에 의해 검출 대상을 향해 빛을 조사하고, 검출 대상에 의해 변화된 빛을 수신하여 전기적 신호로 변환 및 증폭(포토 다이오드, 포토 트랜지스터 등의 소자)시키는 수광부를 갖춘 일명의 센서를 광전 스위치라 한다.

넓은 의미에서는 투광부가 없어도 대상물이 방사하는 빛으로 동작하는 것과, 출력이 ON/OFF 신호가 아니고 입광량에 따라 비례 출력하는 아날로그 출력인 것, 그리고 이미지 센서와 같이 여러 개의 센서 소자를 사용하여 치수검사나 결점을 검출하는 것까지 포함된다. 이와 같은 광전 스위치는 물체의 유무나 통과 여부 검출에서부터 크기의 대소, 색상의 차이 판별 등 고도의 정밀 검출까지 할 수 있어 자동화된 기계나 설비의 자동제어, 계측, 안전장치, 감시장치, 검사 등의 여러 산업분야에 폭넓게 이용되고 있다. 명칭에서도 광전 스위치, 광전 센서, 빔 스위치, 포토 센서, 포토 스위치, 광 센서 등 여러 가지 이름으로 불리고 있지만 광전 스위치가 가장 일반적인 명칭이다. 특징은 다음과 같다.

① 비접촉으로 검출할 수 있다.
② 검출 거리가 길다.
③ 대부분의 대상물을 검출할 수 있다.
④ 응답 시간이 빠르다.
⑤ 색의 판별이 가능하다.
⑥ 빛은 수광의 넓이와 굵기를 자유로이 설정하기 쉽다.

⑦ 고정도로 검출할 수 있다.

⑧ 다음과 같은 결점도 있다.

광전 스위치에서 가장 고려해야 할 점은 먼지 같은 것으로 렌즈면에 덮여서 투, 수광이 방해되는 것이다. 특히 유분이 있는 환경에서 금속의 먼지가 있는 경유에는 대책을 세우지 않으면 사용하기 곤란하다. 또한 외란광에 주의하여야 한다. 이것에는 충분한 연구가 이루어져 보통 10만 룩스 정도까지는 문제시되지 않지만 특수한 조건하에서는 주의가 필요하다.

1. 광전 스위치의 구성

광전 스위치의 발생 광원과 변조방식에는 일반적으로 발광 다이오드 펄스 변조방식이 가장 많이 사용되며 그밖에도 광학램프 직류점등식이 투과형에 일부 사용되고, 고속응답으로 색 판별능력을 갖는 고급 마크 센서로 사용되기도 한다. 발광 다이오드 펄스 변조식 투과형 광전 스위치의 기본 구성도를 그림 11-2에 나타냈다.

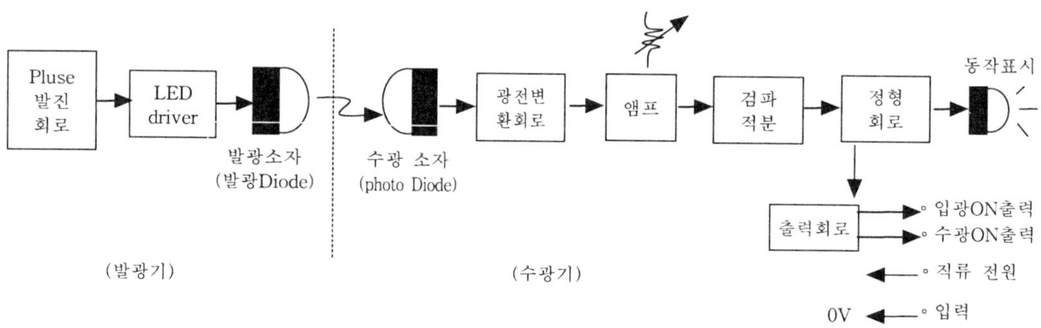

그림 11-2 투과형 광전 스위치의 구성

이와 같은 형식은 외란광에 대해 강하고, 고감도로 검출 거리를 크게 할 수 있다는 장점과, 발광 다이오드 방식이어서 소형이고 전력소비가 작다는 장점 때문에 많이 사용되고 있다. 그러나 변조, 검파를 하므로 응답 시간을 고속으로 할 수 없고, 발광 다이오드가 단파장이므로 특정 색의 조합에 대하여 색판별 능력이 없다는 단점도 일부 있다.

1) 투광부

투광부는 투과형에서는 대향하는 수광부에 대하여 그리고, 반사형에서는 검출 물체 또는 반사미러에 대하여 신호광을 내는 부분이고 투광 소자, 광학계, 투광 소자 드라이브로 구성된다.

투광 소자로서는 발광 다이오드(LED)가 많이 사용되는데 발광 다이오드는 순방향으로 전압을 가함으로써 발광하는 반도체로서 작은 전류로 발광하고 발열이 작고 위형도 소형이다. 더구나 수명은 10만 시간 이상으로 길고 응답성이 극히 좋아 광출력은 작으나 광전 스위치의 공원으로는 거의 이상적인 것이라 할 수 있다. 또한, 광출력이 작은 점은 펄스 변조에 의하여 간헐적으로 큰 전류를 흘려서 평균전류를 작게 하여 발열을 억제할 수 있다. 더구나 수광 소자의 응답도 LED에 추종할 수 있는 고성능의 것을 손쉽게 얻을 수 있고 수광신호도 후단의 펄스증폭에서 안정하게 높은 증폭도를 얻기 쉬우므로 광원으로서의 LED는 최적이라고 할 수 있고 현재 95% 이상이 LED라고 보아도 될 것이다. 표 11-2는 광전 스위치에 많이 사용되는 LED 종류와 특성을 나타낸 것으로 시판되고 있는 광전 스위치에는 표에 나타낸 3종류 이외에도 황색광이나 오렌지색광 등도 일부 사용하고 있다.

표 11-2 LED의 종류와 특성

종류	PN접합의 결정재료	발광파장	발광색	광출력	특징과 응용
적외선 LED	GaAs (갈륨, 비소)	930nm 부근	근적외선 (불가시광)	대	·출력이 커질 수 있으므로 범용품에 널리 사용된다. ·투과력이 강해 먼지에 강하다. ·색판별 능력이 거의 없다.
적색광 LED	GaAsP (갈륨, 비소, 인)	660nm 부근	적색	중	·눈으로 확인할 수 있다. ·비교적 근거리의 센서 또는 흑, 청, 녹색계의 마크센서로 사용된다.
녹색광 LED	GaP (갈륨, 인)	550nm 부근	녹색	소	·광이 약하다. ·마크센서로서, 색판별 및 투과량의 차이 검출에 주로 사용된다.

2) 수광부

투광부로부터 검출 물체에 방사된 빛은 반사 또는 흡수되어 수광부의 수광 소자면에 반사되어 포토 다이오드나 포토 트랜지스터에 의해 전기신호로 변환되고 조정되어 출력신호를 내게 되는데 이러한 기능부를 수광부라 하고 광학계와 수광 소자로 구성된다.

광학계는 렌즈, 슬릿, 필터, 미러로 구성되며 기능은 투광기와 역으로 되어 있고, 필터는 신호광 이외의 불필요한 대역의 파장의 광을 제거하여 내·외란광의 특성을 향상시키기 위해 수광 소자 앞에 설치한다.

수광 소자는 포토 다이오드나 포토 트랜지스터, 광전관, 광전자 증배관 등이 사용되나 실리콘의 PN접합을 이용하여 광이 닿는 광양에 비례하여 도전도가 변화하여 전기신호가 되는 원리로 작동되므로 포토 다이오드가 주류를 차지한다.

3) 앰프

앰프에는 컨트롤 앰프(Control Amplifier)와 메인 앰프(Main Amplifier)가 있으며 컨트롤 앰프는 검출대상에 맞추어 수광 감도를 조정하여 신호를 증폭하는 회로로서 감도의 조정은 VGC(전압, Gain Control) 회로 방식에 의하여 가해지는 직류전압에 비례한 감도가 얻어지도록 되어 있고, 메인 앰프는 조정된 감도신호를 크게 증폭하여 다음 단의 동기, 검파, 적분회로에서 처리하기 쉬운 신호로 만들기 위해 사용된다.

4) 구성에 의한 광전 스위치의 분류

<table>
<tr><th>종 류</th><th>특 징</th></tr>
<tr><td>앰프 내장형
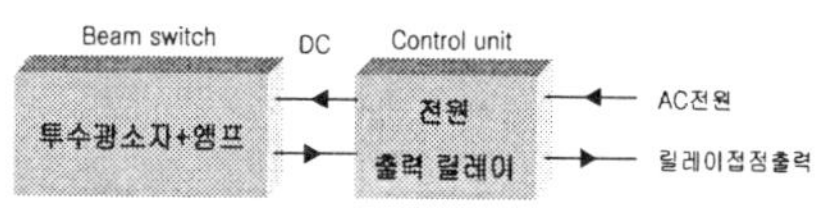
</td><td>·앰프를 내장하여 직류전압만 가하면 relay drive 출력이 얻어진다.
·앰프분리형에 비하여 내성이 좋다.
·비교적 간단하다.
·신뢰성이 높고 수명이 길다.
·경제적이다.</td></tr>
<tr><td>앰프 분리형
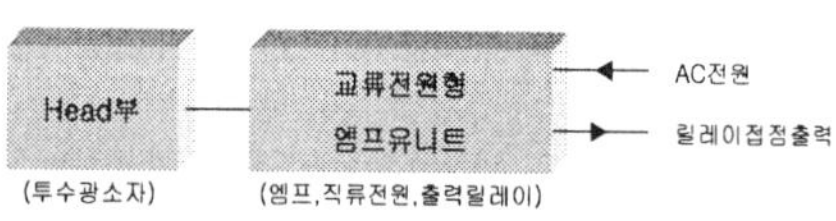
</td><td>·투, 수광 소자만을 헤드부로서 분리하였으므로 검출부를 작게 할 수 있다.
·헤드부에서의 신호가 작고 배선에 의하여 앰프까지 접속해야 하므로 앰프내장형에 비하여 노이즈에 대해서 불리하다.
·정용 앰프유닛이 필요하다.</td></tr>
<tr><td>전원내장형
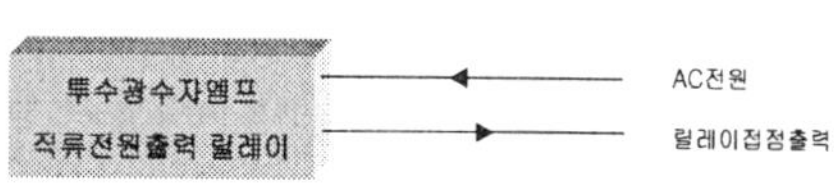
</td><td>·광전 스위치에 필요한 기능을 모두 내장하고 있으므로 상용전원을 가하기만 하면 제어출력이 얻어진다.
·릴레이 내장식은 릴레이의 수명에 주의해야 한다.
·약간 외형이 커진다.</td></tr>
</table>

광전 스위치는 필요한 주요 각부를 어떻게 유닛화로 하여 구성하는가에 따라 앰프 내장형, 앰프 분리형, 전원 내장형으로 분류할 수 있고 이것은 검출부분의 외형치수나 공급전원 및 노이즈에 대한 강도에 관계된다.

2. 광전 스위치의 분류

1) 투광형

그림 11-3에 나타낸 바와 같이 투광기와 수광기로 구성되며, 설치할 때는 광축이 일치하도록 일직선상에 마주 보도록 해야 한다. 검출체가 접근하여 빛을 차단하면 수광기에서 검출신호가 발생한다. 이 투과형 광전 스위치는 검출 거리가 가장 길고 검출 정도도 높으나 투명물체의 검출은 곤란하다.

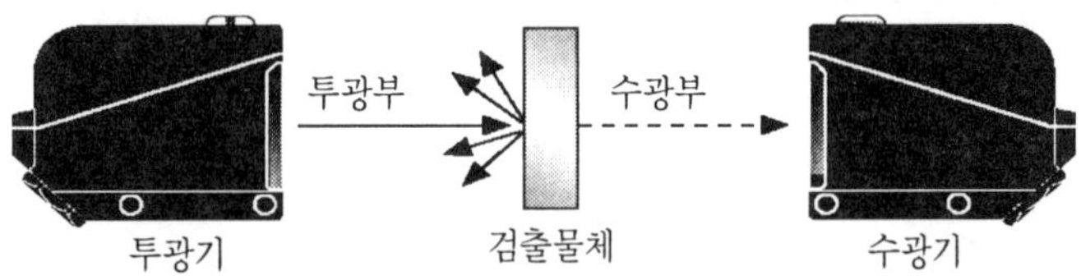

『그림 11-3 투과형 광전 스위치

2) 미러 반사형

그림 11-4에 나타낸 바와 같이 투광기와 수광기가 하나의 케이스로 조립되어 있고, 반사경으로 미러를 사용한다. 동작원리는 투광기와 미러 사이에 미러보다 반사율이 낮은 물체가 광을 차단하면 출력신호를 낸다. 이 형식의 광전 스위치는 광축 조정은 쉬우나 반사율이 높은 물체는 검출이 곤란하다. 또한 편측 배선뿐이므로 설치 장소나 배선비용이 투과형에 비해 싸게 들고 직접 반사형보다 검출 거리가 길다는 장점이 있다.

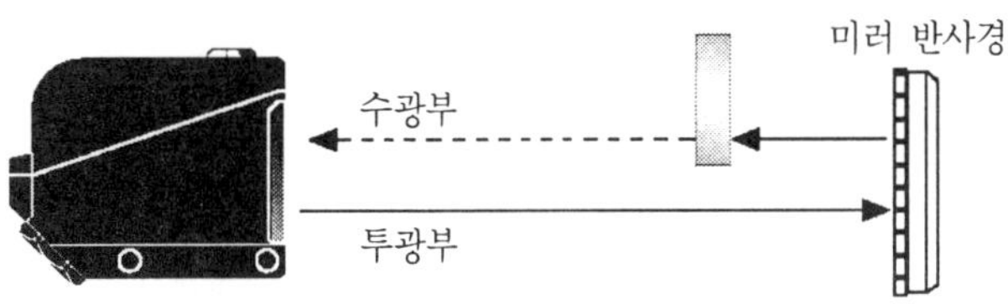

『그림 11-4 미러 반사형 광전 스위치

3) 직접 반사형

직접 반사형은 확산 반사형이라고도 하며 미러 반사형처럼 투광기와 수광기가 하나의 케이스에 내장되어 있으며, 투광기로부터 나온 빛이 검출 물체에 직접 부딪혀 그 표면에 반사하고, 수광기는 그 반사광을 출력신호를 발생시키는 것으로 그 원리를 그림 11-5에 나타냈다. 이 형식의 특징으로는 미러 반사형처럼 한쪽 배선만으로 배선이 절약되고, 게다가 미러도 필요치 않아 설치 자유도가 크다는 장점과 광축 맞추기 등의 조정이 불필요하고 투명체를 포함하여 거의 모든 물체를 검출할 수 있다. 그러나 검출 거리가 3형식 중 가장 짧다는 단점이 있으나 이것이 때로는 장점이 될 수 있다.

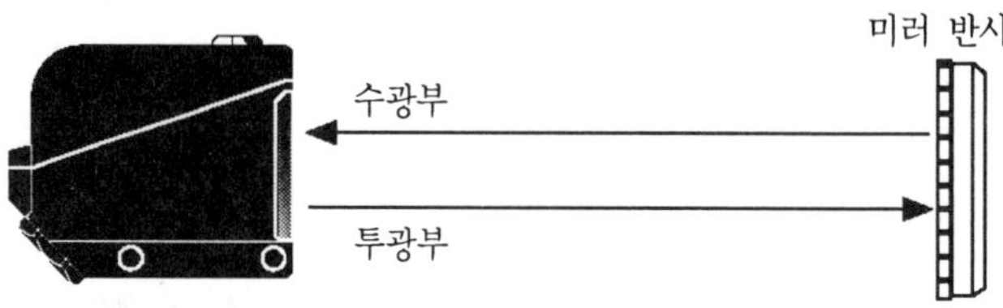

『그림 11-5 직접 반사형 광전 스위치

4) 출력에 따른 분류

광전 스위치의 출력 형태는 무접점 출력형과 유접점 출력형으로 구분되는데 무접점 출력이 일반적이다. 초기상태로서는 직류형에서는 물체를 검출한 상태에서 ON되는 노멀 오픈(normal open)형과 물체를 검출한 상태에서 출력이 OFF되는 노멀 클로즈(normal close)형이 있으므로 제어 회로측과 일치되는 것을 선정해야 한다.

『표 11-3 출력 형태에 따른 종류와 회로도

분류			출력된 회로	적용 부하
무접점 출력	직류개폐형	전류 출력형	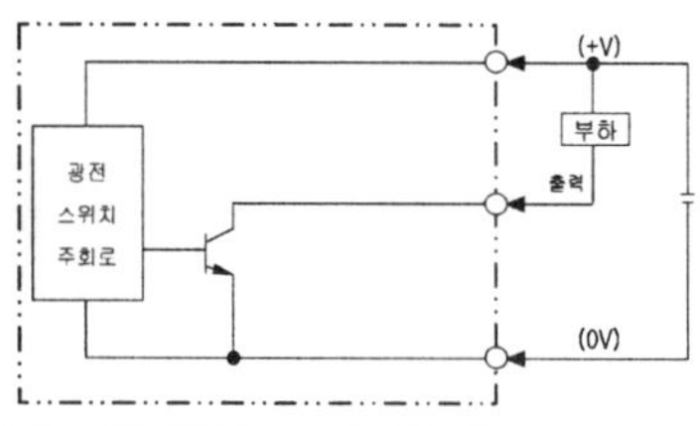	· PLC · 센서 컨트롤러 · 카운터 등
		전류/전압 출력형	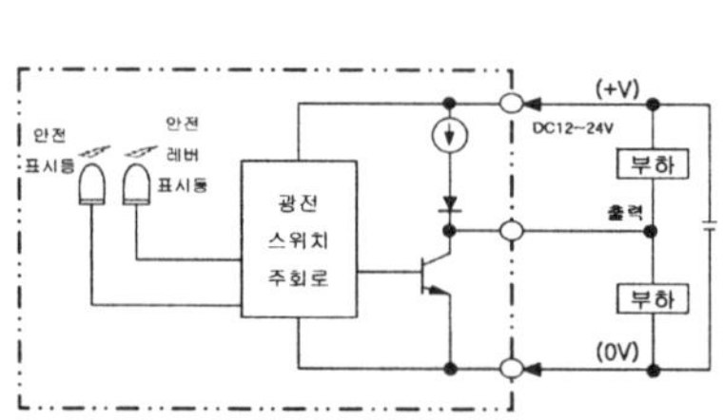	부하 1 · PLC · 센서 컨트롤러 · 릴레이 · 카운터 등 부하 2 · 센서 컨트롤러

『표 11-3 출력 형태에 따른 종류와 회로도(계속)

분 류			출력된 회로	적용 부하
무접점출력	교류개폐형	2선식	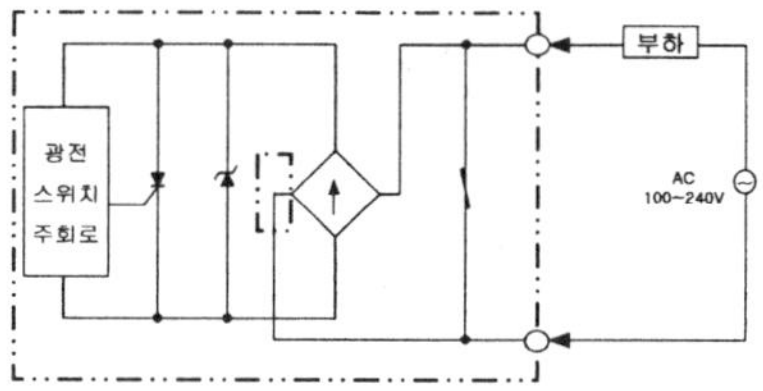	· AC 릴레이
유접점출력			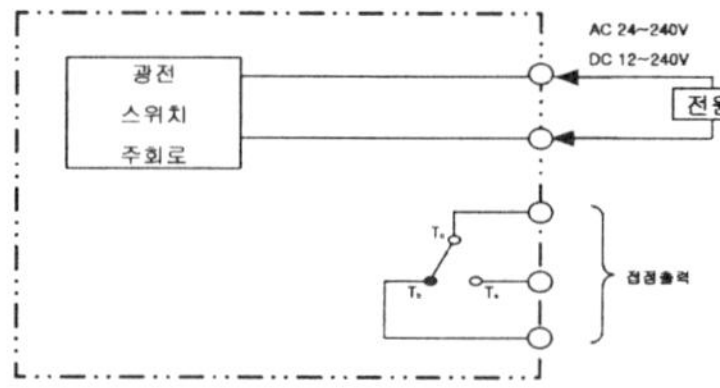	· 모터 · 솔레노이드 등

교류형에도 역시 노멀 오픈형과 노멀 클로즈형이 있으며, 부하의 구동 방식에 따라서는 2선식과 3선식이 있다. 2선식은 배선에는 편리하지만 반드시 부하를 직렬로 접속하여 사용하지 않으면 안되므로 주의해야 한다.

3. 응용 예

▪ 라벨 부착 시스템을 통과한 병을 검사한다.

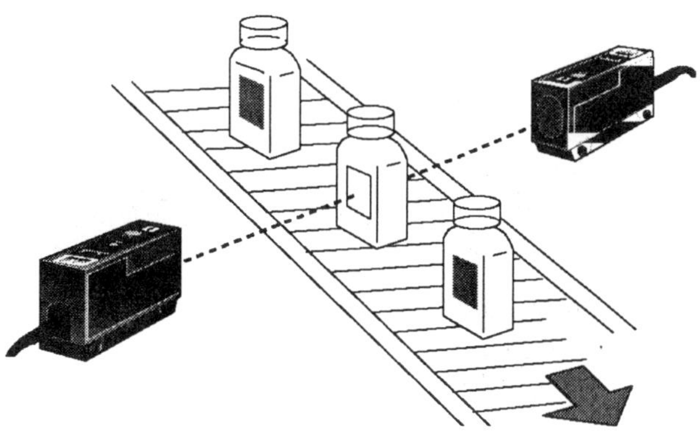

▪ 부품 공급장치로부터 공급되는 부품이나 컨베이어 상으로 통과되는 부품의 통과 여부를 검출한다.

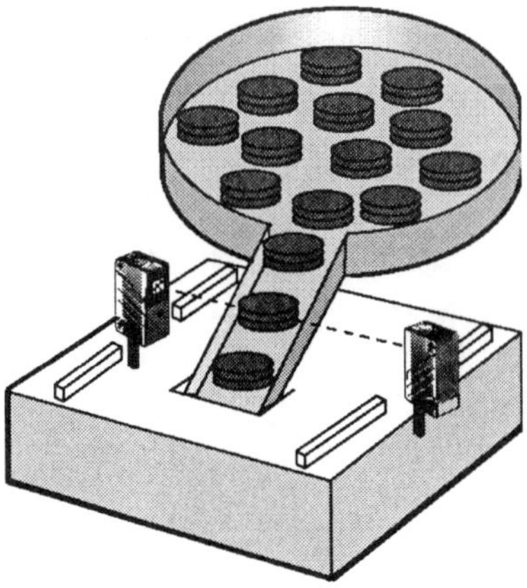

▪ 드릴작업기에서 드릴날의 파손 상태를 검출한다.

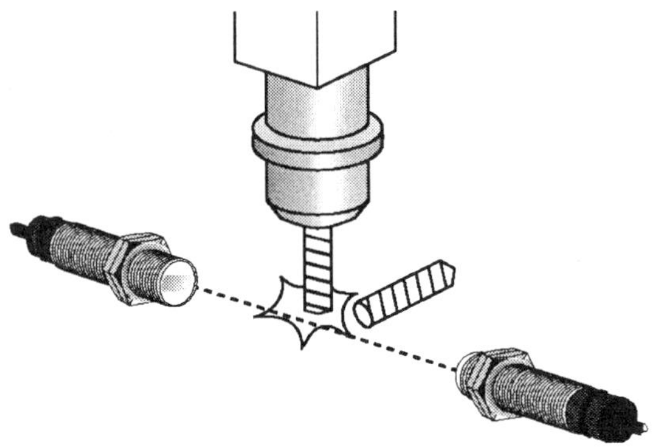

▪ 자동차 주행도로나 주차설비 입구에서 차량통과 유무를 검출한다.

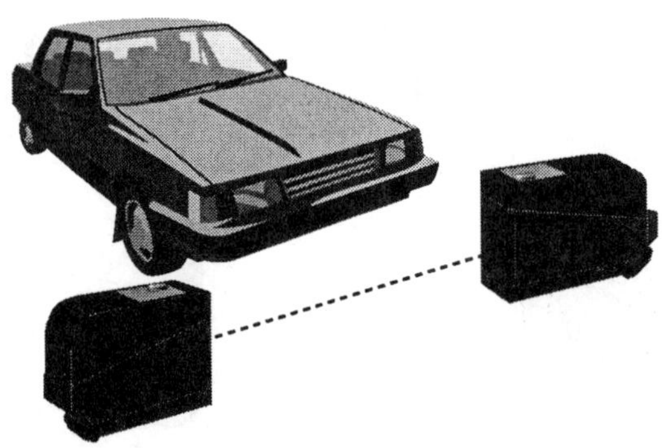

▪ 감도 조정이 가능한 ㄷ자형 광전 스위치를 이용하여 투명한 물체의 검출이 가능하다.

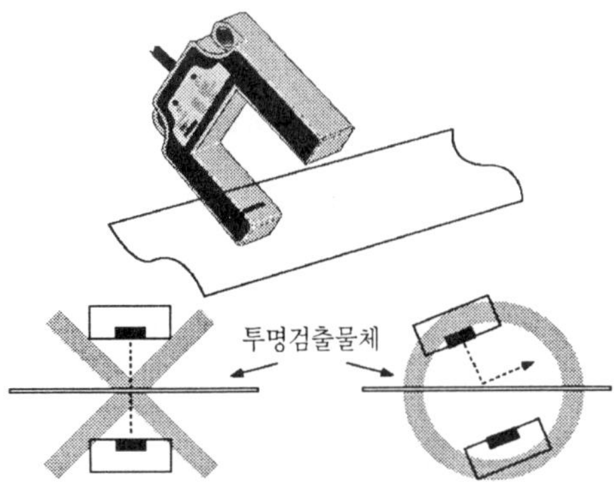

< 검출물체가 투명인 경우의 설치방법>

▪ ㄷ자형 광전 스위치를 이용하여 엘리베이터의 정지 위치를 검출한다.

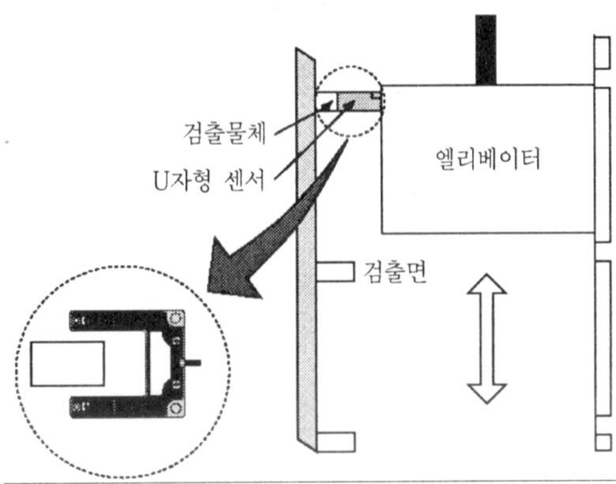

▪ 컨베이어로부터 호퍼로 낙하하는 부품의 통과 여부를 검출하여 그 신호를 카운터로 보내 수량 검출 제어를 실현한다.

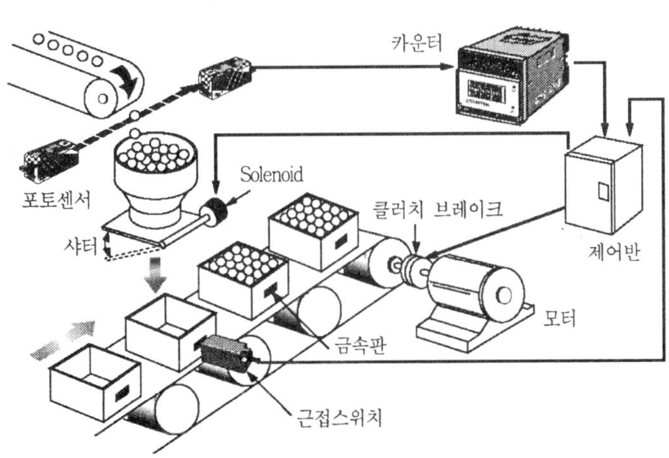

▪ 투명체 검출용 광전 스위치를 이용하면 진공조 내에 유리 검출도 가능하다.

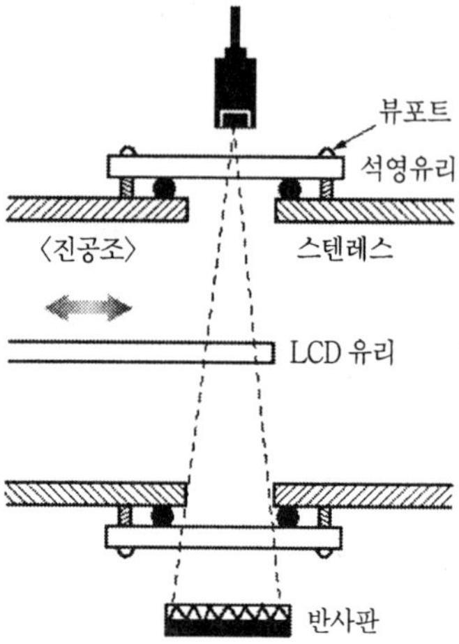

▪ 자동 주차설비에서 차량의 주차 위치나 크레인의 위치를 검출한다.

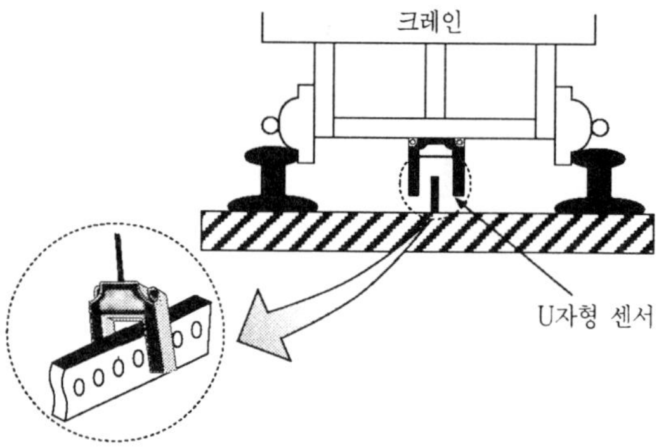

▪ 직접 반사형 광전 스위치를 이용하여 제품 색상에 따른 반사 광량의 차이를 검출하여 제품의 색상 판별이 가능하다.

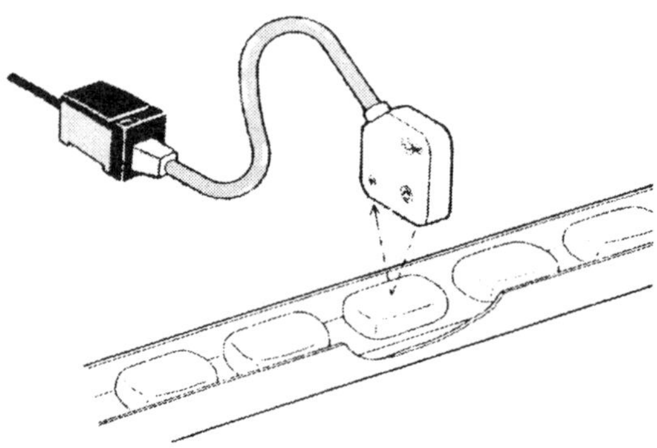

11.3 광파이버

광파이버식 광전 스위치 또는 광파이버 스위치 등으로 불리는 광파이버 센서는 광전 스위치와 광파이버(photo fiber)를 조합시킨 것으로 사용목적은 광전 스위치와 같다. 가장 큰 특징으로는 가늘고 유연성이 풍부한 광파이버를 이용하여 복잡하고 미세한 부분에 접근할 수 있기 때문에 공간적으로 제약을 받지 않고 검출할 수 있다는 점이다. 게다가 나쁜 환경에서도 높은 신뢰성을 얻을 수 있기 때문에 최근에 자동화용 센서로 널리 사용되고 있는 센서이다.

광파이버 센서는 그림 11-6에 그 구성 예를 나타낸 바와 같이 투광 소자, 수광 소자 및 신호처리 회로를 내장하고 앰프유닛과 검출헤드 부분까지 유도되는 광파이버 유닛으로 구성되어 있다.

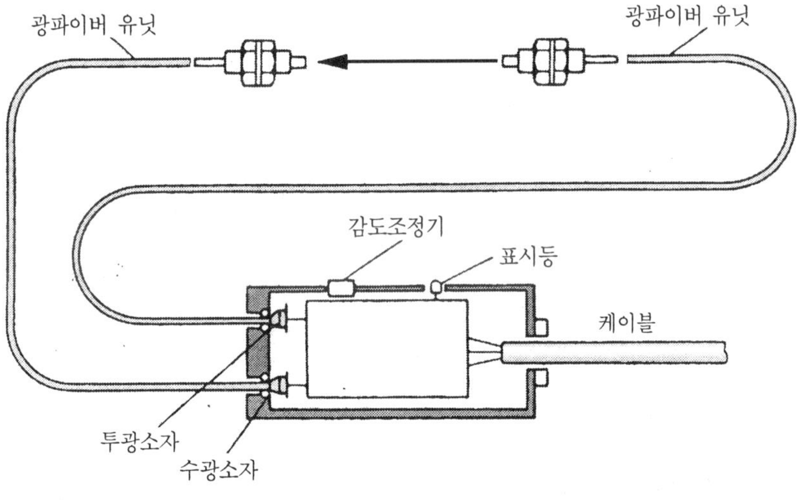

그림 11-6 투과형 광파이버 센서의 구성도

1. 광파이버의 구조원리와 종류

광파이버는 그림 11-7에 보인 바와 같이 굴절률이 낮은 클러드(clad)와 굴절률이 높은 코어로 구성되어 있다. 광파이버의 한쪽 단면으로 입사된 광은 코어와 클러드의 경계면에서 전반사를 반복하여 진행하면서 다른 쪽 단면으로 투사되며 이 경우 투사광은 약 60도 각도의 원추형으로 확산된다. 이와 같은 광파이버를 묶어서 염화비닐이나 실리콘 고무 등으로 외피복을 한 것이 광파이버 센서에 사용되고 있으며, 광파이버의 재질에 따라서는 플라스틱형과 유리형으로 분류한다. 플라스틱형 광파이버의 코어는 아크릴계의 수지로 폴리에틸렌계의 피복으로 쌓여 있어 가볍고 잘 부러지지 않으면 저가이므로 많이 사용되고 있지만 광 투과율이 적고 열에 약한 단점이 있다. 유리형 광파이버의 코어는 글라스 파이버로 되어 있고 실리콘 고무나 스테인리스 피복으로 쌓여 있다. 0~50μ 섬유상태의 광파이버 단선을 약 1~4mm로 결속하여 사용하는데 광 투과율이 좋고 높은 온도에서 사용할 수 있지만 무겁고 가격이 비싸다.

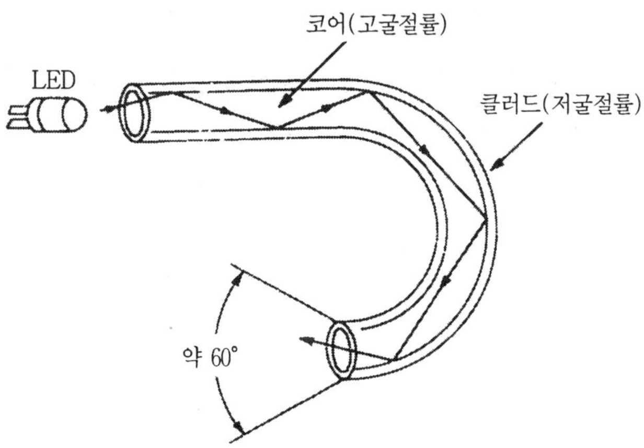

「그림 11-7 광파이버 구성과 원리

「표 11-4 광파이버 케이블의 단면 형상

종 류	단 면 도	특 징
분할형	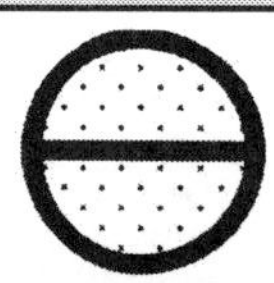	투과용과 수광용이 2분할되어 있으며, 저가의 반사형 광파이버 케이블로서 주로 사용된다.
평행형 (일반형)		플라스틱형 광파이버만으로 이용되어 지고 있는 것으로 투광형과 수광형이 평행 또는 원형으로 된 구조로서 저가형이다.
동축형	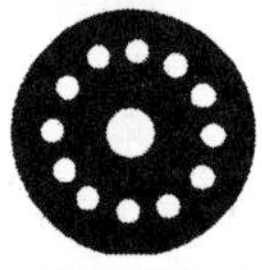	중앙부와 외주부(外周部)로 분할되어져 있고 어느 방향에서 물체가 통과하여도 동작 위치가 같기 때문에 높은 검출 능력을 갖고 있다.
랜덤 확산형	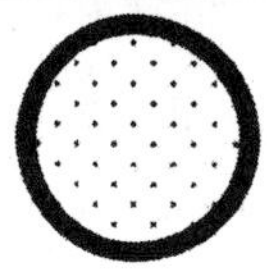	투광용과 수광용으로 렌덤으로 분산시키거나, 무작위로 분할하는 것으로 주로 섬유량이 많은 유리형에 응용된다.

광파이버 센서는 광파이버 케이블의 단면 형상에 따라 표 11-4와 같이 분할형, 평행형, 동축형, 랜덤 확산형으로 분류된다.

1) 검출에 따른 종류와 특징

광파이버 센서에는 검출방식에 따라 크게 투과형과 직접 반사형으로 구분된다. 이들 각 형식의 검출원리는 그림 11-8에 그 외관을 보인 바와 같이 광전 스위치의 투과형이나 직접 반사형과 동일한 원리로 검출한다.

투과형 광파이버 센서에는 완전히 분리된 2개의 파이버 케이블을 사용한 것과 평행상의 광파이버 케이블을 사용하여 검출하여 검출조건 등에 대하여 적당히 분할하여 사용하는 형식이 있고, 헤드부의 형상에 따라서도 일반용과 장거리 검출 및 방폭용으로 적당한 렌즈투과형, 헤드 측면 상으로 마주보게 배치되는 구형(ㄷ자형), 그리고 좁은 시계에서 주로 웨이퍼 검출 등에 사용되는 가는 빔 투과형 등이 있다.

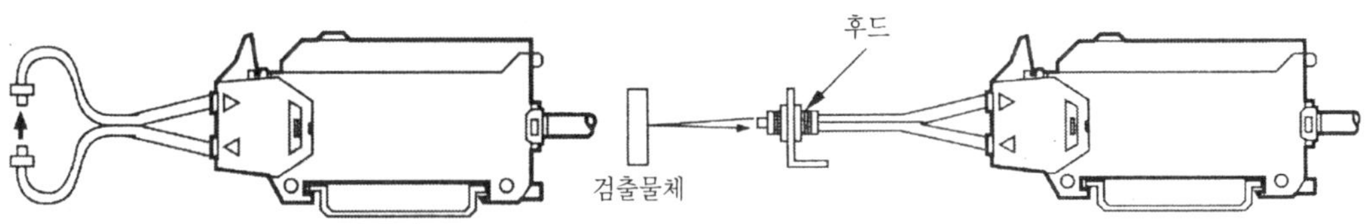

(a) 투과형 (b) 직접 반사형

『그림 11-8 광파이버 센서의 검출원리

검출 거리는 장거리 검출용이 1.5m 내외이며 보통은 100~500mm 정도가 표준이고 최소 검출 물체는 형식에 따라 0.1~0.5mm 정도이다. 직접 반사형은 평행한 2선의 광파이버 케이블이 하나의 후드에 결합되어 있는 것으로 검출 물체의 반사광을 검출하는 방식이다. 검출 헤드 형상에 따라서는 M3~M5 정도의 후드를 갖는 일반형과, 투명체 검출을 위한 반사형, 웨이퍼의 미세 단자 검출용에 적합한 한정 반사형, 고정도 위치 검출을 위한 동축 반사형 등이 있다. 검출 거리는 일반적으로 200mm 정도가 한도이며, 최소 검출 물체는 작은 것은 직경 0.015mm 정도의 것까지 검출할 수 있다.

2. 응용 예

▪ 투과형 광파이버 센서를 이용하여 내용물의 유무를 검출한다.

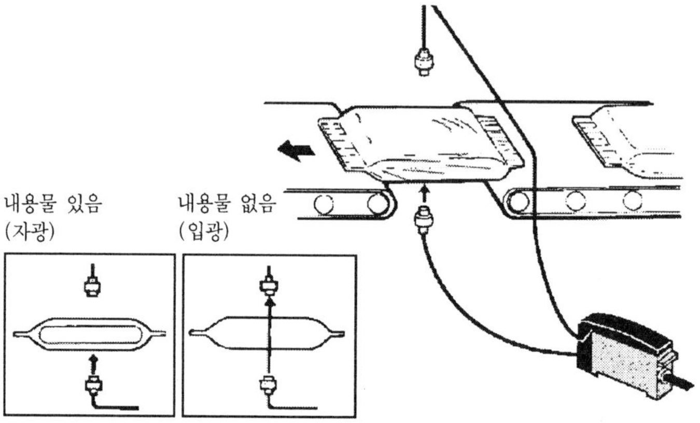

▪ 다이캐스트 된 가공품에 탭 가동이 정상적으로 되어 나사산이 형성되었는지 상태를 검출한다.

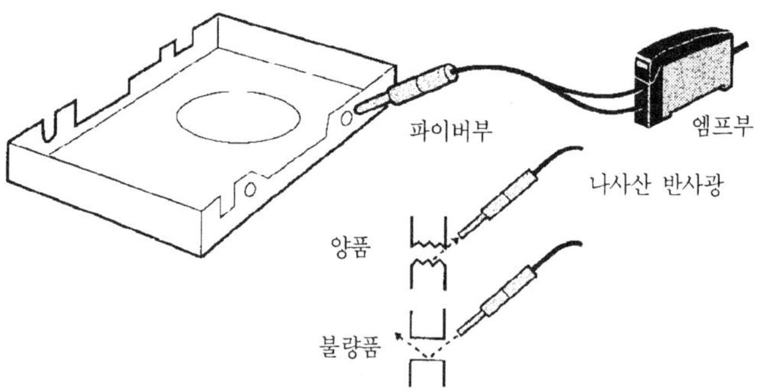

▪ 극세 반사형이나 동축 반사형 등을 이용 아주 작은 공간에서 작은 핀의 유무를 검출한다.

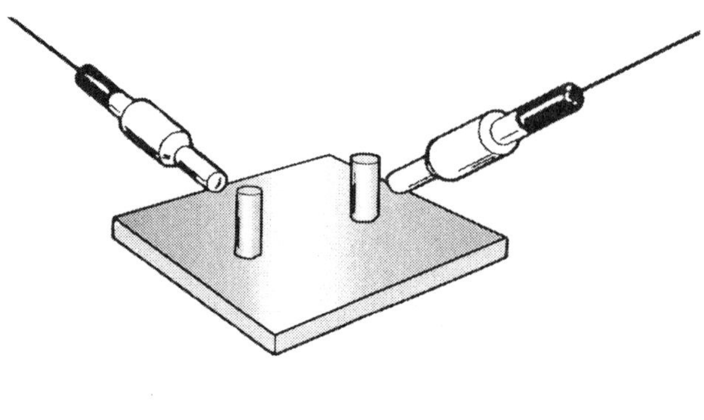

▪ 3개의 광파이버 센서를 이용하여 IC핀의 구부러짐이나 빠짐을 검사한다.

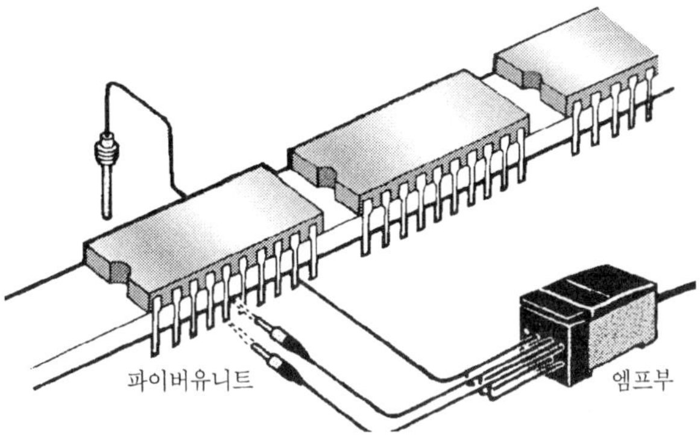

▪ 나사산의 각도에 맞게 광파이버 센서를 설치하여 전조 다이를 통과한 나사 제품의 가공 유무를 검사한다.

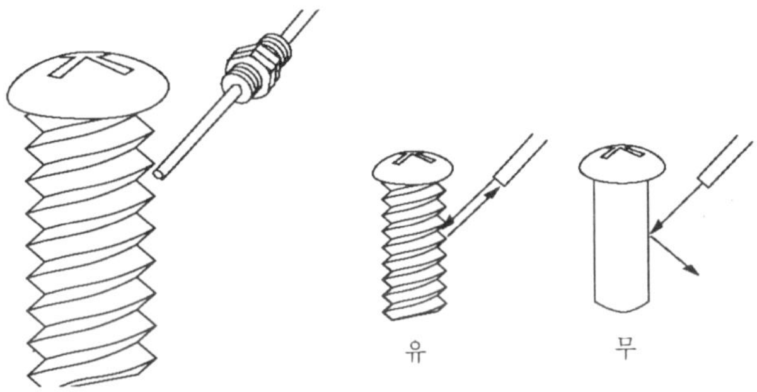

제12장 초음파 센서

초음파란 보통 20kHz 이상의 주파수를 갖는 음파를 말하며, 사람이 들을 수 있는 가청 음파(20Hz~20kHz)와 같이 매질 중의 탄성파이다. 따라서 가청 음파의 성질인 반사, 굴절, 투과, 및 흡수 등 여러 법칙이 그대로 적용된다. 그래서 보통의 음파와 본질적으로 아무런 차이가 없으나 매질, 주파수, 강도의 면에서 현저한 차이를 나타내며 음파에서는 상상할 수 없는 현상이 나타난다.

즉 초음파는 기체, 액체, 고체 등의 매질 중에서도 사용이 가능하고 주파수가 높은 관계로 방향성이 있는 음속을 얻을 수 있다. 그리고 강도가 매우 높은 특징을 이용할 수 있음으로 초음파는 전기, 전자, 기계, 화학, 섬유, 의학 분야 등 여러 분야에 이용되고 있다.

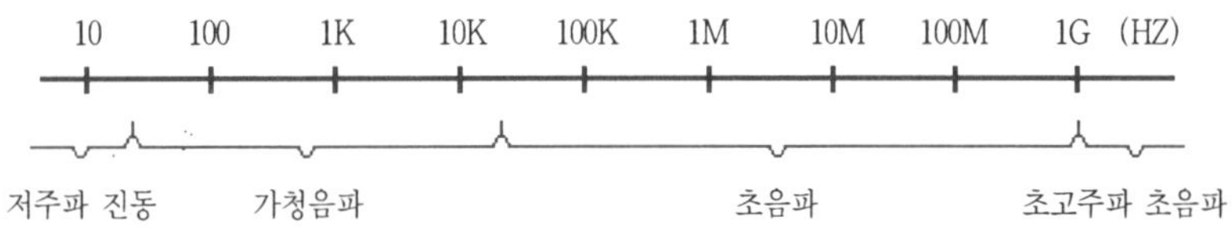

그림 12-1 소리의 주파수 영역

12.1 초음파 개요

음파의 전파 속도는 공기 중에서는 343m/s이지만 수중에서는 1,480m/s인데, 이것은 전파 매질의 온도에 영향을 받으므로 매질의 온도를 고려하여야 한다. 이 때문에 공기 중의 전파 속도(음속)는 일반적으로 다음과 같다.

$$V = 331.5 + 0.60714 \times t$$

단, 여기서 t는 온도(℃)이다. 예를 들면 20℃의 음속 V는 다음과 같다.

$$V = 331.5 + 0.6 \times 20 = 343.5$$

이와 같이 위의 식을 응용하면 정확한 음속을 알 수 있으므로 그 반사에 의해 계측 물체까지의 거리를 구할 수 있다. 즉 거리 계측, 두께 계측, 소나 등이 그 예이다.

초음파의 음속 C에 전파 매질의 밀도 ρ를 곱한 값이 고유 음향 임피던스($Z_0 = \rho C$)이며, 이것이 높을수록 파동 에너지의 전파가 용이해진다. 일반적으로 기체보다 액체, 액체보다 고체의 고유 음향 임피던스가 높은 경향이 있다. 초음파의 고유 음향 임피던스가 다른 매질의 경계면에 도달하면 반사와 투과가 생긴다. 이 때 두 매질의 음향 임피던스가 같으면 음파는 잘 투과되지만 차이가 크면 반사율은 커진다.

표 12-1 전송 매체에 의한 전파 속도(20℃)

전송 매체	공기	물	고체(철)	진공
전파 속도(m/s)	343	1,480	5,180	전파하지 않음

공기의 고유 음향 임피던스가 가장 작으므로 초음파의 차폐 대책으로 물체간에 공기층을 설치하는 것은 매우 효과적인 방법이다. 또한 고체에서나 수중에서 발생한 초음파는 공중으로 거의 방출되지 않는다.

표 12-2 각종 매질의 ρC(20℃)

전파 매질	$Z_0 = \rho C$ (Pa · s/m)]	ρ (kg/m^3)	C (m/s, 종파)
철 강	39×106	7,700	5,000
알루미늄	14×106	2,700	5,200
연질 고무	0.067×106	950	70
물	1.44×106	1,000	1,440
공 기	410	1.2	343

초음파는 빛이나 전파와 같이 파동 에너지이지만 전파 속도가 늦고, 반사하기 쉬운 특징 때문에 각종 거리 계측, 소나, 진단장치 등에 이용되고 있다. 이는 초음파를 정보로서 이용하는 것으로 여기에서는 초음파 센서가 관계하고 있다.

또 큰 음향 에너지를 전송할 수 있으므로 각종 가공 기기, 용착 기기, 세정 기기 등에 이용되고 있다. 이것은 초음파의 진동 에너지를 동력적으로 응용하는 것이다. 기타 해충 구제, 살균, 동물의 포획 등에도 이용되고 있다.

12.2 센서의 구성

초음파 센서는 송신부에 의한 음파가 물체에서 반사되어 수신부로 되돌아오는 원리이다. 그 구성은 초음파 발진 회로, 검출 회로, 출력 회로의 주요 구성을 갖는다. 초음파 발진 회로에는 압전 소자를 이용한다. 압전 소자는 응력에 의해 전기적 분극을 일으키는 압전 효과와 전압에 의해 기계적 변형을 일으키는 역 압전 효과가 있다.

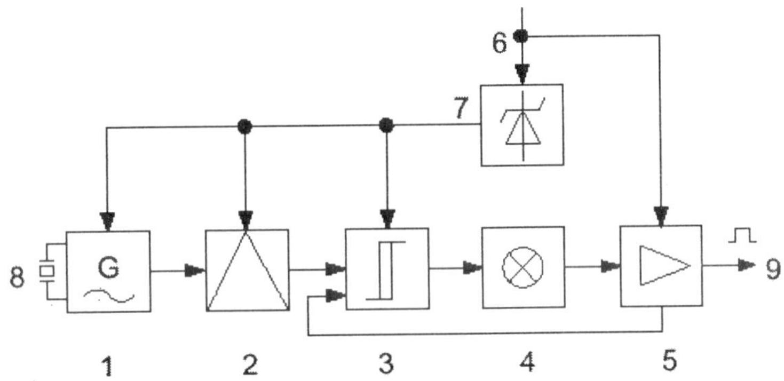

그림 12-2 초음파 센서의 구조

송신부에 의한 초음파의 주파수는 30~300kHz가 보통이다. 일반적으로 초음파 변환부는 마이크로폰과 같이 송신부와 수신부를 겸용으로 하고 있다. 초음파 센서 내부에는 필터를 내장하여 수신된 신호가 송신부에 의한 초음파의 반사파임을 확인한다. 초음파 센서의 동작 속도는 펄스의 최고 주파수에 의해 제한을 받으며, 제품에 따라 다르지만 일반적으로는 1~125 Hz 범위이다.

초음파 센서에는 동작 상태를 나타내는 LED와 동작 영역을 조절하는 퍼텐쇼미터가 설치되어 있는 것이 일반적이다. 또한 센서의 수신부를 송신부와 동조시킴으로 주변의 다른 센서에 의한 외란을 배제할 수 있다.

표 12-3 초음파 센서의 기술 자료

항 목	내 용
동작 전압	직류 24 V
공칭 검출 거리(조절 가능)	100 mm에서 1 m, 최대 10 m까지
검출 대상	흡음재를 제외한 모든 것
스위칭 전류(트랜지스터 출력)	직류 100~400 mA
사용 주위 온도	0~70℃ 특수한 경우 −10℃
먼지에 대한 감도	보통
수명	김
초음파 주파수	30~300 KHz
스위칭 주파수	1~125 Hz
외형	원통형, 사각형
보호 등급	최대 IP 67까지

제13장 힘, 압력 센서

13.1 스트레인 게이지

스트레인 게이지는 1856년 L. Kelvin에 의해 그 원리가 발견되었다. 즉, "금속체에 외력을 가하면 변형이 발생한다"는 사실에서 금속체를 잡아당기면 가늘게 늘어남으로 전기저항이 증가하며, 반대로 압축하면 줄어들고 전기저항은 감소한다는 것이다. 따라서 스트레인 게이지는 가해진 변형에 의해 전기저항값이 변화하는 원리를 이용한 금속저항선 게이지가 먼저 개발되었고, 이어서 박형 게이지와 반도체 게이지가 개발되었다. 스트레인 게이지는 처음에 단순히 응력을 측정하는 수단으로 사용되었으나 최근에는 재료 구조물의 응력, 힘, 변형, 압력, 변위 등 외력에 의한 변화를 측정할 뿐만 아니라 점점 그 용도가 넓어지고 있다.

스트레인 게이지는 변형이 발생하는 방향으로 저항선을 부착하여 만든다. 스프링 요소에 변형이 발생하면, 이 저항선도 같은 크기의 변형이 발생된다. 이때 저항선을 여러 번 왕복하여 부착함으로 전체적으로는 긴 길이의 변형이 발생하도록 유도한다. 여기서 구조적으로 피할 수 없는 짧은 거리는 변형이 발생하는 방향과 직각이 되지만 전체적으로는 무시하고 있다.

저항선이 갖는 저항 R은 길이 ℓ, 단면적 A, 고유 저항 ρ(로우)에 의존하며, 다음 식으로 표현된다.

$$R = \rho \frac{\ell}{A}$$

즉, 저항선에 변형이 발생하면 이들 세 가지 요소가 모두 변화한다.

변형에 의한 길이의 변화는 다음과 같다.

$$\frac{\triangle \ell}{\ell} = \varepsilon$$

저항선의 단면은 positive 변형(인장)의 경우 감소되며, negative 변형(압축)의 경우 증가된다. 이러한 단면은 재질의 positive 계수 μ(뮤)에 따라 수축 또는 신장한다. 대부분의 금속에 대한 푸아송 계수는 약 0.3이다. 따라서 단면의 변화는 다음과 같다.

$$\frac{\triangle A}{A} = -\mu \cdot \varepsilon$$

고유 저항의 변화는 다음과 같다.

$$\frac{\triangle \rho}{\rho} = \eta \cdot \varepsilon$$

η(에타)은 전자의 밀도와 이동도에 따르는 물질 상수이다.

금속 저항선에 가해진 변형에 의한 전체 저항의 변화는 다음과 같다.

$$\frac{\triangle R}{R} = \frac{\triangle \ell}{\ell} = \frac{\triangle A}{A} = \frac{\triangle \rho}{\rho} = \varepsilon \cdot (1+\mu+\eta) = k \cdot \varepsilon$$

계수 k는 스트레인 게이지에 대한 중요한 특성 값으로 일반적으로 k=2인 합금이 주로 사용된다.

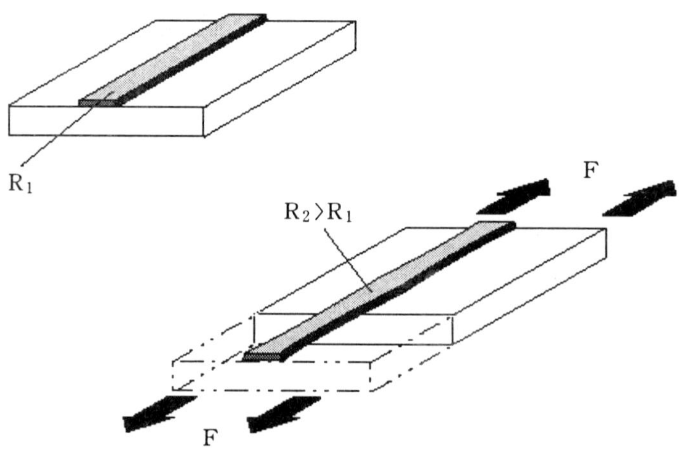

『그림 13-1 스트레인 게이지가 신장되면 단면적과 길이가 변한다

스트레인 게이지에 사용되는 저항선의 저항값은 120, 350, 600Ω 등이 주로 사용되며, 표준형과 다이아프램식이 있다. 표준형은 사각형 구조로 점의 변형을 측정하는데 사용되고, 다이

아프램식은 4개의 스트레인 게이지로 구성되어 압력 센서에서와 같이 측정의 최적화를 요구하는 곳에 사용된다.

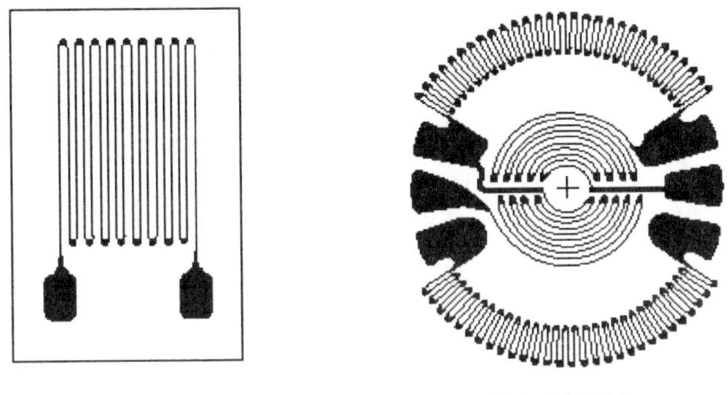

(a) 표준형　　(b) 복합형

ᄀ그림 13-2 스트레인 게이지의 구조

13.2 힘의 측정

스트레인 게이지만을 이용한 힘의 측정은 사실상 어려움이 많다. 그림 13-3에는 힘의 측정을 위한 센서 및 측정 회로를 나타내었다. 즉 측정을 위한 센서의 조합은 (1)에, 실제 센서는 (2), 신호의 결정은 (3), 보조 전원 공급기는 (6), 신호 증폭기는 (4), 신호의 표시는 (5)에 각각 나타내었다.

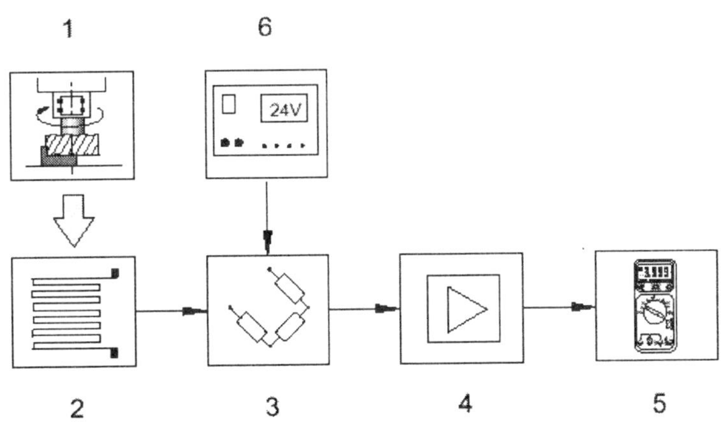

ᄀ그림 13-3 측정 회로

스트레인 게이지(SG)는 전기적 신호를 만들지 않는 수동 센서이다. 따라서 스트레인 게이지의 저항 변화를 휘스톤 브리지를 이용하여 전압 신호로 변환하여야 한다.

그림 13-3의 (3)에 나타낸 휘스톤 브리지는 quater 브리지의 한 형태로 네 개의 저항 중에 하나만이 센서이다. Half 브리지의 경우에는 두 개의 저항을 센서로 사용하는 것이며, full 브리지에서는 네 개의 저항 모두를 센서로 사용한 경우가 된다.

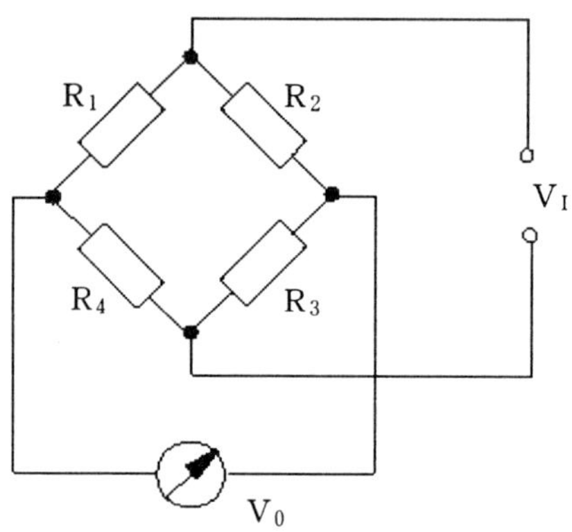

『그림 13-4 휘스톤 브리지 회로

여러 개의 센서를 브리지 회로에 부가하는 것은 온도 변환에 따른 간섭과 같은 효과를 보상하기 위함이다. 때로는 다이아프램식과 같은 다중 스트레인 게이지를 half 또는 full 브리지 회로에 사용하기도 한다.

휘스톤 브리지에는 입력 전압 V_I를 두 개의 전압으로 분리하는 저항 R_1과 R_4, R_2와 R_3이 있다.

R_1과 R_4, R_2와 R_3에 의한 출력 전압 V_0은 다음과 같이 구해진다.

$$V_0 = \frac{R_1}{(R_1 + R_4)} \cdot V_I - \frac{R_2}{(R_2 + R_3)} \cdot V_I$$

$$\frac{V_0}{V_I} = \frac{(R_1 \cdot R_3 - R_2 \cdot R_3)}{(R_1 + R_4) \cdot (R_2 + R_3)}$$

이때 $R_1=R_2$, $R_3=R_4$이면 V_0으로 브리지는 평형이다.

$$\frac{R_1}{R_4} = \frac{R_2}{R_3} \quad \text{또는} \quad R_1 \cdot R_3 - R_2 \cdot R_3 = 0$$

또한 브리지에 사용된 모든 저항들이 같은 크기를 가질 때도 브리지는 평형이 된다.

실제로 브리지 회로가 평형 되도록 구성하는 것은 거의 불가능하다. 따라서 신호 증폭기에는 V_0의 영점 조정을 위한 기능이 부가되어 있다. 그러므로 여기서는 $R_1=R_2=R_3=R_4$인 완전 평형 상태의 브리지라는 가정 하에 R_1에서 R_4까지 모든 저항에 $\triangle R_1 \sim R_4$의 변화를 적용하면 다음과 같다.

$$\frac{V_0}{V_I}=\frac{1}{4}\left(\frac{\triangle R_1}{R_1}-\frac{\triangle R_2}{R_2}+\frac{\triangle R_3}{R_3}-\frac{\triangle R_4}{R_4}\right)$$

Quarter 브리지의 경우 R_1만이 센서이고 나머지 저항들은 변하지 않으므로 $\triangle R_2=\triangle R_3=\triangle R_4=0$이 되고, 스트레인 게이지의 변형에 의한 전체 저항의 변화는 $\triangle R/R=k\cdot\varepsilon$이므로 위의 식은 다음과 같이 정리된다.

$$\frac{V_0}{V_I}=\frac{1}{4}k\cdot\varepsilon_1$$

Half 브리지에서는 R_1과 R_2가 같은 종류의 스트레인 게이지이므로

$$\frac{V_0}{V_I}=\frac{1}{4}k\cdot(\varepsilon_1-\varepsilon_2)$$

와 같이 되면, full 브리지의 경우에 대해서도 다음과 같이 정리할 수 있다.

$$\frac{V_0}{V_I}=\frac{1}{4}k\cdot(\varepsilon_1-\varepsilon_2+\varepsilon_3-\varepsilon_4)$$

13.3 로드 셀

하중을 전기신호로 변환하는 방법에는 스트레인 게이지식, 정전용량식, 압전식, 인덕턴스식 등 여러 가지 방법이 있지만, 현재는 스트레인 게이지식이 가장 많이 사용되고 있다. 스트레인 게이지를 각각의 피측정물에 접착하는데는 많은 노력과 기술이 필요하기 때문에 스트레인 게이지와 피측정물을 일체화한 로드 셀(load cell)이라는 하중 변환기가 상품화되어 있다. 이것

은 금속 탄성체의 비례한도 내에서의 응력과 왜곡을 이용한 것으로 하중에 의한 왜곡을 가장 발생시키기 쉬운 수감부에 스트레인 게이지를 부착한 것이다. 따라서 로드 셀의 용량, 성능 등은 이 수감부의 치수, 재질로 결정된다. 이러한 로드 셀은 이름대로 하중계이므로 저울에서부터 자동차 화물의 중량 계측 및 생산 공정의 자동화, 합리화에 널리 사용되고 있다.

1. 로드 셀의 원리

로드 셀은 그림 13-5와 같이 하중 F를 받는 금속 탄성체의 수감부 4곳에 스트레인 게이지를 가로와 세로 방향으로 접착하고, 이들 게이지를 휘스톤 브리지 회로를 구성하여 하중에 비례하는 저항 변화를 출력하는 것이다.

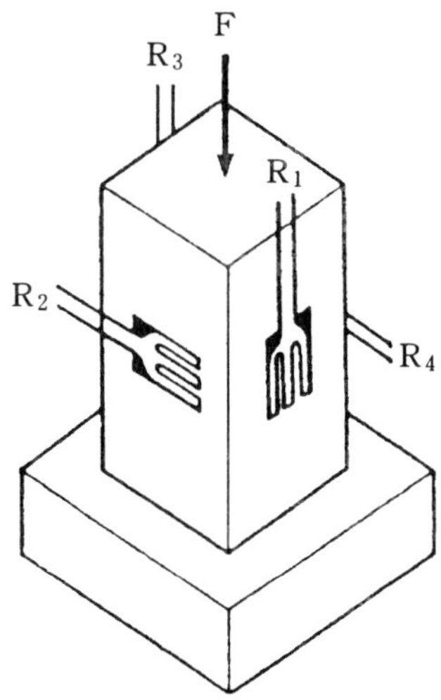

그림 13-5 로드 셀

2. 로드 셀의 전기 보상 회로

로드 셀의 브리지 회로에는 온도에 의한 제로점의 이동과 감도의 변동이 일정값 이내가 되도록 스트레인 게이지의 외부에 보상 저항을 추가한다. 또한, 브리지의 초기 상태 제로점을 보상하기 위해서도 보상 저항을 추가하는 것이 일반적이다.

로드 셀의 성능을 좌우하는 인자들은 다음의 것 등이 있다.

① 주위 온도 변화에 의한 브리지 평형점의 이동
② 주위 온도 변화에 의한 로드 셀 감도의 변화

③ 하중에 의한 왜곡을 발생시키는 수감부의 비직선성
④ 하중에 의한 왜곡을 발생시키는 수감부의 히스테리시스
⑤ 스트레인 게이지의 클립
⑥ 스트레인 게이지의 이완(relaxation)

그림 13-6은 ①, ②에 대한 대표적인 보상용 전기회로이다. 그림 중의 ○표시의 저항은 로드 셀 조립 후에 추가하는 것이고 그 외의 스트레인 게이지나 저항은 로드 셀의 내부에 부착되어 있다. ③의 비직선성 오차는 로드 셀의 가장 중요한 특성이다. 주로 하중의 수감부와 스트레인 게이지 그 자체의 설계에 관한 것이다. 하중과 출력 사이의 비직선성이 적고 단순한 경향으로 끝나면 전자 회로로 보상하는 것도 가능하다. ④, ⑤, ⑥은 스트레인 게이지와 그것을 접착하기 위한 접착제에 기인하는 것이다. 접착제에는 고분자 재료가 이용되지만, 온도에 의해서 특성이 크게 변동하는 결점을 갖고 있다. 그러므로 로드 셀은 지정된 온도 범위 내에서 사용하지 않으면 고정밀도를 얻을 수 없다.

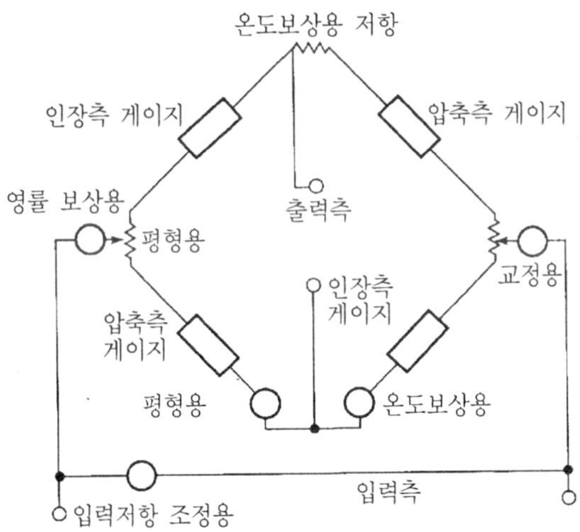

그림 13-6 로드 셀의 보상 회로

3. 로드 셀의 출력

로드 셀의 출력은 일반적으로 브리지 회로에 가해지는 전압 1V당 출력 전압(mV/V)으로 표시한다. 이 출력 전압은 브리지에 인가되는 전압을 V_i, 브리지의 출력 전압을 V_0, 브리지가 받는 등가 변형을 ε, 스트레인 게이지의 변형율을 모두 동일하게 k로 하면 다음과 같이 된다.

$$\text{전압 출력 } \frac{V_0}{V_i} = \frac{1}{4} k \cdot \varepsilon$$

즉, 로드 셀의 출력 전압 감도는 브리지의 전원 전압 및 등가 변형에 비례함을 알 수 있다. 등가 변형은 수감부의 치수, 재질에 따라 결정되는 것으로 수명과 관계하므로 주의하여야 한다. 따라서 출력 전압을 높이기 위해 브리지의 전원 전압과 브리지의 저항값을 높여야 한다.

현재는 대부분 350Ω의 스트레인 게이지가 많고, 인가 전압도 10~20 V의 것이 주류이다. 출력 전압은 3 mV/V를 기본으로 0.5~4 mV/V의 범위에 있다. 그리고 로드 셀의 제조사에 따라서는 출력 전압을 마이크로 스트레인(μStrain 또는 10^{-6}Strain)으로 표시하는 경우도 있다. 이것은 수감부에 부착한 스트레인 게이지가 모두가 받는 변형값으로 표현한 것이다.

예를 들어 3 mV/V의 표시를 변형값으로 환산하는 경우, k=2(대부분의 스트레인 게이지가 2이다.)라 하면 3 mV/V=6000×10^{-6}Strain이 된다. 반대로 2000 μStrain의 표시는 1 mV/V가 된다.

『표 13-1 로드 셀의 사양

항 목	정 밀 급	보 통 급
정격 부하	200kg~100t	50~2000t
정격 출력	3mV/V±0.1%	2mV/V±1%
비직선성	0.05% FS	0.2% FS
히스테리시스	0.02% FS	0.3% FS
재현성	0.02% FS	0.15 FS
허용 인가 전압	20V AC/DC	20V AC/DC
브릿지 불평형	±1% FS	±1% FS
입력 저항	350±3.5Ω	350±5Ω
출력 저항	350±5.0Ω	350±5Ω
온도에 의한 영점 이동	0.003% FS/℃	0.005% FS/℃
온도에 의한 출력변화	0.003%/℃	0.01%/℃
온도 보상	−10~+75℃	−10~+75℃
허용 온도	−20~+100℃	−20~+100℃

13.4 압력 센서

압력은 물질이 인접하는 각 부분에 서로 미치는 힘의 크기를 나타내는 양이며, 단위는 면적당에 작용하는 면과 법선 방향의 힘으로 정의한다. 물질의 상태 기체, 액체, 고체 중에서 고체는 기체와 액체에서의 성질과 다르다. 고체 내에서는 압력에 따른 유동이 없으므로 힘의 방향성이 보존된다. 즉, 압력은 방향성을 지니고 있어, 한 점에서의 압력도 방향에 따라 크게 다르다. 고체와는 대조적으로P기체, 액체와 같은 유체는 힘의 치우침에 따라 유동하므로, 압력은 방향성이 없고 어떤 점에서 어느 방향의 면에 대해서도 같은 크기의 압력이 작용한다. 따라서 한 점에 대해 하나의 압력값이 결정된다. 이러한 유체의 등방적 성질을 발견한 파스칼(B. Pascal : 1623~1662)의 이름을 따라 파스칼의 원리라 한다. SI 단위계에서 압력의 단위로 사용하는 파스칼 Pa($=N \cdot m^{-2}$)는 그의 이름을 딴 것이다.

또한 압력의 측정은 유체의 상태를 아는데 있어 온도와 함께 중요한 요소로, 이의 측정으로부터 힘이나 무게 등을 유추하게 된다. 압력을 나타내기 위한 단위에는 여러 가지가 사용되고 있으나, 압력의 종류, 범위, 측정 대상, 교정 수단 등에 따라 결정된다.

1. 절대 압력 센서

절대 압력 센서는 기준 압력을 진공($p=0P_a$)으로 하는 매체의 절대 압력을 측정하는 것이다. 따라서 절대 압력 센서는 진공을 이루고 있는 공간에 게이지가 설치되어 있다. 이 게이지는 얇은 다이어프램으로 구성되어 측정하고자 하는 압력에 따라 변형이 가해진다. 진공을 이루는 공간은 절대 진공을 형성할 수 없으며 기준 압력으로 약 $0.1P_a$를 사용한다. 이는 대기압의 백만 분의 일 정도에 해당한다.

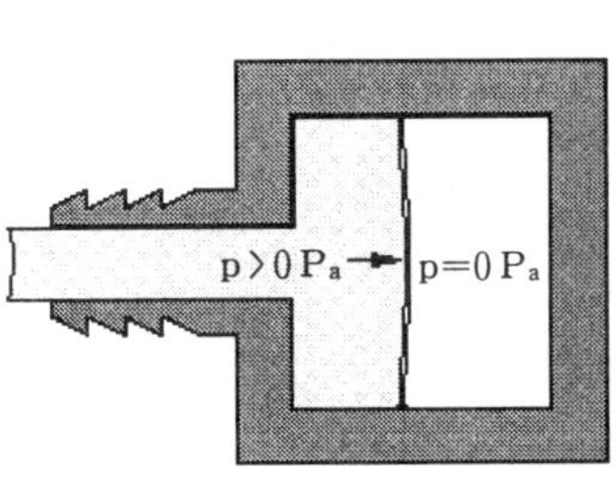

「그림 13-7 절대 압력 센서

2. 상대 압력 센서

상대 압력 센서는 P_{amb}로 주어지는 대기압을 기준으로 하는 차등 압력을 측정하는 것이다. 대기압이라 함은 일정한 값이 아니라 지형적, 기상적 변화에 따라 변하는 압력이다. 상대 압력 센서를 세분하면 양의 압력 센서와 음의 압력을 측정하는 진공 센서로 나눌 수 있다.

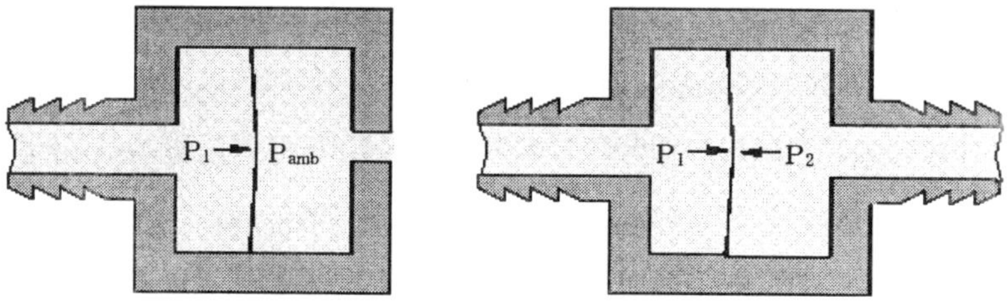

「그림 13-8 상대 압력과 차등 압력 센서

3. 차등 압력 센서

차등 압력 센서는 측정 원리에서 상대 압력 센서와 크게 다르지 않다. 이는 주어진 두 압력 사이에 나타나는 차등 압력을 측정하는 것이다.

4. 다이어프램식 압력 스위치

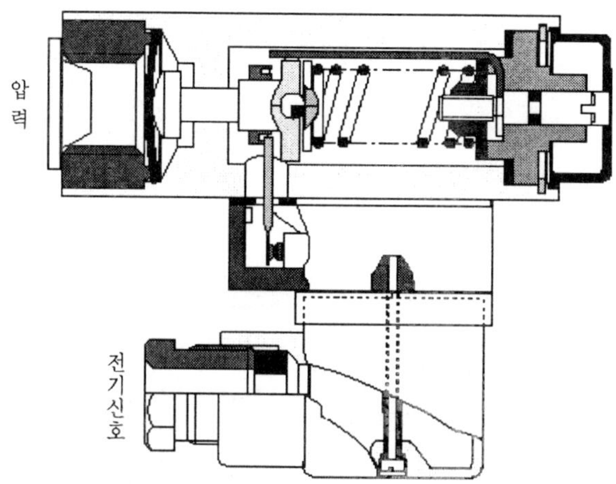

「그림 13-9 다이어프램식 상대 압력차 스위치

다이어프램식 압력 스위치는 스프링의 반발력에 의해 현재의 상태를 유지하다가, 밀봉된 공간에 압력이 형성되면 다이어프램(diaphram)은 변형이 발생한다. 그 결과 스위치를 전환하게 된다. 스위치 온 포인트는 조절나사를 조절함으로 결정할 수 있다.

5. 기계식 압력 스위치

기계식 압력 스위치는 기존의 마이크로 스위치나 밀봉된 리드 접점의 형태로 구성된다. 따라서 경우에 따라서는 자장의 영향으로 스위칭 동작이 발생할 수도 있다. 스파크에 의한 접점의 마모를 방지하기 위해 작은 유리관에 접점과 불활성 가스를 봉입한 구조를 갖는다. 기계적 스위치의 장점으로는 직류, 교류 모두 사용할 수 있다는 것이지만, 접점의 바운싱(bouncing) 현상이 발생하는 단점도 있다. 이러한 바운싱 현상은 천분의 일 초 단위에서 수회의 스위칭이 발생하는 것을 말하며, 전자 장치에서는 이에 대한 대책이 있어야 한다.

6. 공압-전자 압력 스위치

전자적 압력 스위치는 접점의 바운싱 현상을 제거하고 명확한 스위칭 동작을 갖는다. 그러나 대다수의 전자적 압력 스위치는 일정 크기의 전압과 직류 전원만으로 제한되는 것이 일반적이다. 교류 전원용 또는 겸용형으로 개발된 것도 있다.

전자적 압력 스위치에는 유도형 또는 정전용량형과 같은 전자적 근접 센서가 사용된다. 이들은 다이어프램의 거리를 측정함으로 압력에 의한 변형을 간접적으로 확인한다. 그림은 공압-전자 압력 스위치로, 유도형 근접 센서가 금속 벨로우즈의 베이스 변위를 감지하도록 구성되어 있다. 벨로우즈가 변위된 길이는 P_1과 P_2에 공급하는 압력의 차와 스프링의 장력에 의해 결정된다.

이 차등 압력 스위치는 다음의 3가지 기능으로 사용할 수 있다.

① 압력 스위치

P_1을 이용하여 0.25~8 bar까지 작동되는 압력 스위치로 사용.

② 진공 스위치

P_2를 이용하여 −0.25~−1 bar 범위를 검출하는 진공 압력 스위치로 사용.

③ 차등 압력 스위치

P_1과 P_2를 모두 이용하며 검출 범위는 −1~8 bar 사이에서 조절 가능하다. 스위칭 차등 압력은 스프링으로 조절하며, 히스터리시스의 영향을 고려하여 P_1의 압력이 P_2의 압력 보다

0.25 bar 이상이 되도록 한다.

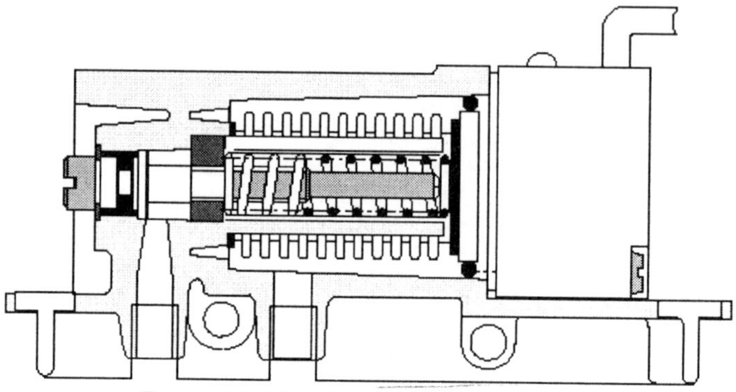

「그림 13-10 공압-전자 압력 스위치

제 14 장 온도 센서

온도라는 것은 원자 또는 분자가 갖고 있는 운동 또는 진동 에너지의 크기를 나타내는 것으로 이 에너지가 열이다. 즉, 온도는 물리적 상태량의 일종이지만 이것을 직접 계측할 수는 없고, 변위, 압력, 저항, 전압, 주파수 등의 다른 물리량으로 변환하여 계측하여야 한다. 보통의 재료나 전자 소자는 온도에 따라 전기 특성이 변화하기 때문에 모두 온도 센서가 될 수 있는 것이지만, 검출 온도 영역, 정밀도, 온도 특성, 신뢰성, 양산성, 가격 등의 면에서 사용 목적에 알맞은 것이 사용되고 있다.

온도의 계측은 온도 센서를 측정 대상물과 열적으로 접촉시켜 양자의 온도를 같게(열평형 상태) 하는 접촉식 계측이 있다. 이 방법은 센서 자체가 측정 대상 온도를 견디며 소정의 동작을 해야 한다. 반면에 센서와 대상물을 접촉시키지 않고 열방사를 이용한 비접촉식 계측이 있다. 이때의 센서는 가시 또는 적외 광의 방사 검출기이고 센서 자체의 온도와 측정 대상물의 온도와는 관계가 없다.

표 14-1 접촉 방식과 비접촉 방식

	접 촉 방 식	비 접 촉 방 식
필요 조건	·측정 대상과 검출 소자의 충분한 접촉. ·측정 대상에 검출 소자를 접촉 시켰을 때, 전자의 온도(측정량)가 실용상 달라지지 않을 것.	·측정 대상에서의 방사가 충분히 검출 소자에 도달할 것. ·측정 대상의 실효 방사율이 명확하게 알려져 있거나, 혹은 재현 가능할 것.
특징	·열용량이 적은 측정 대상은 검출 소자의 접촉에 의한 측정량 변화가 생기기 쉽다. ·운동하고 있는 물체의 온도는 측정하기 힘들다. ·측정 개소를 임으로 지정할 수 있다.	·검출 소자의 접촉을 필요로 하지 않으므로 측정으로 인해 측정량이 변화하는 일은 일반적으로 없다. ·운동하고 있는 물체 온도도 측정할 수 있다. ·일반적으로 표면 온도를 측정한다.
온도 범위	100℃ 이하의 온도 측정은 용이하다.	일반적으로 고온 측정에 적합하다.
정도	일반적으로 눈금 스팬의 1% 정도이다.	일반적으로 10℃ 정도이다.
지연	일반적으로 크다.	일반적으로 적다.

14.1 센서의 구성

온도 변화에 따라 전기저항이 크게 변화하는 반도체 감온 소자를 서미스터(thermistor)라 한다. 특히 온도에 대하여 안정적이고 온도 특성의 재현성이 좋은 것을 서미스터 온도센서로 사용된다. 사용되고 있는 대부분의 서미스터는 세라믹 서미스터로 기본 특성에 의해서 분류하면 온도가 상승함에 따라 전기저항이 지수 함수적으로 감소하는 부(−)의 온도계수를 갖는 NTC(negative temperature coefficient) 서미스터, 반대로 비직선적으로 현저하게 저항이 증가하고 전체로서 정(+)의 온도계수를 갖는 PTC(positive temperature coefficient) 서미스터, 또는 NTC와 동일 특성을 갖지만 어떤 온도 경제에서 전기저항이 갑자기 감소하는 급변 서미스터 CTR(critical temperature resistor)의 3가지가 있다. 단순히 서미스터라고 부를 때는 NTC 서미스터를 가리키는 경우가 많다. PTC, CTR은 넓은 온도 범위의 온도 센서로서는 사용할 수 없으나 온도가 특정한 온도(저항이 급변하는 온도)를 초과하는가의 여부를

종류	사용 온도범위	특성	용도
NTC 부의 온도계수	−50∼+400℃	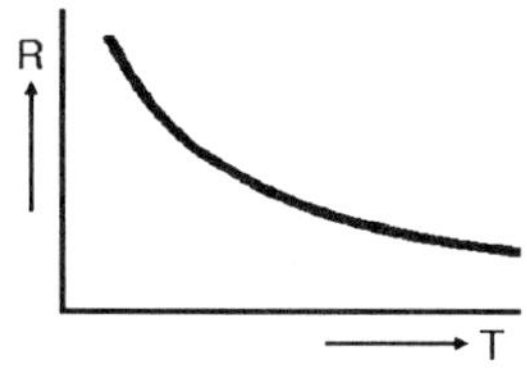	각종 온도 측정 전력형의 파워 서미스터
PTC 정의 온도계수 (스위칭 특성)	−50∼+150℃	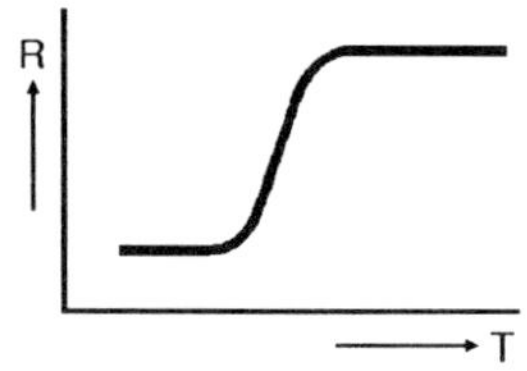	온도 스위치
CTR 부의 온도계수 (스위칭 특성)	0∼+150℃		온도 경보

그림 14-1 서미스터의 용도

검출하는 데에 사용하면 편리하다. 예를 들면 PTC에 전류를 흘리면 발열하고 급변 온도를 초과하면 저항이 크게 되어 전류가 감소해서 발열하지 않게 되므로 전자 보온밥솥에 부착하여 내부 온도를 일정하게 유지하거나 건조기나 드라이어(drier)에 부착해서 온도 스위치를 동작시킬 수 있다.

1. NTC 서미스터

부의 온도계수를 가지고 연속적으로 전기저항이 변화하는 서미스터로서, NTC라고 약칭되기도 한다. 현재 많이 사용되고 있는 것은 서미스터 정수가 2000~5000K 정도이고, 사용할 수 있는 온도 범위는 300℃ 정도까지이다.

서미스터는 본래 100℃ 이상의 온도에서 소결한 것이기 때문에 사용방법에 잘못이 없으면 충분히 장기간 안정된 특성을 유지한다. 그러나 모든 물질에 경년 변화가 있듯이 영구히 변화하지 않는 것은 아니다. 다음 그림 14-2에서는 100℃에서 사용한 경우의 안정도를 1로 했을 때의 상대값을 나타낸 것으로 고온이 될수록 안정도가 저하하고 있는 것을 알 수가 있다. 이것은 서미스터의 재료, 소결 조건에 따라 달라지지만 100℃ 정도의 저온에서 사용할 때는 이 원인에 의한 변화는 무시할 수 있다. 만일 저온도에서 변화가 있다면 외형의 손상으로 수분이나 용제 등이 침입한 것이라고 생각된다.

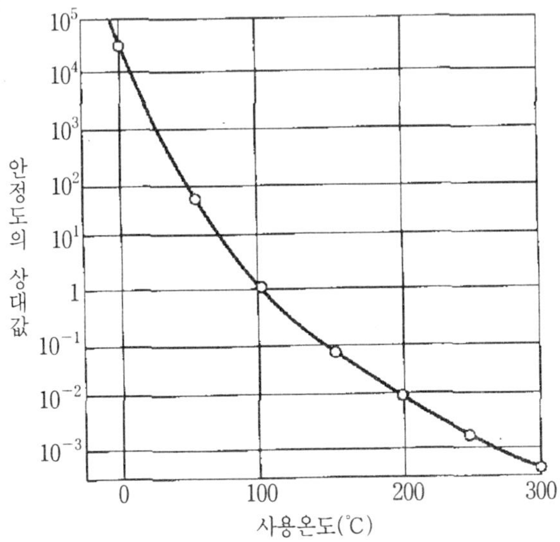

그림 14-2 서미스터의 안정도

2. PTC 서미스터

PTC 서미스터는 그 구조가 간단하기 때문에 전류 제한 소자(휴즈 기능 소자), 정온도 발열체, 가전제품의 온도 센서로 사용되고 있다. 즉, 초기에 대전류가 흐리고 그 후에 감소하여 미소 전류로 억제되는 성질을 이용 온도 상승이 빠른 발열체로 또는 회로의 과대전류 방지용, 초기에만 대전류를 필요로 하는 컬러 TV의 자기 소거용, 신뢰성이 높은 모터 기동용 무접점 스위치용 등이 있다. 사용시 소자에 인가하는 전압이 어떤 값을 넘으면 전압의 증가와 함께 전류도 증가하여 종국에는 브레이크 다운에 이르게 된다. 따라서 파괴 전압을 고려 정격 사용 전압에 대한 안전 여유를 두어야 한다.

표 14-2 PTC 서미스터의 분류

<table>
<tr><th></th><th>분류</th><th>기능 특성</th><th colspan="2">용 도 별</th></tr>
<tr><td rowspan="7">PTC
서미스터</td><td rowspan="5">전류
제한용</td><td rowspan="3">자기회복 퓨즈 기능
(과대 입력 감쇠 특성을 이용)</td><td>과대전압 입력보호</td><td>트랜스 보호
보안기 접촉 보호</td></tr>
<tr><td>과대전류 보호</td><td>모터 가열 보호
회로 단락 보호</td></tr>
<tr><td>가열 방지</td><td>트랜지스터 과열 방지</td></tr>
<tr><td rowspan="2">대전류 감쇠비 기능
(초기 대전류를 이용)</td><td>소자용</td><td>TV, 컴퓨터 디스플레이의 소자</td></tr>
<tr><td>모터 기동용</td><td>냉장고, 에어컨용 콤프레셔
모터의 기동</td></tr>
<tr><td>발열용</td><td>정온 발열 기능
(V-I 정전력 특성 이용)</td><td colspan="2">전자 모기 퇴치기, 헤어컬러, 석유 온풍 냉방기, VTR, DAT 실린더의 결로 방지, 복사기 결로 방지, 수정 진동자 보호, 액추에이터</td></tr>
<tr><td>감열용</td><td>센서 기능
(R-T 특성 이용)</td><td colspan="2">트랜지스터, 사이리스터등의 과열 방지, IC콤퍼레이터, 트라이액, 위상제어 회로와의 조합</td></tr>
</table>

3. CTR 서미스터

특정한 온도에서 전기저항이 급격히 2자리 이상 변화하는 서미스터로 특정 온도의 정점 측정, 적외선 검출, 온도 경보 등에 이용된다.

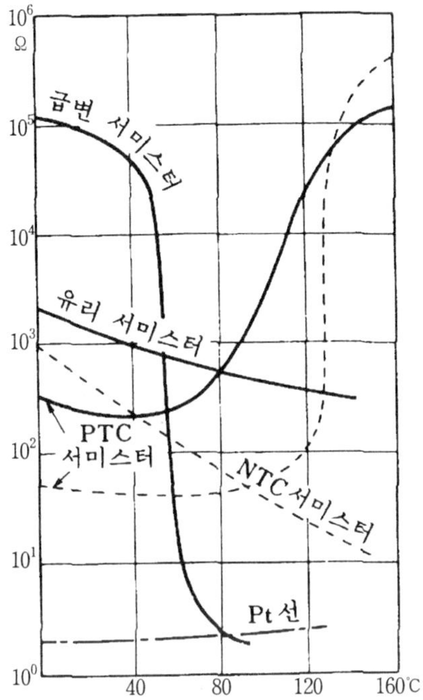

「그림 14-3 서미스터의 온도-저항 특성

14.2 열전대

열전대(thermocouple)는 서로 다른 두 금속 접합부에서 나타나는 제벡(seebeck) 효과를 이용한 온도 센서이다. 제벡 효과는 1921년 독일의 물리학자 T.T.Seebeck이 구리와 안티몬 사이에서 발견한 현상으로 발견자의 이름을 따서 붙여졌다.

즉, 두 종류의 금속선의 한 끝을 접합하고, 다른 끝은 접합한 후 양 끝간에 온도차를 주면 그 사이에 열기전력이 발생하여 열전류가 흐르게 되는데 이를 열전쌍이라고도 한다.

1. 열전대의 원리

열전대는 그림 14-4(a)에서 다른 종류의 금속선 A, B의 양끝을 접합해서 양 접점에 온도차를 주면 그 사이에 열기전력이 발생하여 열전류가 흐르게 되는데(제벡 효과) 이를 열전쌍이라고도 한다. 그림(b)와 같이 한쪽을 절단하여 놓으면 금속선의 종류와 접점에 가해지는 온도차에 따라 열기전력이 다르게 발생한다. 이 경우 금속선의 형상이나 크기 변화에는 민감하지 않아, 한 쪽의 온도와 열기전력을 알면 다른 쪽의 온도를 알 수 있게 된다. 그러나 열전대를 이용한 측정은 발생되는 열기전력이 미약하여 정교한 신호 처리계를 구성하여야 한다. 이때 발생하는 열기전력은 두 종류의 금속과 양 접점간의 온도에 따라 정해지며 금속의 형상이나 치수, 도중의 온도 변화에는 영향을 받지 않는다. 열전대의 종류에는 300℃ 정도의 낮은 온도를 측정하는 구리-콘스탄탄, 1000℃ 정도의 온도를 측정하는 크로멜-알루멜 등 여러 가지 있다.

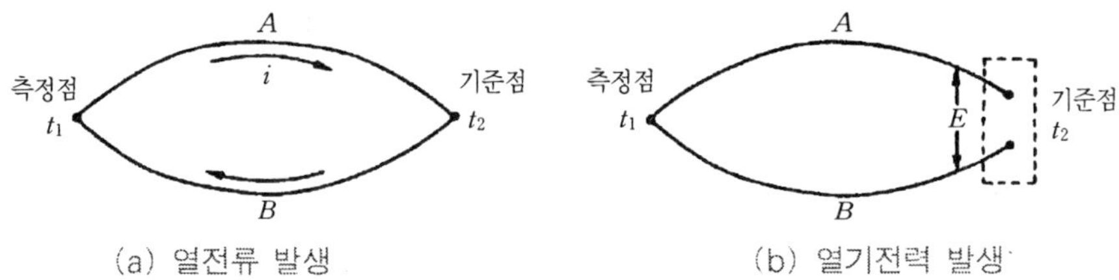

그림 14-4 열전대의 원리

열전대의 분류는 종류 기호, 허용차의 등급, 소선의 선지름, 보호관 바깥 지름의 길이(보호관이 있는 경우), 보호관 재질, 명칭(보호관이 있는 경우, 보호관 있는 열전대)에 따른다.

예 ❶ : K클래스 1 1.00mm 열전대

예 ❷ : J클래스 2 0.05mm 6 550mm 자기 보호관이 있는 열전대

2. 열전대의 종류

열전대를 구성하는 소선은 고온에 접촉하므로 다음의 조건을 만족하여야 한다.

① 열기전력이 클 것.
② 온도-열기전력 특성의 분산이 작을 것.
③ 열기전력 특성이 연속적이고 직선적일 것.
④ 열적, 화학적, 기계적으로 안정할 것.
⑤ 경시변화가 적을 것.
⑥ 가공이 쉽고 가격이 저렴할 것.

현재 널리 사용되고 있는 열전대로는 구성 재료에 따라 B, R, S, K, E, J, T의 7종류로 규격화되어 있다. 다음의 표 14-3은 열전대의 구성에 따른 사용온도 범위와 특징을 보여준다.

▼표 14-3 열전대 사용온도 범위와 특징

기호	⊕	⊖	온도범위(℃)	특 징
K	크로멜	알루멜	−200∼+1000	열기전력의 직선성이 좋고, 내산화성이 양호, 환원성 분위기에 약함.
E	크로멜	콘스탄탄	−200∼+700	K에 비해 저렴, 열기전력이 크다, 환원성 분위기에 약함.
J	철	콘스탄탄	−200∼+600	K와 E에 비해 저렴, 열기전력의 직선성이 양호, 품질 특성의 변동이 크고, 녹에 약함.
T	구리	콘스탄탄	−200∼−300	가격이 저렴, 저온 특성이 좋다, 균질성이 좋고, 환원성 분위기에 적합, 열전도 오차가 크다.
R	백금·로듐 13%	백금	0∼+1400	안정성이 좋고, 분산이나 열화도 적다, 표준 열전대로 적합, 산화성 분위기에 강함, 감도가 좋지 않다, 0℃ 이하 저온 측정이 불가, 환원성 분위기에 약하고, 가격이 비쌈.
S	백금·로듐 10%	백금	0∼+1400	
B	백금·로듐 30%	백금	+300∼+1500	상온의 열기전력이 매우 적음, 보상 도선이 불필요, 가격이 고가.

크로멜=니켈·크롬 합금, 알루멜=니켈·알루미늄 합금, 콘스탄탄=니켈·구리 합금

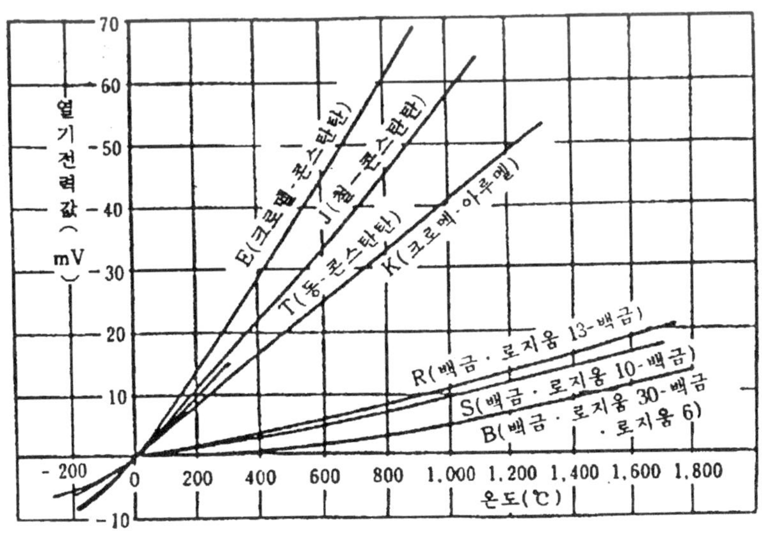

▼그림 14-5 열전대의 열기전력 특성

한편 열전대는 측온 접점이나 소선이 피측온물, 분위기 등에 직접 접촉하지 않도록 보호하기 위한 보호관의 사용에 따라 그림 14-6과 같은 종류가 있어 필요에 따라 선택할 수 있다.

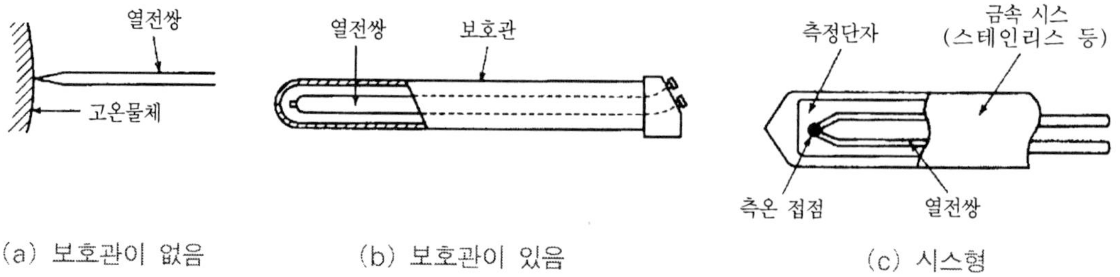

「그림 14-6 열전대의 종류

그림(a)는 물체 표면의 온도가 비교적 낮은 경우에 측정할 수 있고, (b)는 보호관이 있는 경우로 실험실 등에서는 소선만 사용하는 경우도 있으나 공업용에서는 기계적 강도, 내열성, 내식성 등의 목적 때문에 보호관에 넣어 사용한다. 보호관이 있는 열전대는 단자, 보호관, 열전대 소선으로 구성되어 있다. 보호관에는 스테인리스 등을 사용한 금속 보호관과 알루미늄 자기 등의 비금속 보호관이 있다. 또한 고온이나 환경조건이 나쁜 곳에서도 사용하도록 (c)와 같이, 금속관(금속 시스) 속에 열전대 소선을 넣고 그 주위에 절연물을 단단하게 채우고 열전대 소선간 및 금속 시스와 열전대간을 절연함과 동시에 소선을 기밀상태로 해서 부식과 열화를 방지한 시스형이 있다. 이것은 보호관이 있는 열전대에 비해 응답이 빠르고 내열성이나 내진성이 우수하며, 어느 정도의 굽힘도 가능하다. 외형 치수는 0.2~8mm 정도의 것이 있으며 피측정체에 납땜해서 사용할 수도 있다.

3. 보상 도선

열전대를 이용 온도를 측정하는 데는 열전대를 계기에 직접 접속하는 것이 이상적이나, 측정점과 계기 사이의 거리가 먼 경우 열전대 소선을 계기까지 연장하면 가격이 높아지게 된다. 따라서 열전대와 동일하거나 유사한 특성을 가진 도선을 이용한다. 이 도선을 보상 도선이라 한다. 보상 도선은 상온을 포함한 상당한 온도 범위에서 조합하여 사용하는 열전대와 거의 동일한 열기전력 특성을 가지고, 열전대와 기준 접점 사이를 이것에 의해 접속하고, 열전대의 접속 부분과 기준 접점의 온도차를 보상하기 위하여 사용하는 한 쌍의 도체에 절연을 하도록 한다. 열전대와 보상 도선의 접속은 열전대의 +각을 보상 도선의 +쪽 심선에, 열전대의 −각을 보상 도선의 −쪽 심선에 접속하여야 한다.

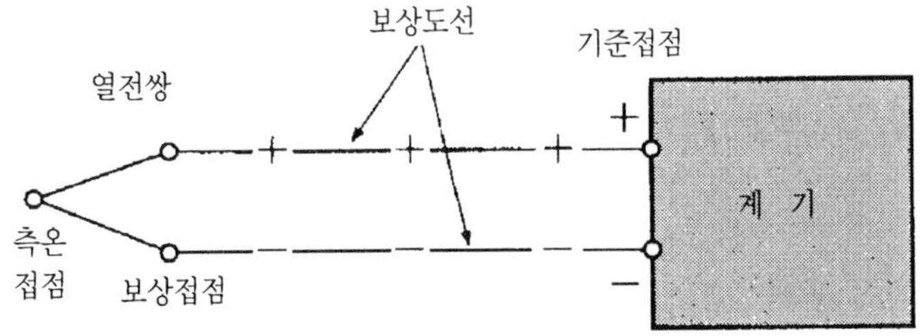

ʻ그림 14-7 열전대와 보상 도선

4. 용어의 정의

① 열전대 : 열기전력을 발생할 목적으로 2종류의 도체 한 끝을 전기적으로 접속한 것.

② 열전대 소선 : 열전대의 양끝이 되는 금속선 또는 합금선.

③ 측온 접점 : 열전대의 소선을 접합한 접점으로 온도를 측정하는 위치에 놓여진 것.

④ 기준 접점 : 열전대와 도선, 보상 도선과 도선의 접속점을 일정한 온도(예, 빙점)로 유지하도록 한 것.

⑤ 보호관 : 측온 접점이나 소선이 피측온물, 분위기 등에 직접 접촉하지 않도록 보호하기 위하여 붙이는 관.

⑥ 보상 도선 : 상온을 포함한 상당한 온도 범위에서 조합하여 사용하는 열전대와 거의 동일한 열기전력 특성을 가지고, 열전대의 접속 부분과 기준 접점의 온도차를 보상하기 위하여 사용하는 한 쌍의 도체.

⑦ 기준 열기전력 : 기준 접점이 0일 때, 측온 접점의 온도에 대응하여 가상의 열전대(기준 열전대)가 발생하는 정해진 열기전력.

14.3 측온 저항체

측온 저항체는 접촉식 온도 센서 가운데서 열전쌍이나 서미스터와 함께 널리 사용되고 있는데, 그 중 백금 측온 저항체는 가장 안정하며 온도 범위가 넓어, 높은 정확도가 요구되는 온도 계측에 많이 사용된다. 일반적으로 금속은 온도에 거의 비례하여 전기저항이 증가하는 이른바 양(+)의 온도계수를 가지고 있으며, 금속의 순도가 높을수록 이 온도계수는 커진다. 측온 저항체로는 백금, 니켈, 구리 등의 순금속을 사용하며, 표준온도계나 공업계측에 널리 이용되고 있는 것은 고순도(99.999% 이상)의 백금선이다.

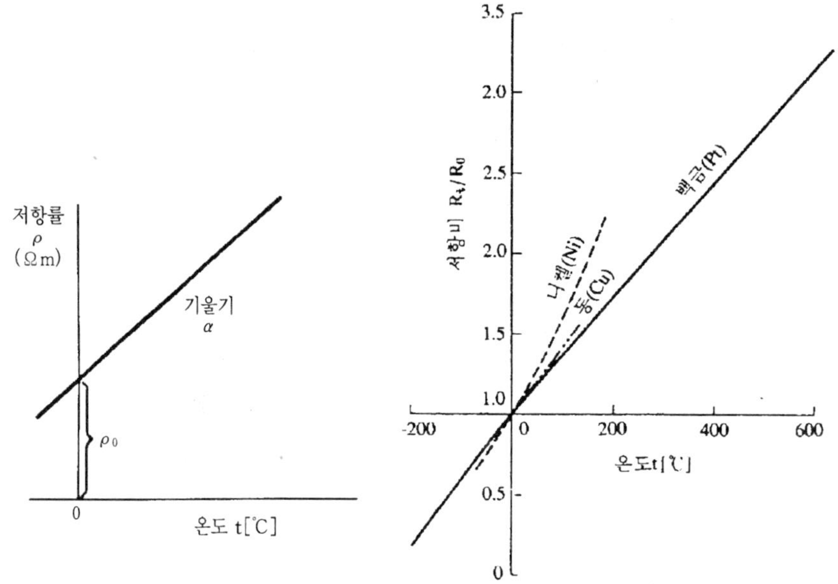

(a) 저항률 (b) 저항

『그림 14-8 금속 저항체의 온도 변화

그림 14-8(a)는 금속 저항의 온도 변화를 0℃의 저항을 1로 했을 때의 비를 나타낸 것이다. 즉, 백금의 저항은 0℃에서 100.0Ω이고, 100℃에서 139.16Ω이므로 백금의 저항의 온도계수는 0.39%/℃가 된다. 순금속의 비저항은 매우 작기 때문에 가늘고 긴 금속선을 사용하여 저항치를 높이고, 보호관을 이용 기계적, 화학적으로 보호하는 구조를 갖추고 있다. 그림 14-9는 백금선을 마이카로 감고 보호관을 씌운 구조이다.

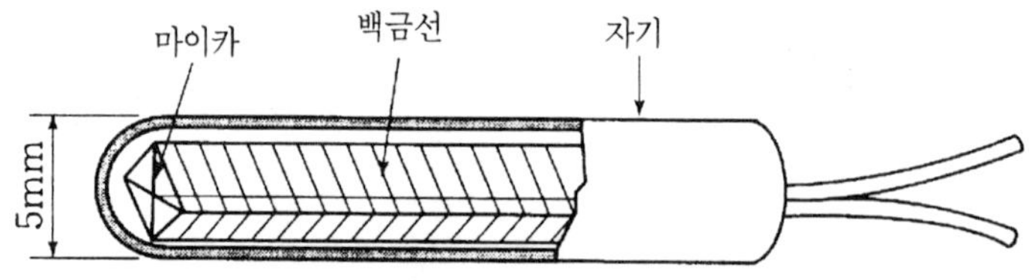

『그림 14-9 보호관 부착 백금 측온 저항체

1. 백금 측온 저항체

실용화되어 있는 센서 중에서 가장 안정하며 온도 범위가 넓으며 높은 정확도가 요구되는 온도 계측에 많이 사용된다. 단점으로는 저항 소자의 구조가 복잡하여 형상이 크고 응답이 느리며 기계적 충격이나 진동에 약하다.

2. 구리 측온 저항체

백금 다음으로 순도가 높고 저렴하며 온도 특성의 분산이 적은 안정된 소자이다. 그러나 구리는 고유저항이 작고 형상이 크며 고온에서 산화하기 쉽고 사용온도 범위가 좁다.

3. 니켈 측온 저항체

백금에 비해 저렴하고 저항계수가 크다는 장점이 있으나, 340℃ 부근에서 온도계수의 변곡점이 발견된다. 또한 불순물에 의한 온도 저항값 특성이 분산되고, 호환성 있는 니켈선을 얻기가 어렵다.

4. 백금 - 코발트 측온 저항체

미량의 코발트 0.5%를 포함한 것으로 극저온용으로 저항값 및 저항 온도계수가 백금보다 크다.

▼표 14-4 측온 저항체의 종류와 특징

종 류	구성 재료	사용온도범위	특 징
백금 측온 저항체	백 금	−200~640℃	· 사용 범위가 넓다. · 정확도, 재현성이 양호하다. · 가장 안정하며 표준용으로 사용 가능. · 20K 이하에서는 측정감도가 나쁘다. · 자계의 영향이 크다.
구리 측온 저항계	구 리	0~120℃	· 사용온도 범위가 좁다.
니켈 측온 저항계	니 켈	−50~300℃	· 사용온도 범위가 좁다. · 온도계수가 크다.
백금 코발트 측온 항계 Pt-Co	백금 코발트 합금 (코발트 0.5% 함유)	2~300K	· 재생성이 좋다. · 20K 이하에서도 감도가 좋다. · 실온까지 사용할 수 있다. · 자계의 영향이 크다.

부 록

유압·공기압 도면 기호(KS B-0054)

Graphic Symbols for Fluid Power Systems

한 국 공 업 규 격 **KS**

유압·공기압 도면 기호 **B 0054** - 1987

Graphic Symbols for Fluid Power Systems

1. 적용 범위 이 규격은 유압 및 공기압 기기 또는 장치의 기능을 표시하기 위한 도면기호(이하 기호라 칭한다)에 대하여 규정한다.

비 고 이 규격은 배관공사 등의 도면에 사용하는 기호에 대하여는 규정하지 않는다.

2. 용어의 뜻 이 규격에서 사용되는 주된 용어의 뜻은 **KS B 0119**(유압 용어) 및 **KS B 0120**(공기압 용어)에 따르는 외에, 다음에 따른다.

(1) 기호 요소 기기, 장치, 유로 등의 종류를 기호로 표시할 때 사용하는 기본적인 선 또는 도형.

(2) 기능 요소 기기·장치의 특성, 작동 등을 기호로 표시할 때 사용하는 기본적인 선 또는 도형.

(3) 간략 기호 제도의 간략화를 시도하기 위하여, 기호의 일부를 생략하든가 또는 다른 간단한 기호로 대체시키는 경우에 사용하는 기호.

(4) 일반 기호 기기·장치의 상세한 기능·형식 등을 명시할 필요가 없는 경우에 사용하는 대표적인 기호.

(5) 상세 기호 기호를 간략화 또는 일반화시키지 않고, 기능을 상세히 명시하는 경우에 사용되는 기호. 보통, 간략기호 또는 일반기호에 대비하여 사용한다.

(6) 선택 조작 2개 이상의 조작방식 중 어느 하나에 의하여 조작하는 방식

(7) 순차 조작 2개 이상의 조작방식을 사용하여 조작하는 방식

(8) 2단 파일럿조작 2개의 파일럿 조작에 의한 순차조작

(9) 1차 조작 순차조작에 따라 기기를 조작할 경우의 최초의 조작. 보통, 1차조작 수단은 인력, 기계 또는 전기 방식으로 조작한다.

(10) 내부 파일럿 파일럿 조작용 유체를 조작하는 기기의 내부로부터 공급하는 방식

(11) 외부 파일럿 파일럿 조작용 유체를 조작하는 기기의 외부로부터 공급하는 방식

(12) 내부 드레인 드레인 유로를 기기 내부에 있는 귀환유로에 접속시켜 드레인이 귀환유체에 합류되는 방식

(13) 외부 드레인 드레인이 단독으로 기기의 드레인 포트로부터 밖으로 빼내지는 방식.

(14) 단동 솔레노이드 코일을 여자시킬 때, 1방향만으로 작동하는 전자액추에이터

(15) 복동 솔레노이드 코일의 여자방법을 변경시킴으로써, 작동방향을 변화시키는 여자액추에이터

(16) 가변식 전자액추에이터 입력 전기신호의 변화에 따라, 출력 또는 변위량이 변화하는 전자 액추에이터

(17) 가변 행정 제한기구 밸브의 개도 또는 교축정도 등을 변화시키기 위하여, 스풀의 이동량을 규제하는 조정기구

3. 기본 사항 유압·공기압 기호의 표시방법과 해석의 기본사항은 다음에 따른다.

(1) 기호는, 기능, 조작방법 및 외부 접속구를 표시한다.

(2) 기호는, 기기의 실제 구조를 나타내는 것은 아니다.

(3) 복잡한 기능을 나타내는 기호는 원칙적으로 표 **1**의 기호요소와 표 **2**의 기능요소를 조합하여 구성한다. 단, 이들 요소로 표시되지 않는 기능에 대하여는 특별한 기호(표 **3**~**19** 중에서 ※표를 붙인 기호)를 그 용도에 한정시켜 사용하여도 좋다.

관련 규격 : **KS B 0001** 기계제도
KS B 0119 유압 용어
KS B 0120 공기압 용어

(4) 기호는 원칙적으로 통상의 운휴상태 또는 기능적인 중립상태를 나타낸다. 단, 회로도 속에서는 예외도 인정된다.

(5) 기호는 해당기기의 외부포트의 존재를 표시하나, 그 실제 위치를 나타낼 필요는 없다.

(6) 포트는 관로와 기호요소의 접점으로 나타낸다.

(7) 포위선 기호를 사용하고 있는 기기의 외부포트는 관로와 포위선의 접점으로 나타낸다.

(8) 복잡한 기호의 경우, 기능상 사용되는 접속구만을 나타내면 된다. 단, 식별하기 위한 목적으로 기기에 표시하는 기호는 모든 접속구를 나타내야 한다.

(9) 기호 속의 문자(숫자는 제외)는 기호의 일부분이다.

(10) 기호의 표시법은 한정되어 있는 것을 제외하고는, 어떠한 방향이라도 좋으나, 90° 방향마다 쓰는 것이 바람직하다.

또한, 표시방법에 따라 기호의 의미가 달라지는 것은 아니다.

(11) 기호는, 압력, 유량 등의 수치 또는 기기의 설정값을 표시하는 것은 아니다.

(12) 간략기호는 그 규격에 표시되어 있는 것 및 그 규격의 규정에 따라 고안해 낼 수 있는 것에 한하여 사용하여도 좋다.

(13) 2개 이상의 기호가 1개의 유닛에 포함되어 있는 경우에는, 특정한 것을 제외하고, 전체를 1점쇄선의 포위선 기호로 둘러싼다. 단, 단일기능의 간략기호에는 통상, 포위선을 필요로 하지 않는다.

(14) 회로도 중에서, 동일 형식의 기기가 수개소에 사용되는 경우에는, 제도를 간략화하기 위하여, 각 기기를 간단한 기호요소로 대표시킬 수가 있다. 단, 기호요소 중에는 적당한 부호를 기입하고, 회로도 속에 부품란과 그 기기의 완전한 기호를 나타내는 기호표를 별도로 붙여서 대조할 수 있게 한다.

*

4. 기호의 구성요소

4.1 기호 요소 기호를 구성하는 기본적 요소는 표 1에 따른다.

표 1 기호 요소

번 호	명 칭	기 호	용 도	비 고
1-1	선			
1-1.1	실 선	————	(1) 주 관 로	• 귀환관로를 포함
			(2) 파일럿 밸브에의 공급관로	
			(3) 전기신호선	• 2-3.1을 부기하여 관로와의 구별을 명확히 한다.
1-1.2	파 선	— — — —	(1) 파일럿 조작관로	• 내부 파일럿
				• 외부 파일럿
			(2) 드레인 관로	
			(3) 필 터	
			(4) 밸브의 과도위치	
1-1.3	1점쇄선	— - — - —	포 위 선	• 2개 이상의 기능을 갖는 유닛을 나타내는 포위선
1-1.4	복 선	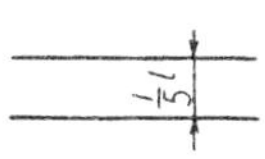	기계적 결합	• 회전축, 레버, 피스톤로드 등

표 1 (계 속)

번 호	명 칭	기 호	용 도	비 고
1-2	원			
1-2.1	대 원	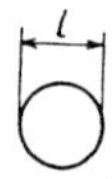	에너지 변환기기	• 펌프, 압축기, 전동기 등
1-2.2	중 간 원	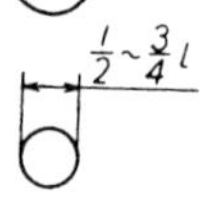	(1) 계 측 기 (2) 회전 이음	
1-2.3	소 원	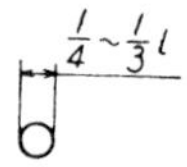	(1) 체크 밸브 (2) 링 크 (3) 롤 러	• 롤 러 : 중앙에 점을 찍는다. ⊙
1-2.4	점	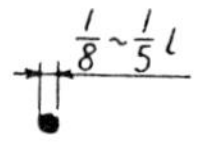	(1) 관로의 접속 (2) 롤러의 축	
1-3	반 원		회전각도가 제한을 받는 펌프 또는 액추에이터	
1-4	정사각형			
1-4.1		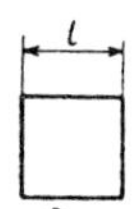	(1) 제어기기 (2) 전동기 이외의 원동기	• 접속구가 변과 수직으로 교차한다.
1-4.2		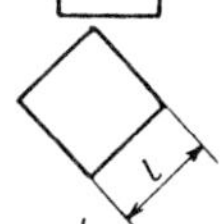	유체 조정기기	• 접속구가 각을 두고 변과 교차한다. • 필터, 드레인분리기, 주유기, 열교환기 등
1-4.3		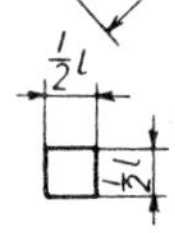	(1) 실린더내의 쿠션 (2) 어큐뮬레이터내의 추	
1-5	직사각형			
1-5.1		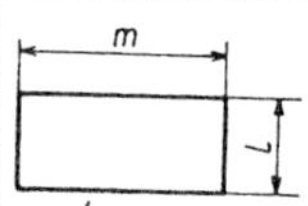	(1) 실 린 더 (2) 밸 브	• $m>l$
1-5.2		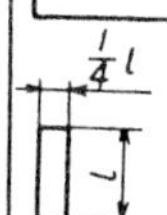	피 스 톤	
1-5.3		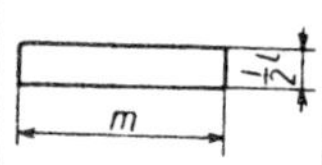	특정의 조작방법	• $l \leqq m \leqq 2l$ • 표 6 참조
1-6	기 타			
1-6.1	요형(대)	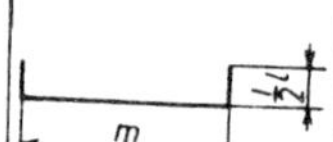	유압유 탱크 (통기식)	• $m>l$
1-6.2	요형(소)	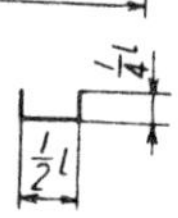	유압유 탱크 (통기식)의 국소 표시	

표 1 (계 속)

번 호	명 칭	기 호	용 도	비 고
1-6.3	캡 슐 형	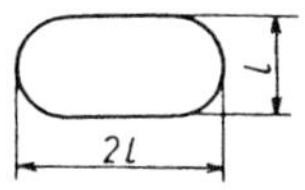	(1) 유압유 탱크 (밀폐식) (2) 공기압 탱크 (3) 어큐뮬레이터 (4) 보조가스용기	• 접속구는, 표 **10**과 **16-2** 참조

비 고 치수 l 은 공통의 기준치수로 그 크기는 임의로 정하여도 좋다. 또 필요상 부득이할 경우에는 기준치수를 대상에 따라 변경하여도 좋다.

4.2 기능 요소 기능을 나타내는 요소는 표 **2**에 따른다.

표 **2** 기능 요소

번 호	명 칭	기 호	용 도	비 고
2-1	정삼각형			• 유체 에너지의 방향 • 유체의 종류 • 에너지원의 표시
2-1.1	흑		유 압	
2-1.2	백		공기압 또는 기타의 기체압	• 대기중에의 배출을 포함
2-2	화살표 표시			
2-2.1	직선 또는 사선		(1) 직선 운동 (2) 밸브내의 유체의 경로와 방향 (3) 열류의 방향	
2-2.2	곡 선	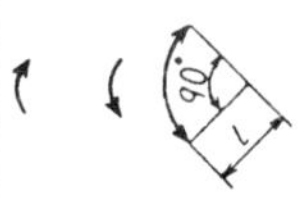	회전 운동	• 화살표는 축의 자유단에서 본 회전방향을 표시
2-2.3	사 선		가변조작 또는 조정수단	• 적당한 길이로 비스듬히 그린다. • 펌프, 스프링, 가변식전자 액추에이터
2-3	기 타			
2-3.1			전 기	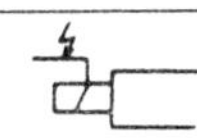
2-3.2			폐로 또는 폐쇄 접속구	폐로 접속구 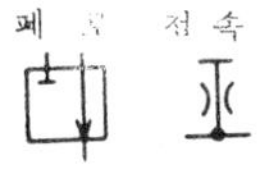
2-3.3			전자 액추에이터	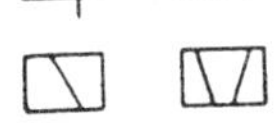
2-3.4			온도지시 또는 온도조정	
2-3.5			원 동 기	
2-3.6			스 프 링	• **11-3, 11-4** 참조 • 산의수는 자유

표 2 (계 속)

번 호	명 칭	기 호	용 도	비 고
2-3.7			교 축	
2-3.8		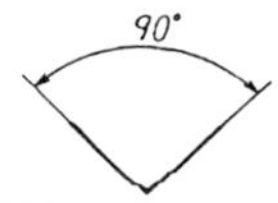	체크밸브의 간략기호의 밸브시트	

5. 관로 및 접속구

5.1 관 로

5.1.1 기호의 표시법 관로의 기호는, 기호요소 **1-1.1, 1-1.2** 및 **1-2.4**를 사용하여 구성한다.

5.1.2 기호 보기 일반적으로 사용하는 기호의 보기를 표 **3**에 표시한다.

표 3 관 로

번 호	명 칭	기 호	비 고
3-1.1	접 속		
3-1.2	교 차		◦ 접속하고 있지 않음
3-1.3	처짐 관로	※ 	• 호스 (통상 가동부분에 접속된다)

5.2 접 속 구

5.2.1 기호의 표시법 접속구의 기호는 기호요소 **1-2.1, 1-2.3, 1-2.4, 1-4.1** 및 **1-5.1**과 함께 기능요소 **2-1.1, 2-1.2, 2-3.2** 및 **2-3.8**을 사용하여 구성한다.

5.2.2 기호 보기 일반적으로 사용하는 기호의 보기를 표 **4**에 표시한다.

표 4 접 속 구

번 호	명 칭	기 호	비 고
4-1	공기 구멍		
4-1.1		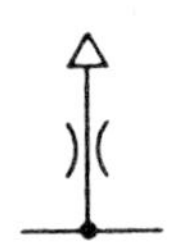	• 연속적으로 공기를 빼는 경우
4-1.2			• 어느 시기에 공기를 빼고 나머지 시간은 닫아놓는 경우
4-1.3		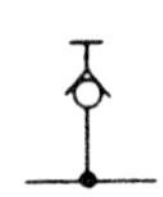	• 필요에 따라 체크 기구를 조작하여 공기를 빼는 경우

표 4 (계 속)

번 호	명 칭	기 호	비 고
4-2	배 기 구	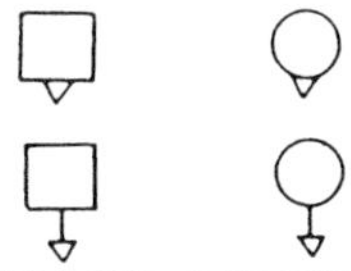	• 공기압 전용
4-2.1			• 접속구가 없는 것
4-2.2			• 접속구가 있는 것
4-3	급속 이음	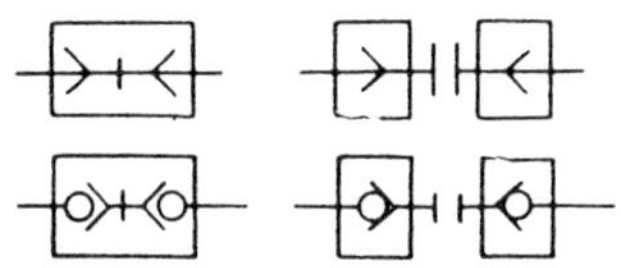	
4-3.1			• 체크밸브 없음
4-3.2			• 체크밸브 붙이 (셀프실 이음)
		접속 상태 떨어진 상태	
4-4	회전 이음	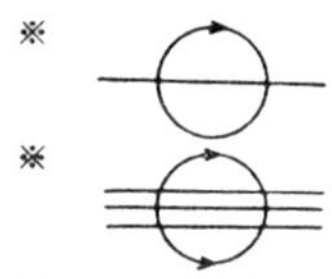	• 스위블 조인트 및 로터리 조인트
4-4.1	1 관 로		• 1방향 회전
4-4.2	3 관 로		• 2방향 회전

6. 조작 기구

6.1 기호의 표시법 조작기구 기호의 표시법은 다음에 따른다.

(1) 기호의 구성 조작기구의 기호는, 기호요소 **1-1.4**, **1-2.3**, **1-2.4** 및 **1-5.3**과 함께 기능요소 **2-1.1**, **2-1.2**, **2-2.3**, **2-3.3**, **2-3.5** 및 **2-3.6**을 사용하여 구성하는 것 이외에도, 표 **5** 및 표 **6**에 나타낸 특별한 기호에 따른다.

(2) 단일 조작기구와 기기 의 관계 단일 조작기구와 기기의 관계는 다음에 따른다.

(a) 조작기호를 도시하는 크기의 비율은 표 **1**에 따른다.

(b) 밸브의 조작기호는 조작하는 기호요소에 접하는 임의의 위치에 써도 좋다.

(c) 가변기기의 가변조작을 나타내는 화살표는, 조작기호와 관련되어 있으면 늘리거나 구부려도 좋다.

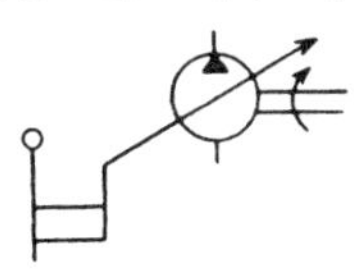

(d) 2방향 조작의 조작요소가 실제로 하나인 경우에는, 조작기호는 원칙적으로 하나밖에 쓰지 않는다.

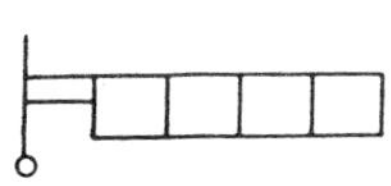

또한, 복동 솔레노이드로 조작되는 밸브의 기호에서, 전기신호와 밸브의 상태와의 관계를 명확히

할 필요가 있는 경우에는, 복동솔레노이드의 기호(**6-3.1.2**)를 사용하지 않고 2개의 단동솔레노이드의 기호(**6-3.1.1**)을 사용하여 그린다.

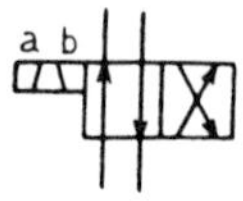

전기신호와의 관계를 나타낼 필요가 없는 경우

전기신호와의 관계를 나타낼 필요가 있는 경우

(3) 복합 조작기구와 기기의 관계 복합 조작기구와 기기의 관계는 다음에 따른다.

(a) 1방향 조작의 조작기호는 조작하는 기호요소에 인접해서 쓴다.

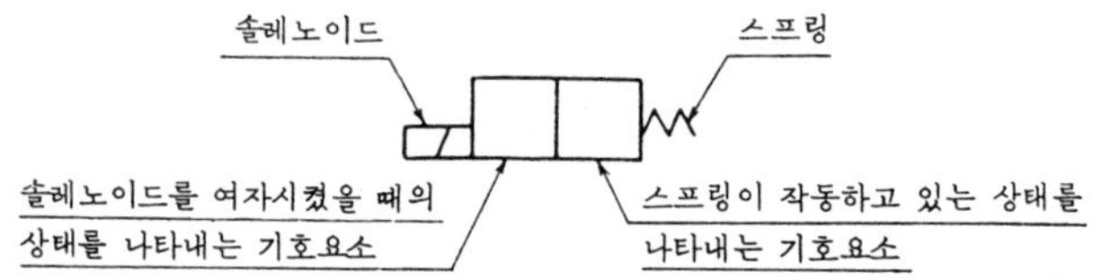

(b) 3개 이상 스풀의 위치를 갖는 밸브의 중립위치의 조작은, 중립위치를 나타내는 직4각형의 경계선을 위 또는 아래로 연장하고, 여기에 적절한 조작기호를 기입함으로써, 명확히 할 수가 있다.

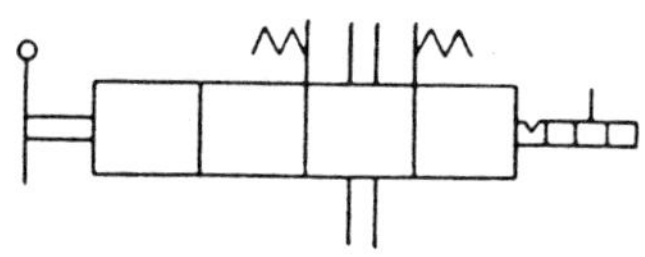

(c) 3위치 밸브의 중앙위치 조작기호는, 외측 직4각형의 양쪽 끝면에 기입해도 좋다.

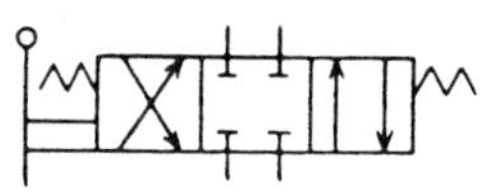

(d) 프레셔센터의 중앙위치의 조작기호는, 기능요소의 정3각형(**2-1.1** 또는 **2-1.2**)을 사용하여 나타내고, 외측의 직4각형 양쪽 끝면에 3각형의 정점이 접하도록 그린다.

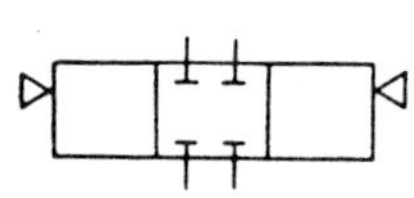

(e) 간접 파일럿 조작기기의 내부 파일럿과 내부 드레인 관로의 표시는, 간략기호에서는 생략한다.

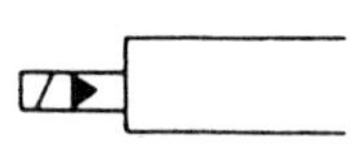

(f) 간접 파일럿 조작기기에 1개의 외부 파일럿 포트와 1개의 외부 드레인포트가 있는 경우의 관로표시는, 간략기호에서는, 한쪽 끝에만 표시한다. 단, 이외에 다른 외부파일럿과 외부 드레인포트가 있는 경우에는 이것을 다른 끝에 표시한다. 또한, 기기에 표시하는 기호는 모든 외부 접속구를 표시할 필요가 있다.

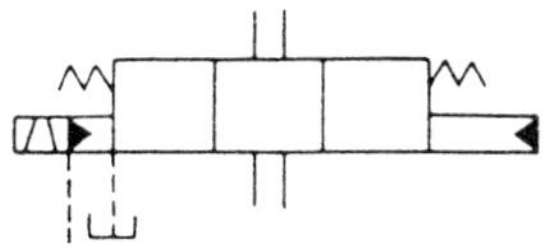

(g) 선택조작의 조작기호는 나란히 병렬해서 표시하든가, 필요에 따라 직 4 각형의 경계선을 연장하여 표시하여도 좋다. 아래 그림은 솔레노이드나 누름버튼 스위치에 의하여 각각 독립적으로 조작될 수 있는 밸브를 나타낸다.

(h) 순차조작의 경우에는, 조작기호를 조작되는 순서에 따라 직렬로 표시한다. 그림은 솔레노이드가 파일럿 밸브를 조작하고, 이어 그 파일럿압력으로 주밸브를 작동시키는 밸브를 나타낸다.

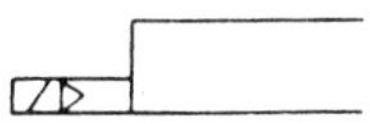

(i) 멈춤쇠는 스풀의 위치와 동수로 그리고 같은 순서로 분할하여 표시한다.
고정용 그루브의 위치는 고정하는 위치에만 표시한다.
또한, 밸브의 스풀 위치에 대응시켜 고정구를 나타내는 선을 표시한다.

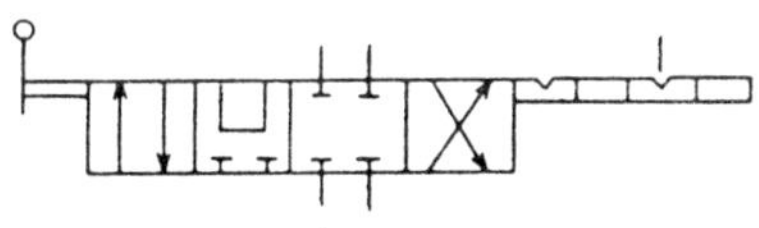

6.2 기호 보기 일반적으로 사용하고 있는 기호의 보기를, **표 5**와 **표 6**에 표시한다.

표 5 기계식 구성부품

번 호	명 칭	기 호	비
5-1	로 드	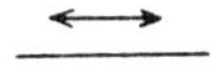	• 2방향 조작 • 화살표의 기입은 임의
5-2	회 전 축	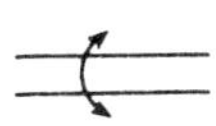	• 2방향 조작 • 화살표의 기입은 임의
5-3	멈 춤 쇠	※ 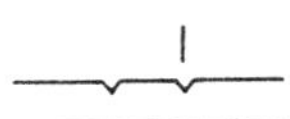	• 2방향 조작 • 고정용 그루브 위에 그린 세로 선은 고정구를 나타낸다.

표 5 (계 속)

번 호	명 칭	기 호	비 고
5-4	래 치	※ 	• 1방향 조작 • ✱ 해제의 방법을 표시하는 기호
5-5	오버센터 기구	※ 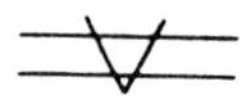	• 2방향 조작

표 6 조작 방식

번 호	명 칭	기 호	비 고
6-1	인력 조작	※ 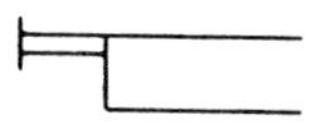	• 조작방법을 지시하지 않은 경우, 또는 조작 방향의 수를 특별히 지정하지 않은 경우의 일반기호
6-1.1	누름 버튼	※ 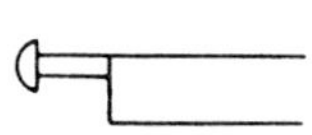	• 1방향 조작
6-1.2	당김버튼	※ 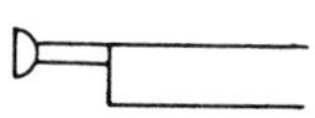	• 1방향 조작
6-1.3	누름 -당김버튼	※ 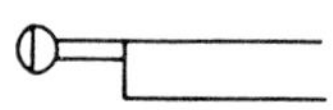	• 2방향 조작
6-1.4	레 버	※ 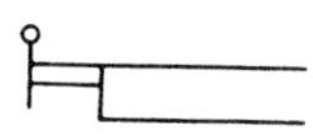	• 2방향 조작 (회전운동을 포함)
6-1.5	페 달	※ 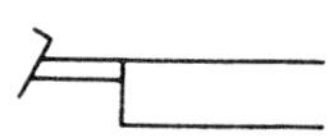	• 1방향 조작 (회전운동을 포함)
6-1.6	2방향 페달	※ 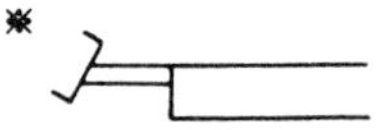	• 2방향 조작 (회전운동을 포함)
6-2	기계 조작		
6-2.1	플 런 저	※ 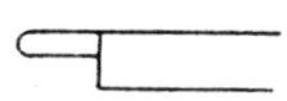	• 1방향 조작
6-2.2	가변행정제한기구	※ 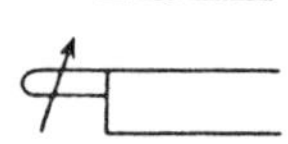	• 2방향 조작
6-2.3	스 프 링	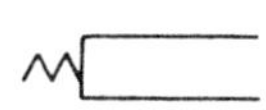	• 1방향 조작
6-2.4	롤 러	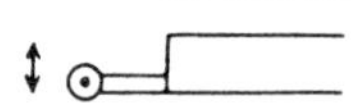	• 2방향 조작
6-2.5	편측작동롤러	※ 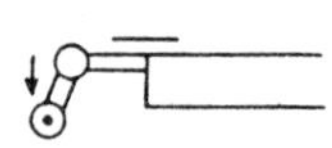	• 화살표는 유효조작 방향을 나타낸다. 기입을 생략하여도 좋다. • 1방향 조작

표 6 (계 속)

번 호	명 칭	기 호	비 고
6-3	전기 조작		
6-3.1	직선형 전기 액추에이터		• 솔레노이드, 토크모터 등
6-3.1.1	단동 솔레노이드	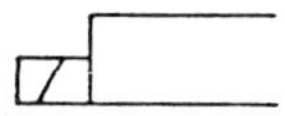	• 1방향 조작 • 사선은 우측으로 비스듬히 그려도 좋다.
6-3.1.2	복동 솔레노이드	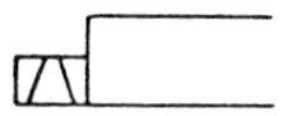	• 2방향 조작 • 사선은 위로 넓어져도 좋다
6-3.1.3	단동 가변식 전자 액추에이터	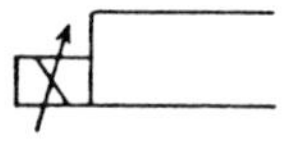	• 1방향 조작 • 비례식 솔레노이드, 포스모터 등
6-3.1.4	복동 가변식 전자 액추에이터	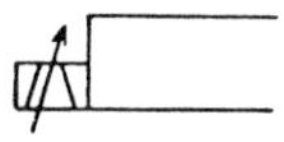	• 2방향 조작 • 토크모터
6-3.2	회전형 전기 액추에이터	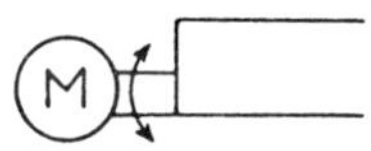	• 2방향 조작 • 전 동 기
6-4	파일럿 조작		
6-4.1	직접 파일럿 조작		
6-4.1.1		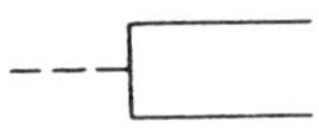	
6-4.1.2		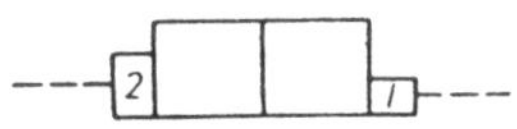	• 수압면적이 상이한 경우, 필요에 따라, 면적비를 나타내는 숫자를 직 4각형속에 기입한다.
6-4.1.3	내부 파일럿	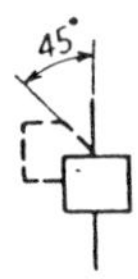	• 조작유로는 기기의 내부에 있음
6-4.1.4	외부 파일럿	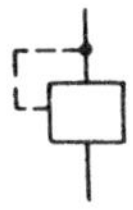	• 조작유로는 기기의 외부에 있음
6-4.2	간접 파일럿 조작		
6-4.2.1	압력을 가하여 조작하는 방식		
(1)	공기압 파일럿	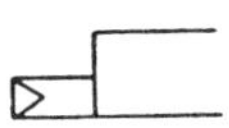	• 내부 파일럿 • 1차조작 없음
(2)	유압 파일럿	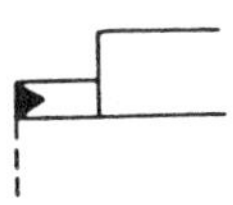	• 외부 파일럿 • 1차조작 없음

표 6 (계 속)

번 호	명 칭	기 호	비 고
(3)	유압 2단 파일럿	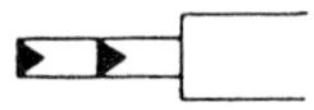	• 내부 파일럿, 내부 드레인 • 1차조작 없음
(4)	공기압 • 유압 파일럿	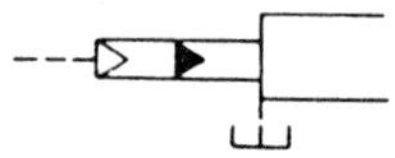	• 외부 공기압 파일럿, 내부 유압 파일럿, 외부 드레인 • 1차조작 없음
(5)	전자 • 공기압 파일럿	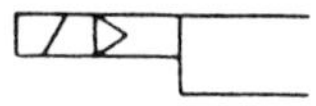	• 단동 솔레노이드에 의한 1차조작 붙이 • 내부 파일럿
(6)	전자 • 유압 파일럿	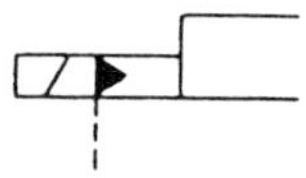	• 단동 솔레노이드에 의한 1차조작 붙이 • 외부 파일럿, 내부 드레인
6-4.2.2	압력을 빼내어 조작하는 방식		
(1)	유압 파일럿	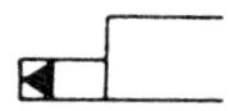	• 내부 파일럿 • 내부 드레인 • 1차조작 없음
		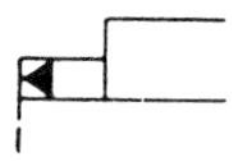	• 내부 파일럿 • 원격조작용 벤트포트 붙이
(2)	전자 • 유압 파일럿	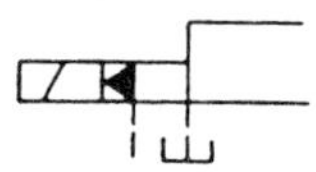	• 단동 솔레노이드에 의한 1차조작 붙이 • 외부 파일럿, 외부 드레인
(3)	파일럿 작동형 압력제어 밸브	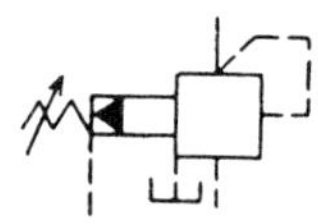	• 압력조정용 스프링 붙이 • 외부 드레인 • 원격조작용 벤트포트 붙이
(4)	파일럿 작동형 비례전자식 압력제어 밸브	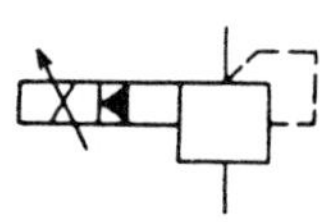	• 단동 비례식 액추에이터 • 내부 드레인
6-5	피 드 백		
6-5.1	전기식 피드백	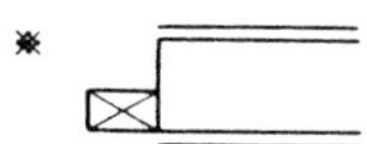	• 일반 기호 • 전위차계, 차동변압기 등의 위치검출기

표 6 (계 속)

번 호	명 칭	기 호	비 고
6-5.2	기계식 피드백	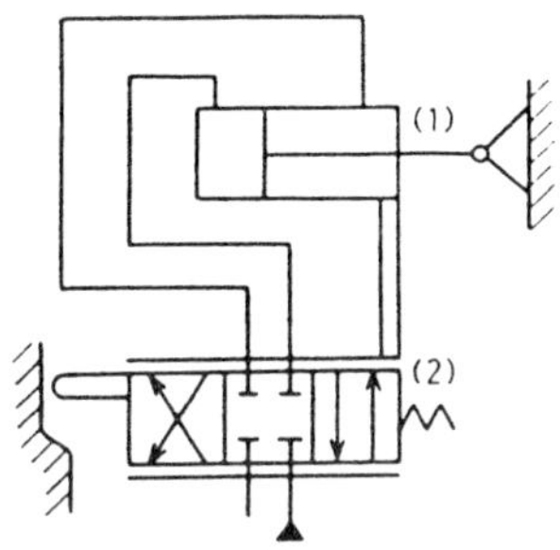	• 제어대상과 제어요소의 가동부분간의 기계적 접속은 1-1.4 및 8.1.(8)에 표시 (1) 제어 대상 (2) 제어 요소

7. 에너지의 변환과 저장

7.1 펌프 및 모터

7.1.1 기호의 표시법 펌프 및 모터의 기호 표시법은 다음에 따른다.

(1) 펌프 및 모터의 기호는, 기호요소 **1-2.1** 또는 **1-3**과 기능요소 **2-1.1** 및 **2-1.2**를 사용하여 구성한다.

(2) 기계식 회전구동은 **1-1.4** 및 **2-2.2**를 사용하여 표시한다.

(3) 1회전 당의 배제량이 조정되는 경우에는 **2-2.3**을 사용하여 표시한다.

(4) 다음과 같은 상호관련을 표시하는 경우에는 부속서에 따른다.

(a) 축의 회전방향

(b) 유체의 유동방향

(c) 조립내장된 조작요소의 위치

(5) 가변용량형 기기의 조작기구의 기호는 **6.1(2)(c)**와 같이 표시한다(표 7 및 부속서 참조).

7.1.2 기호 보기 일반적으로 사용되는 기호의 보기를 표 7에 표시한다.

표 7 펌프 및 모터

번 호	명 칭	기 호	비 고
7-1	펌프 및 모터	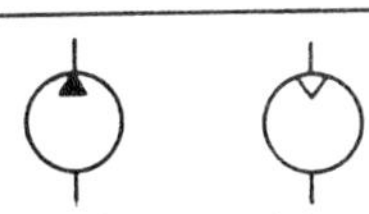 유압 펌프 공기압 모터	• 일반기호
7-2	유압 펌프	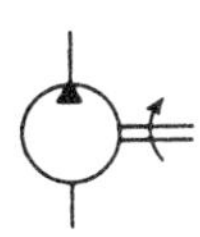	• 1방향 유동 • 정용량형 • 1방향 회전형
7-3	유압 모터	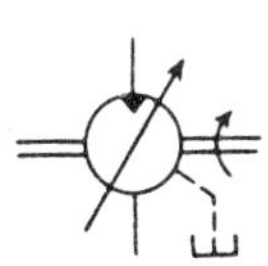	• 1방향 유동 • 가변용량형 • 조작기구를 특별히 지정하지 않는 경우 • 외부 드레인 • 1방향 회전형 • 양 축 형

표 7 (계 속)

번 호	명 칭		비 고
7-4	공기압 모터	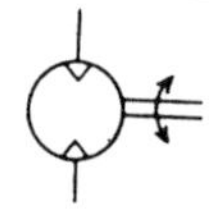	• 2방향 유동 • 정용량형 • 2방향 회전형
7-5	정용량형 펌프·모터	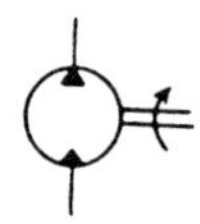	• 1방향 유동 • 정용량형 • 1방향 회전형
7-6	가변용량형 펌프·모터 (인력조작)	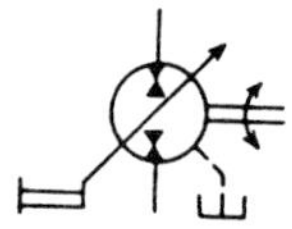	• 2방향 유동 • 가변용량형 • 외부 드레인 • 2방향 회전형
7-7	요동형 액추에이터	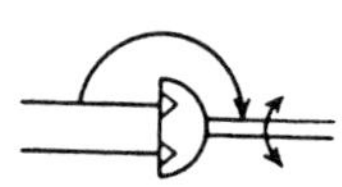	• 공 기 압 • 정 각 도 • 2방향 요동형 • 축의 회전방향과 유동방향과의 관계를 나타내는 화살표의 기입은 임의 (부속서 참조)
7-8	유압 전도장치		• 1방향 회전형 • 가변용량형 펌프 • 일 체 형
7-9	가변용량형 펌프 (압력보상제어)	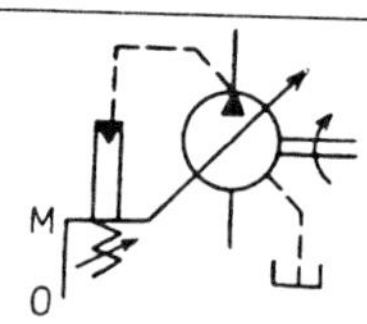	• 1방향 유동 • 압력조정 가능 • 외부 드레인 (부속서 참조)
7-10	가변용량형 펌프·모터 (파일럿조작)	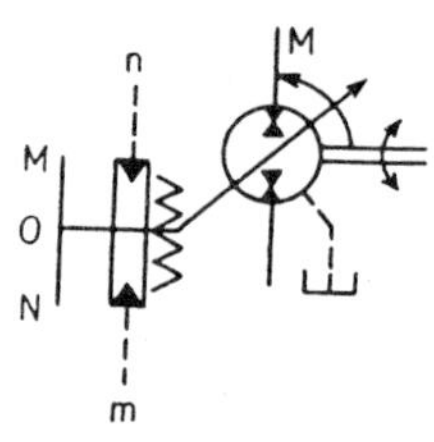	• 2방향 유동 • 2방향 회전형 • 스프링 힘에 의하여 중앙위치 (배제용적 0)로 되돌아오는 방식 • 파일럿 조작 • 외부 드레인 • 신호 m은 M방향으로 변위를 발생시킴 (부속서 참조)

7.2 실 린 더

7.2.1 기호의 표시법 실린더 기호의 표시법은 다음에 따른다.

(1) 실린더의 기호는 기호요소 **1-1.4**, **1-5.1** 및 **1-5.2**와 기능요소 **2-1.1** 및 **2-1.2**를 사용하여 구성한다.

(2) 단동 실린더는 한쪽 포트를 배기(드레인)에 접속시킨다.

또한, 단동 실린더의 간략기호에서는 배기(드레인)측의 실린더단은 표시하지 않는다.

(**3**) 쿠션은 **1-4.3**, 쿠션 조정은 **2-2.3**을 사용하여 표시한다.

(**4**) 필요에 따라서는 피스톤기호 위에 피스톤 면적비를 표시한다.

7.2.2 기호 보기 일반적으로 사용되는 기호의 보기를 표 8에 표시한다.

표 8 실 린 더

번 호	명 칭	기 호	비 고
8-1	단동 실린더	상세 기호 간략 기호 	• 공 기 압 • 압 출 형 • 편로드형 • 대기중의 배기 (유압의 경우는 드레인)
8-2	단동 실린더 (스프링붙이)	(1) (2) 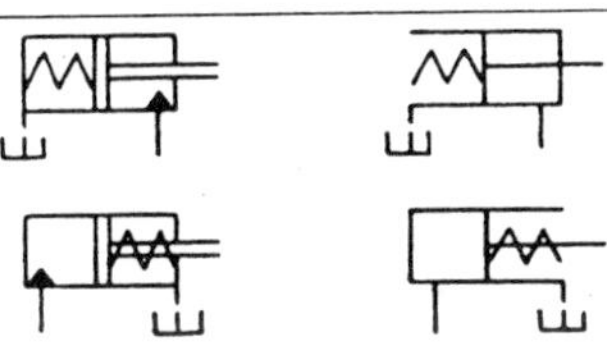	• 유 압 • 편로드형 • 드레인측은 유압유 탱크에 개방 (1) 스프링 힘으로 로드 압출 (2) 스프링 힘으로 로드 흡인
8-3	복동 실린더	(1) (2) 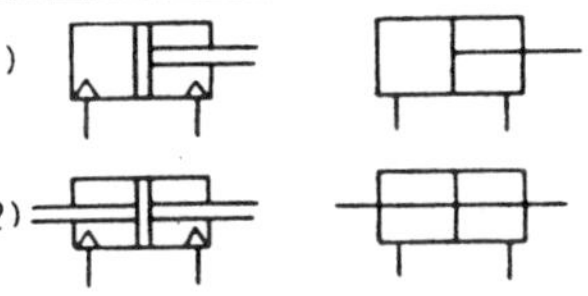	(1) • 편 로 드 • 공 기 압 (2) • 양 로 드 • 공 기 압
8-4	복동 실린더 (쿠션붙이)	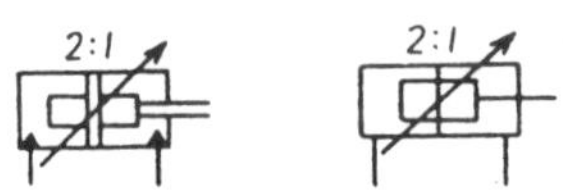	• 유 압 • 편로드형 • 양 쿠션, 조정형 • 피스톤 면적비 2:1
8-5	단동 텔레스코프형 실린더	※ 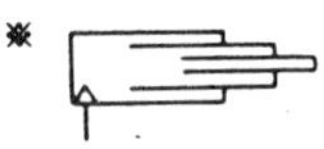	• 공 기 압
8-6	복동 텔레스코프형 실린더	※ 	• 유 압

7.3 특수 에너지－변환기기 특수 에너지－변환기기의 기호 보기를 표 **9**에 표시한다.

표 9 특수 에너지 —변환기기

번 호	명 칭	기 호	비 고
9-1	공기유압 변환기	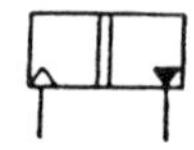 단동형 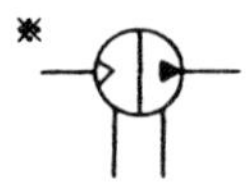 연속형	
9-2	증 압 기	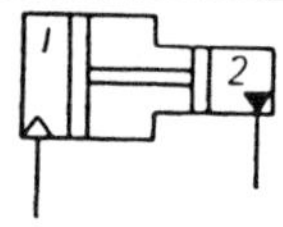 단동형 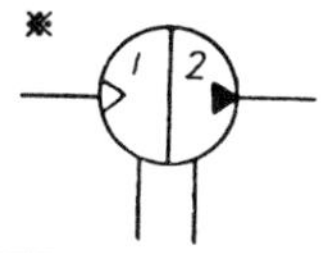 연속형	• 압력비 1 : 2 • 2종 유체용

7.4 에너지 — 용기 〔어큐뮬레이터(축압기), 가스용기 및 공기탱크〕

7.4.1 기호의 표시법 에너지 — 용기의 기호 표시법은 다음에 따른다.

(1) 에너지 — 용기의 기호는 기호요소 **1-6.3**을 사용한다.

(2) 어큐뮬레이터의 접속구는 하부 반원과 **1-1.1**과의 접점으로 표시한다.

(3) 보조 가스용기의 접속구는 상부 반원과 **1-1.1**과의 접점으로 표시한다.

(4) 어큐뮬레이터 부하의 종류(기체압, 추, 스프링력)를 나타내는 경우에는 **2-1.2**, **1-4.3**, **2-3.6** 의 기호를 사용한다.

7.4.2 기호 보기 일반적으로 사용하는 기호의 보기를 표 **10**에 표시한다.

표 10 에너지 — 용기

번 호	명 칭	기 호	비 고
10-1	어큐뮬레이터		• 일반기호 • 항상 세로형으로 표시 • 부하의 종류를 지시하지 않는 경우
10-2	어큐뮬레이터	기체식 중량식 스프링식   	• 부하의 종류를 지시하는 경우
10-3	보조 가스용기		• 항상 세로형으로 표시 • 어큐뮬레이터와 조합하여 사용하는 보급용 가스용기

표 10 (계 속)

번 호	명 칭	기 호	비 고
10-4	공기 탱크		

7.5 동 력 원

7.5.1 기호의 표시법 동력원의 기호는 기호요소 **1-2.1** 및 **1-4.1**과 기능요소 **2-1.1**, **2-1.2** 및 **2-3.5**를 사용하여 구성한다.

7.5.2 기호 보기 일반적으로 사용하는 기호의 보기를 표 **11**에 표시한다.

표 11 동 력 원

번 호	명 칭	기 호	비 고
11-1	유압(동력)원		• 일반기호
11-2	공기압(동력)원		• 일반기호
11-3	전 동 기	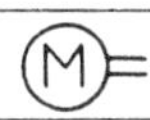	
11-4	원 동 기	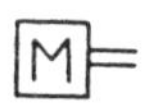	(전동기를 제외)

8. 에너지의 제어와 조정

8.1 기호 표시법의 공통 사항 에너지의 제어와 조정의 기호 표시법의 공통사항은 다음에 따른다.

(1) 에너지의 제어와 조정의 기호는 기호요소 **1-4.1** 또는 **1-5.1**을 사용한다.

(2) 제어기기의 주 기호는 1개의 직4각형(정4각형 포함) 또는 서로 인접한 복수의 직4각형으로 구성한다.

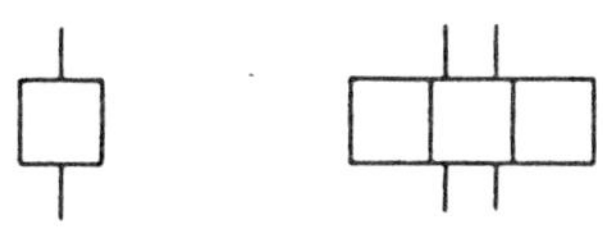

(3) 유로, 접속점, 체크 밸브, 교축 등의 기능은, 특정의 기호를 제외하고, 대응하는 기능기호를 주 기호 속에 표시한다.

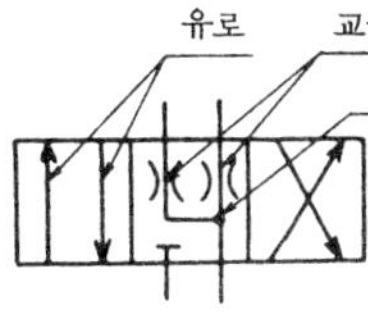

(4) 작동위치에서 형성되는 유로 등의 상태는, 조작기호에 의하여 눌려진 직4각형이 이동되어, 그 유로가 외부 접속구와 일치되는 상태가 소정의 상태가 되도록 표시한다.

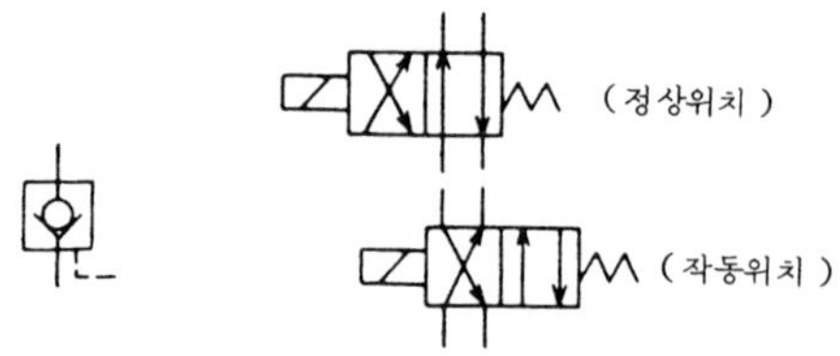

(5) 외부 접속구는 도시한 바와 같이 통상, 일정 간격으로 직 4 각형과 교차되도록 표시한다. 단, 2 포트 밸브의 경우는 직 4 각형의 중앙에 표시한다.

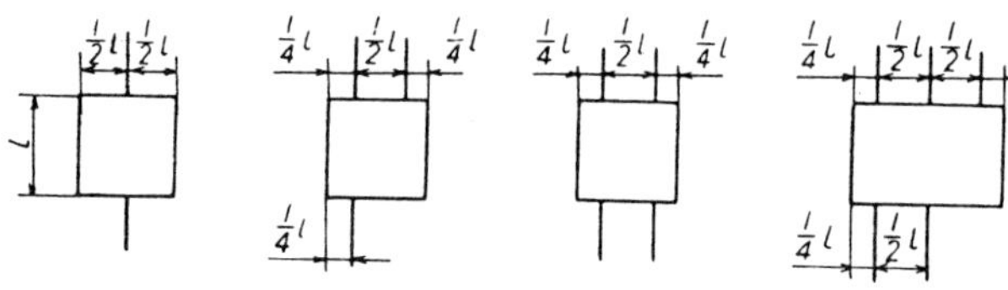

(6) 드레인 접속구는, 도시한 바와 같이, 드레인 관로기호를 직 4 각형의 모서리에서 접하도록 그려 나타낸다. 단, 회전형 에너지 변환기기의 경우는, 주관로 접속구로부터 45° 의 방향에서 주기호(대원) 와 교차되도록 표시한다.

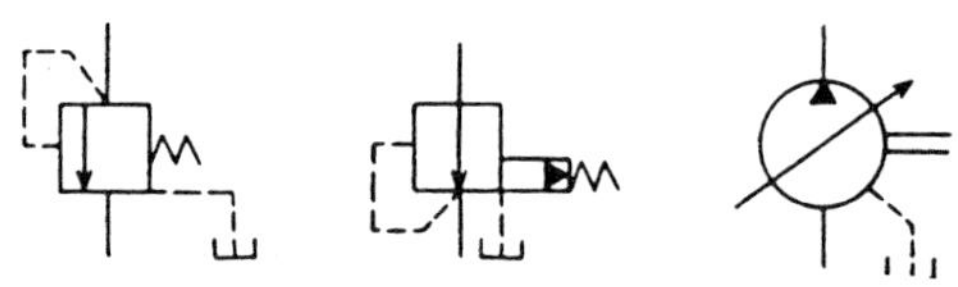

(7) 과도위치를 나타내고자 할 경우에는, 도시한 바와 같이, 명백한 작동위치를 표시하는 인접하는 두 직 4 각형을 분리시키고, 그 중간에 상하변을 파선으로 하는 직 4 각형을 삽입시켜 표시한다.

(8) 복수의 명백한 작동위치가 있고, 교축 정도가 연속적으로 변화하는 중간위치를 갖는 밸브는, 도시한 바와 같이, 직 4 각형 바깥쪽에 평행선을 기입한다.

명백한 작동위치가 2 개 있는 밸브는 통상 다음과 같은 일반기호로 표시한다.
또한, 기호를 완성시키려면 유동방향을 나타내는 화살표를 기입한다.

번 호	명 칭	상 세 기 호	일 반 기 호	비 고
(a)	2포트 밸브	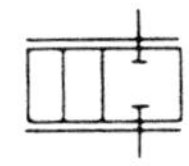	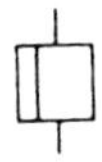	• 상 시 폐 • 가변 교축
(b)	2포트 밸브	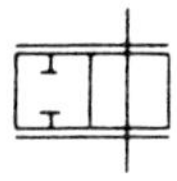	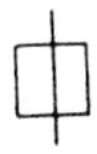	• 상 시 개 • 가변 교축
(c)	3포트 밸브	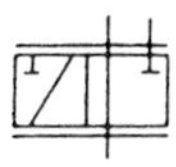	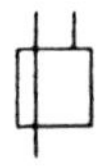	• 상 시 개 • 가변 교축

(9) 제어기기와 조작기구의 관계를 나타내는 방법은 **6.1(2)** 및 **6.1(3)**에 따른다.

(10) 적층밸브의 기호는 이 규격에서는 규정하지 않는다.

8.2 전환 밸브

8.2.1 기호의 표시법 전환밸브의 기호는 **8.1**의 규정에 따르는 것 이외에 기능요소 **2-2.1**, **2-2.3** 및 **2-3.2**를 사용하여 구성한다.

8.2.2 기호 보기 일반적으로 사용하는 기호의 보기를 표 **12**에 표시한다.

표 12 전환 밸브

번 호	명 칭	기 호	비 고
12-1	2포트 수동 전환밸브	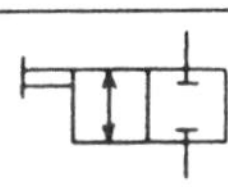	• 2 위 치 • 폐지밸브
12-2	3포트 전자 전환밸브		• 2 위 치 • 1과도 위치 • 전자조작 스프링 리턴
12-3	5포트 파일럿 전환밸브	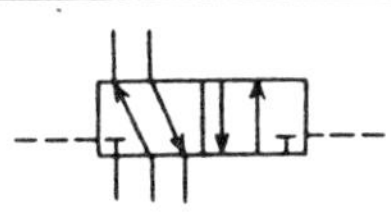	• 2 위 치 • 2방향 파일럿 조작
12-4	4포트 전자파일럿 전환밸브	상세 기호 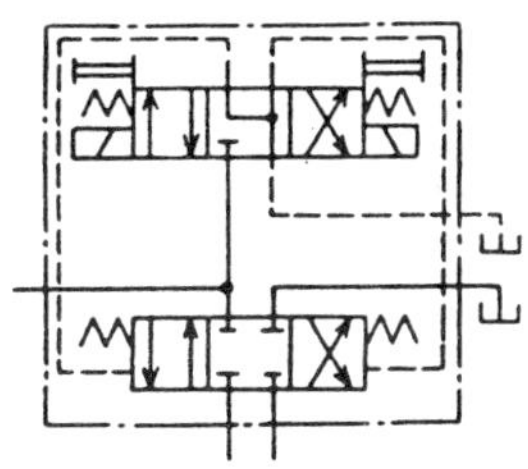	• 주 밸 브 3 위 치 스프링센터 내부 파일럿 • 파일럿 밸브 4 포 트 3 위 치 스프링센터 전자조작 (단동 솔레노이드)

표 12 (계 속)

번 호	명 칭	기 호	비 고
		간략 기호 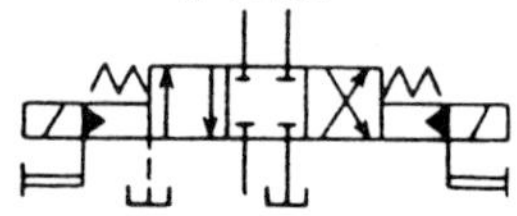	수동 오버라이드 조작 붙이 외부 드레인
12-5	4포트 전자파일럿 전환밸브	상세 기호 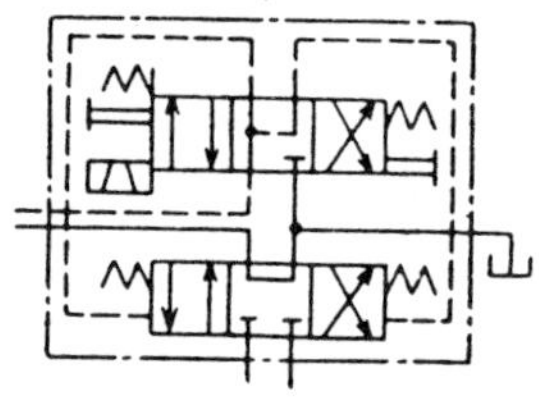 간략 기호 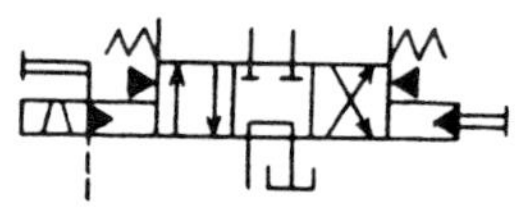	• 주 밸브 3 위 치 프레셔센터 (스프링센터 겸용) 파일럿압을 제거할 때 작동위치로 전환된다. • 파일럿 밸브 4 포 트 3 위 치 스프링센터 전자조작 (복동 솔레노이드) 수동 오버라이드 조작 붙이 외부 파일럿 내부 드레인
12-6	4포트 교축 전환밸브	중앙위치 언더랩 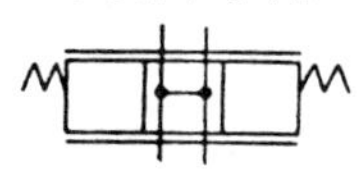 중앙위치 오버랩 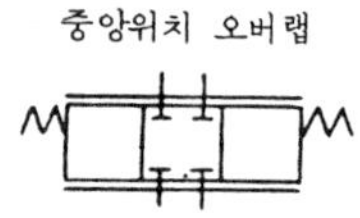	• 3 위 치 • 스프링센터 • 무단계 중간위치
12-7	서보 밸브	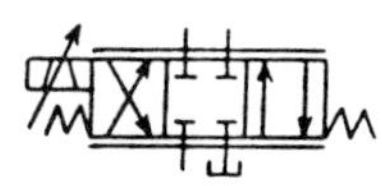	• 대표 보기

8.3 체크밸브, 셔틀밸브, 배기밸브

8.3.1 기호의 표시법 체크밸브, 셔틀밸브, 배기밸브 기호의 표시법은 다음에 따른다.

(1) 체크밸브, 셔틀밸브, 배기밸브의 기호는 **8.1**의 규정에 따르는 것 이외에 기호요소 **1-2.3**과 기능요소 **2-3.6** 및 **2-3.8**을 사용하여 구성한다.

(2) 지장이 없는 한 간략기호를 사용한다.

(3) 간략기호에서 스프링의 기호는 기능상 필요가 있는 경우에만 표시한다.

8.3.2 기호 보기 일반적으로 사용하는 기호의 보기를 **표 13**에 표시한다.

표 13 체크밸브, 셔틀밸브, 배기밸브

번 호	명 칭	기 호	비 고
13-1	체크 밸브	상세 기호 간략 기호 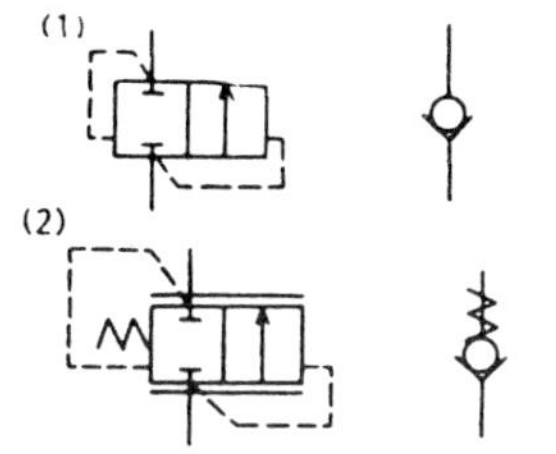	(1) 스프링 없음 (2) 스프링 붙이
13-2	파일럿 조작 체크밸브	상세 기호 간략 기호 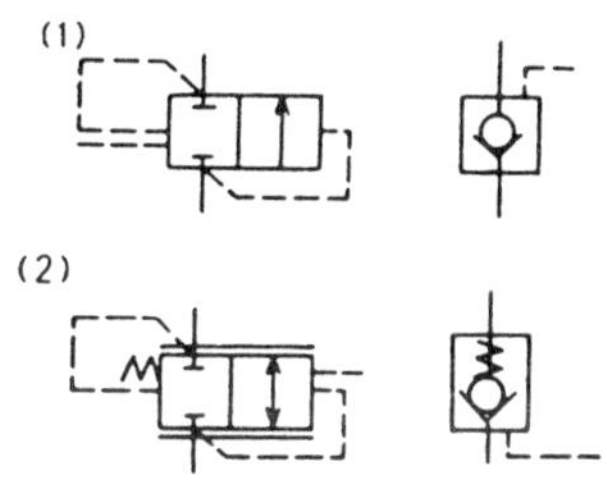	(1) • 파일럿 조작에 의하여 밸브 폐쇄 • 스프링 없음 (2) • 파일럿 조작에 의하여 밸브 열림 • 스프링 붙이
13-3	고압우선형 셔틀밸브	상세 기호 간략 기호 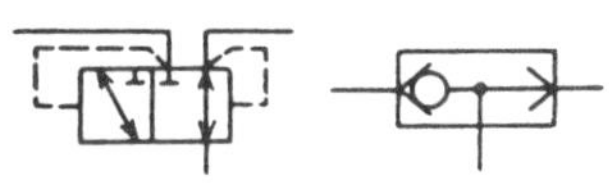	• 고압쪽측의 입구가 출구에 접속되고, 저압쪽측의 입구가 폐쇄된다.
13-4	저압우선형 셔틀밸브	상세 기호 간략 기호 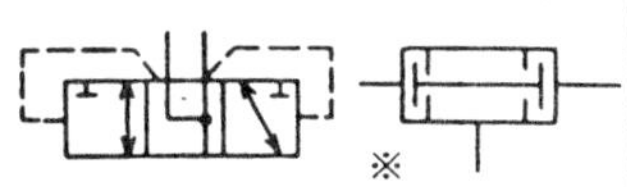 ※	• 저압쪽측의 입구가 저압우선 출구에 접속되고, 고압쪽측의 입구가 폐쇄된다.
13-5	급속 배기밸브	상세 기호 간략 기호 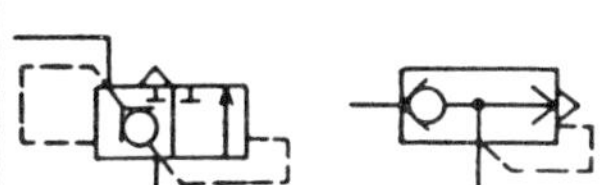	

8.4 압력 제어 밸브

8.4.1 기호의 표시법 압력제어 밸브 기호의 표시법은 다음에 따른다.

(1) 압력제어 밸브의 기호는 **8.1**의 규정을 따르는 것 이외에 기능요소 **2-2.1** 및 **2-3.6**을 사용하여 구성한다.

(2) 압력제어 밸브는 **8.1(8)**에 규정하는 일반기호로 표시한다.

(3) 정4각형의 한쪽에 작용하는 내부 또는 외부 파일럿압력은 반대쪽에 작용하는 힘에 대항하여 작용한다.

(4) 외부 드레인 관로는 표시한다.

8.4.2 기호 보기 일반적으로 사용하는 기호의 보기를 표14에 표시한다.

표 14 압력제어 밸브

번 호	명 칭	기 호	비 고
14-1	릴리프 밸브	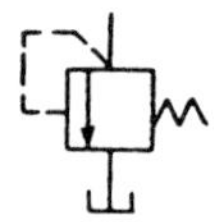	• 직동형 또는 일반기호
14-2	파일럿 작동형 릴리프 밸브	상세 기호 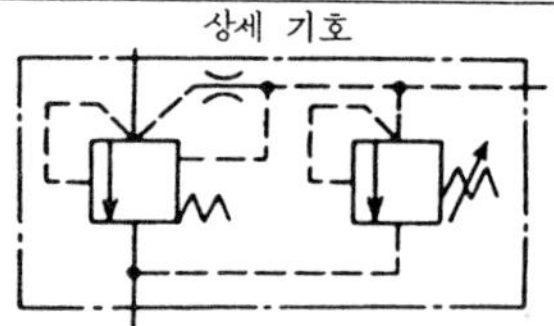 간략 기호 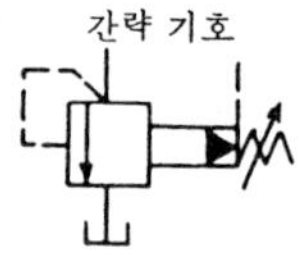	• 원격조작용 벤트포트 붙이
14-3 14-3	전자밸브 장착(파일럿 작동형) 릴리프 밸브	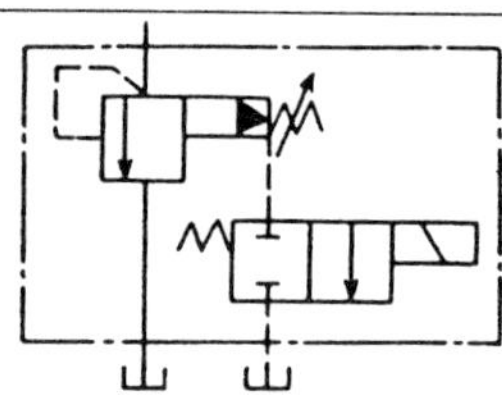	• 전자밸브의 조작에 의하여 벤트포트가 열려 무부하로 된다.
14-4	비례전자식 릴리프 밸브 (파일럿 작동형)	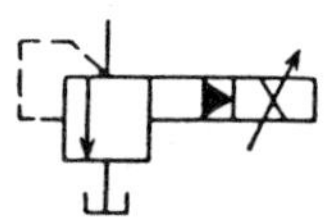	• 대표 보기
14-5	감압 밸브	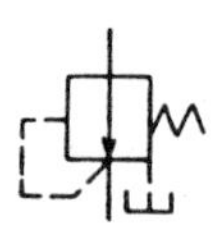	• 직동형 또는 일반기호
14-6	파일럿 작동형 감압밸브	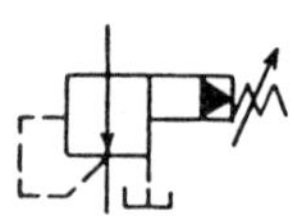	• 외부 드레인
14-7	릴리프 붙이 감압밸브	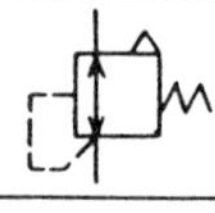	• 공기압용

표 14 (계 속)

번 호	명 칭	기 호	비 고
14-8	비례전자식 릴리프 감압밸브 (파일럿 작동형)	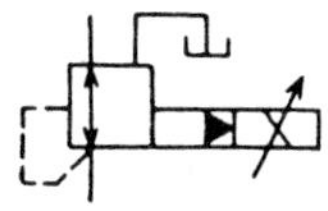	• 유 압 용 • 대표 보기
14-9	일정비율 감압밸브	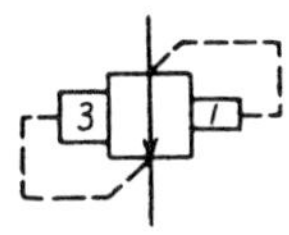	• 감압비 : $\frac{1}{3}$
14-10	시퀀스 밸브	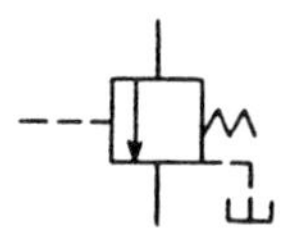	• 직동형 또는 일반기호 • 외부 파일럿 • 외부 드레인
14-11	시퀀스 밸브 (보조조작 장착)	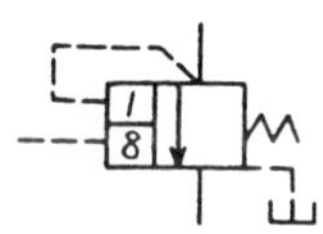	• 직 동 형 • 내부파일럿 또는 외부파일럿 조작에 의하여 밸브가 작동됨. • 파일럿압의 수압 면적비가 1:8인 경우 • 외부 드레인
14-12	파일럿 작동형 시퀀스 밸브	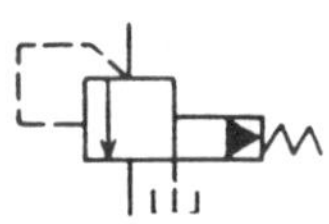	• 내부 파일럿 • 외부 드레인
14-13	무부하 밸브	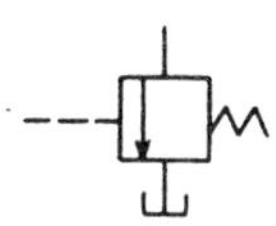	• 직동형 또는 일반기호 • 내부 드레인
14-14	카운터 밸런스 밸브	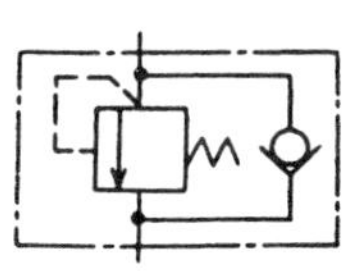	

표 14 (계 속)

번 호	명 칭	기 호	비 고
14-15	무부하 릴리프 밸브	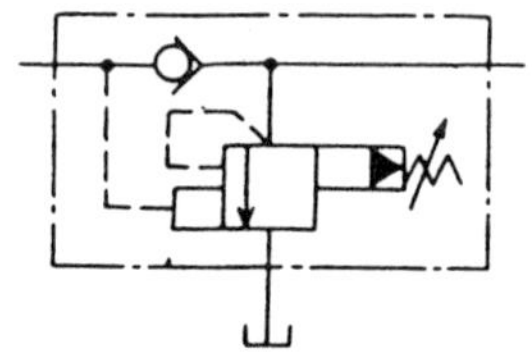	
14-16	양방향 릴리프 밸브	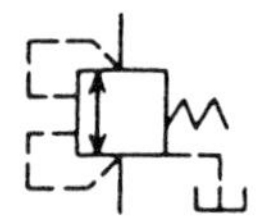	• 직 동 형 • 외부 드레인
14-17	브레이크 밸브	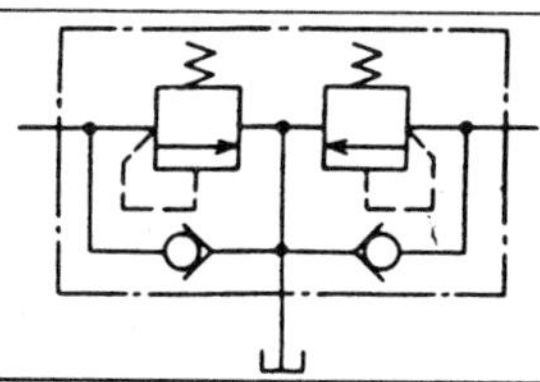	• 대표 보기

8.5 유량 제어밸브

8.5.1 기호의 표시법 유량 제어밸브 기호의 표시법은 다음에 따른다.

(1) 유량 제어밸브의 기호는 **8.1**의 규정에 따르는 것 이외에 기능요소 **2-2.3** 및 **2-3.7**을 사용하여 구성한다.

(2) 유량 제어밸브의 표시는 다음에 따른다.

(a) 조작과 밸브의 상태변화 사이의 관계를 표시할 필요가 있는 경우에는, **8.1(8)**에서 규정하는 일반 기호를 사용한다.

(b) 밸브의 상태변화는 존재하나, 조작과의 관계를 명시할 필요가 없는 경우에는 간략기호를 사용한다.

8.5.2 기호 보기 일반적으로 사용하는 기호의 보기를 **표 15**에 표시한다.

표 15 유량 제어밸브

번 호	명 칭	기 호	비 고
15-1 15-1.1	교축 밸브 가변 교축밸브	상세 기호 간략 기호 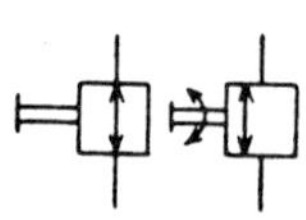 	• 간략기호에서는 조작방법 및 밸브의 상태가 표시되어 있지 않음. • 통상, 완전히 닫혀진 상태는 없음.
15-1.2	스톱 밸브	※ 	

표 15 (계 속)

번 호	명 칭	기 호	비 고
15-1.3	감압밸브 (기계조작 가변 교축밸브)	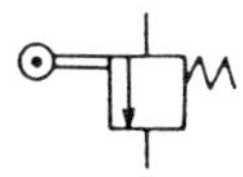	• 롤러에 의한 기계조작 • 스프링 부하
15-1.4	1방향 교축밸브 속도제어 밸브 (공기압)	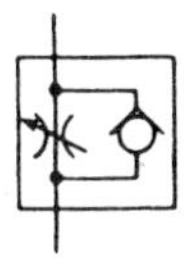	• 가변교축 장착 • 1방향으로 자유유동, 반대방향으로는 제어유동
15-2 **15-2.1**	유량조정 밸브 직렬형 유량조정 밸브	상세 기호 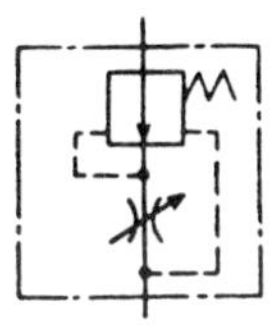 간략 기호 	• 간략기호에서 유로의 화살표는 압력의 보상을 나타낸다.
15-2.2	직렬형 유량조정 밸브 (온도보상 붙이)	상세 기호 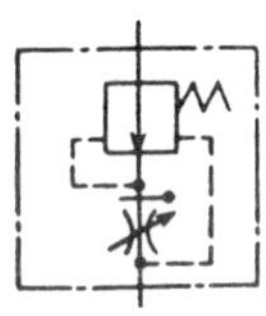 간략 기호 	• 온도보상은 **2-3.4**에 표시한다. • 간략기호에서 유로의 화살표는 압력의 보상을 나타낸다.
15-2.3	바이패스형 유량조정 밸브	상세 기호 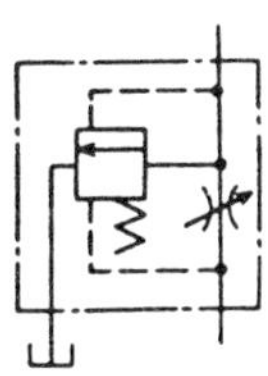 간략 기호 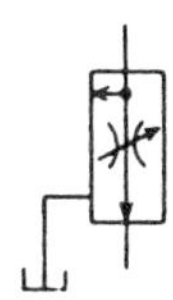	• 간략기호에서 유로의 화살표는 압력의 보상을 나타낸다.
15-2.4	체크밸브 붙이 유량조정 밸브 (직렬형)	상세 기호 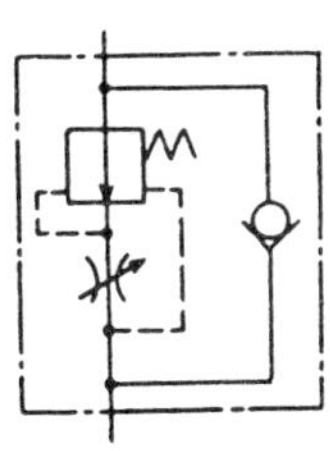 간략 기호 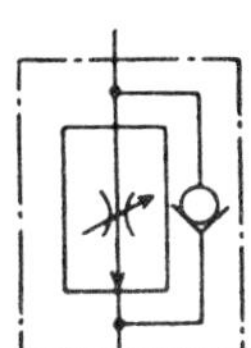	• 간략기호에서 유로의 화살표는 압력의 보상을 나타낸다.

표 15 (계 속)

번 호	명 칭	기 호	비 고
15-2.5	분류 밸브	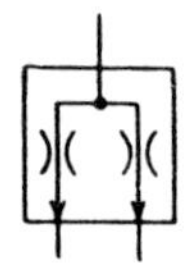	• 화살표는 압력보상을 나타낸다.
15-2.6	집류 밸브	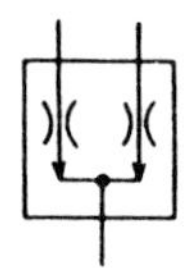	• 화살표는 압력보상을 나타낸다.

9. 유체의 저장과 조정

9.1 기름 탱크

9.1.1 기호의 표시법 기름 탱크 기호의 표시법은 다음에 따른다.

(1) 기름 탱크의 기호는 기호요소 **1-1.1**, **1-1.2**, **1-6.1** 및 **1-6.2**를 사용하여 구성한다.

(2) 기름 탱크의 기호는 수평위치로 표시한다.

(3) 각 기기로부터 탱크에의 귀환 및 드레인 관로에는 국소 표시기호〔**16-1(4)**〕를 사용하여도 좋다.

9.1.2 기호 보기 일반적으로 사용하는 기호의 보기를 표 **16**에 표시한다.

표 16 기름 탱크

번 호	명 칭	기 호	비 고
16-1	기름 탱크 (통기식)	(1) 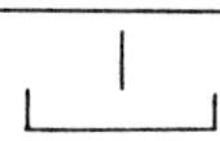 (2)  (3) 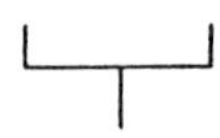 (4) 	(1) 관 끝을 액체속에 넣지 않는 경우 (2) • 관 끝을 액체속에 넣는 경우 • 통기용 필터(**17-1**)가 있는 경우 (3) 관 끝을 밑바닥에 접속하는 경우 (4) 국소 표시기호
16-2	기름 탱크 (밀폐식)	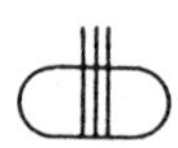	• 3관로의 경우 • 가압 또는 밀폐된 것 • 각관 끝을 액체속에 집어 넣는다. • 관로는 탱크의 긴 벽에 수직

9.2 유체조정 기기

9.2.1 기호의 표시법 유체조정 기기의 기호의 표시법은 다음에 따른다.

(1) 유체조정 기기의 기호는 기호요소 **1-1.2** 및 **1-4.2**와 기능요소 **2-2.1**을 사용하여 구성한다.

(2) 배수기 또는 배수기를 조립 내장한 기기의 기호는 수평위치로 표시한다.

9.2.2 기호 보기 일반적으로 사용하는 기호의 보기를 **표 17**에 표시한다.

표 **17** 유체조정 기기

번 호	명 칭	기 호	비 고
17-1	필 터	(1) 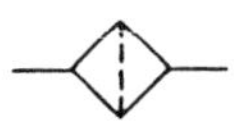 ※ (2) 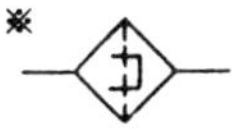 (3) 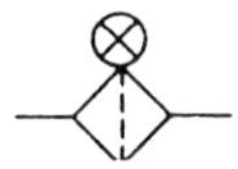	(1) 일반기호 (2) 자석붙이 (3) 눈막힘 표시기 붙이
17-2	드레인 배출기	※ (1) 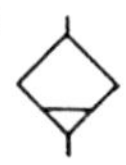 ※ (2) 	(1) 수동배출 (2) 자동배출
17-3	드레인 배출기 붙이 필터	(1) 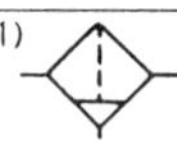 (2) 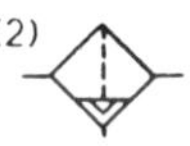	(1) 수동배출 (2) 자동배출
17-4	기름분무 분리기	※ (1) 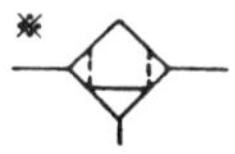 ※ (2) 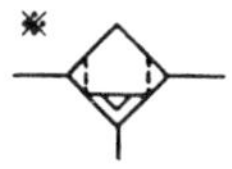	(1) 수동배출 (2) 자동배출
17-5	에어드라이어	※ 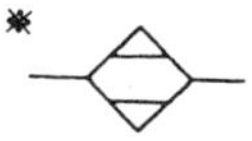	
17-6	루브리케이터	※ 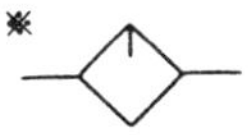	
17-7	공기압 조정유닛	상세 기호 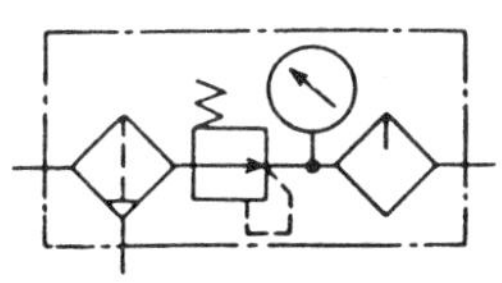	

표 17 (계 속)

번 호	명 칭	기 호	비 고
		간략 기호 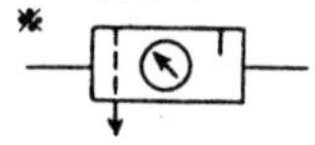	• 수직 화살표는 배출기를 나타낸다.
17-8 17-8.1	열교환기 냉 각 기	(1)  (2) 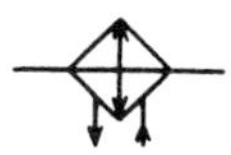	(1) 냉각액용 관로를 표시하지 않는 경우 (2) 냉각액용 관로를 표시하는 경우
17-8.2	가 열 기		
17-8.3	온도 조절기	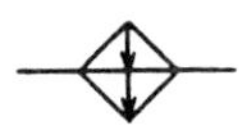	• 가열 및 냉각

10. 보조 기기

10.1 계측기와 표시기

10.1.1 기호의 표시법 계측기 및 표시기의 기호의 표시법은 다음에 따른다.

(1) 계측기 및 표시기의 기호는 기호요소 1-2.2와 기능요소 2-2.1, 2-3.4 및 2-3.7을 사용하여 구성한다.

(2) 전기접속은 2-3.1에 따라 표시한다.

10.1.2 기호 보기 일반적으로 사용하는 기호의 보기를 표 18에 표시한다.

표 18 보조 기기

번 호	명 칭	기 호	비 고
18-1 18-1.1	압력 계측기 압력 표시기	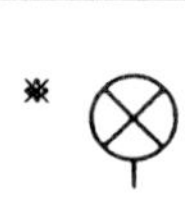	• 계측은 되지 않고 단지 지시만 하는 표시기
18-1.2	압 력 계		
18-1.3	차 압 계		

표 18 (계 속)

번 호	명 칭	기 호	비 고
18-2	유 면 계	※ 	• 평행선은 수평으로 표시
18-3	온 도 계		
18-4 18-4.1	유량 계측기 검 류 기	※ 	
18-4.2	유 량 계	※ 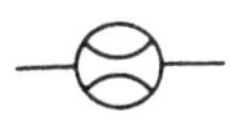	
18-4.3	적산 유량계	※ 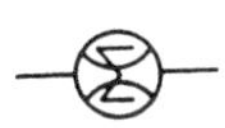	
18-5	회전 속도계	※ 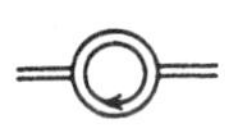	
18-6	토 크 계	※ 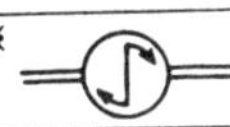	

10.2 기타의 기기 기타의 기기 기호의 보기를 표 19에 표시한다.

표 19 기타의 기기

번 호	명 칭	기 호	비 고
19-1	압력 스위치	※ 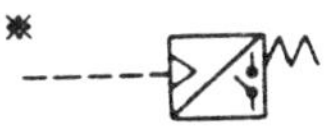	오해의 염려가 없는 경우에는, 다음과 같이 표시하여도 좋다. ※ 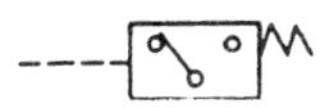
19-2	리밋 스위치	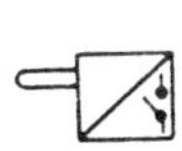	오해의 염려가 없는 경우에는, 다음과 같이 표시하여도 좋다. 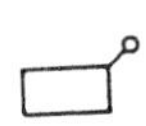
19-3	아날로그 변환기	※ 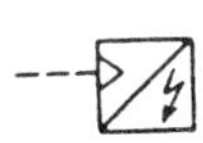	• 공 기 압

표 18 (계 속)

번 호	명 칭	기 호	비 고
19-4	소 음 기	※ 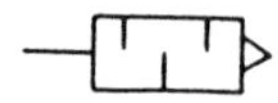	· 공 기 압
19-5	경 음 기	※ 	· 공기압용
19-6	마그넷 세퍼레이터	※ 	

부 속 서

1. 적용 범위 이 부속서는 회전형 에너지 변환기기(이하 기기라 칭함)의 회전방향, 유동방향 및 조립내장된 조작요소의 위치[1]의 상호관계를 그림기호(이하 기호라 한다)를 사용하여 표시할 때 표시법에 관해서 규정한다.

주 (1) 기기에 조립내장되어 있는, 배제용적 또는 유동방향 등을 변화시키는 조작요소의 위치를 말한다.

2. 표 시 법

2.1 축의 회전방향과 유동방향의 관계 축의 회전방향은, 동력의 입력점으로부터 출력점을 향해서 주기호와 동심으로 그린 원호형 화살표로 표시한다. 다만, 2방향 회전형 기기[2]에 관해서는, 어느 한 방향의 회전방향만을 표시한다.

또한, 양축형 기기[3]에 관해서는 한쪽 축에 대해서 표시하면 된다.

주 (2) 회전방향을 바꿈으로써 유동방향이 바뀌어지는 기기, 또는 유동방향을 바꿈으로써, 회전방향이 바뀌어지는 기기

(3) 기기의 양쪽으로 돌출되는 관통축을 갖는 기기

(1) **펌프의 회전방향** 펌프의 회전방향은, 입력축으로부터 송출관로를 향해서 그린 동심 원호형 화살표로 표시한다.

(2) **모터의 회전방향** 모터의 회전방향은 유압유의 유입관로로부터 출력축을 향해서 그린 동심 원호형 화살표로 표시한다.

(3) **펌프·모터[4]의 회전방향** 펌프·모터의 회전방향은 (1)에서 규정한 펌프의 경우에 준한다.

주 (4) 펌프와 모터의 양쪽 기능을 갖는 기기

2.2 축의 회전방향과 조작요소 위치와의 관계 축의 회전방향과 조작요소 위치와의 관계를 표시할 필요가 있는 경우에는, 위치의 표식을 회전방향 화살표의 선단근방에 기입한다.

2.3 축의 회전방향과 출력특성의 관계 축의 회전방향에 따라 출력특성이 달라지는 기기는 회전방향을 나타내는 양쪽의 화살표 선단 근방에 각각의 특성의 상위점을 표시한다 (부속서 표 A-11 참조)

2.4 조작요소의 위치 표시 조작요소의 위치는, 조작요소의 위치와 그 표지를 표시하는 지시선을 사용하여 다음에 따라 표시한다.

(1) **조작요소 위치의 표지** 조작요소의 위치는 기기의 배제 용적이 0인 위치와 최대인 위치를 나타내는 것으로써, 이들의 표지 (부속서 그림의 M, O, N)는 실제의 기기에 표시되어 있는 부호를 사용하는 것이 바람직하다.

(2) **조작요소 위치의 지시선** 조작요소의 위치를 표시하는 지시선은 기기의 가변조작 화살표 또는 그 인출선에 수직으로 표시한다.

또 지시선과 가변조작 화살표와의 접점은 운휴 휴지상태를 나타낸다.

부속서 그림

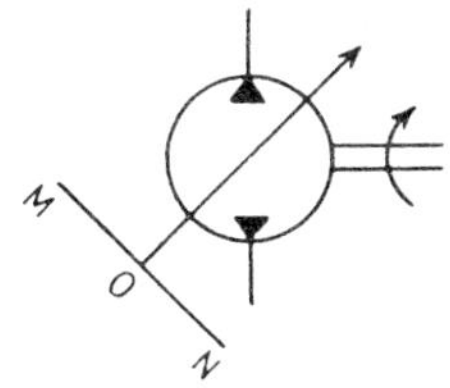

3. 기호 보기 기호 보기를 부속서 표에 표시한다.

부속서 표 기호 보기

번 호	명 칭	기 호	비 고
A - 1	정용량형 유압모터	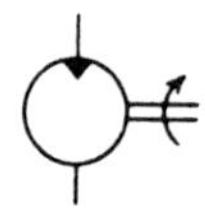	(1) 1방향 회전형 (2) 입구 포트가 고정되어 있으므로, 유동방향과의 관계를 나타내는 회전방향 화살표는 필요없음
A - 2	정용량형 유압펌프 또는 유압모터 (1) 가역회전형 펌프 (2) 가역회전형 모터	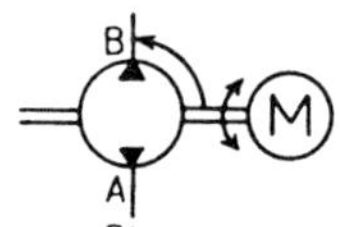 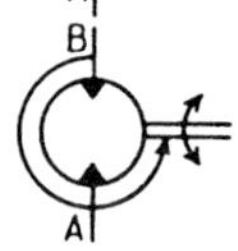	• 2방향 회전 • 양축형 • 입력축이 좌회전할 때 B포트가 송출구로 된다. • B포트가 유입구일 때 출력축은 좌회전이 된다.
A - 3	가변용량형 유압 펌프	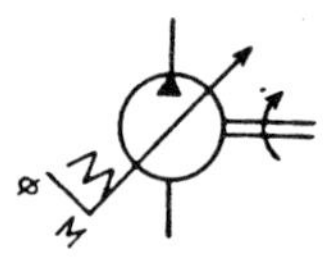	(1) 1방향 회전형 (2) 유동방향과의 관계를 나타내는 회전방향 화살표는 필요없음. (3) 조작요소의 위치표시는 기능을 명시하기 위한 것으로서, 생략하여도 좋다.
A - 4	가변용량형 유압 모터	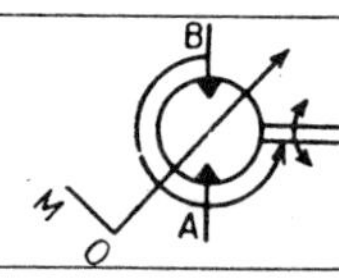	• 2방향 회전형 • B포트가 유입구일 때 출력축은 좌회전이 된다.
A - 5	가변용량형 유압 오버센터 펌프	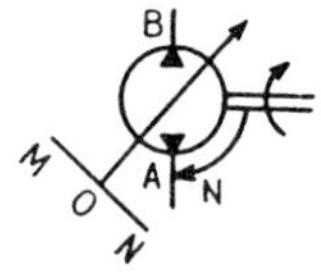	• 1방향 회전형 • 조작요소의 위치를 N의 방향으로 조작하였을 때, A포트가 송출구가 된다.
A - 6	가변용량형 유압펌프 또는 유압모터 (1) 가역회전형 펌프	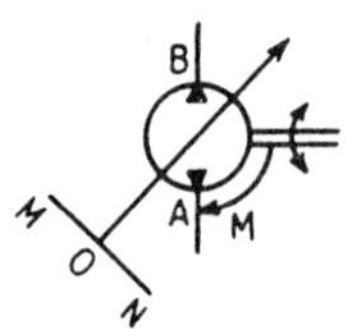	• 2방향 회전형 • 입력축이 우회전할 때, A포트가 송출구로 되고, 이때의 가변조작은, 조작요소의 위치 M의 방향으로 된다.

부속서 표 (계 속)

번 호	명 칭	기 호	비 고
	(2) 가역회전형 모터	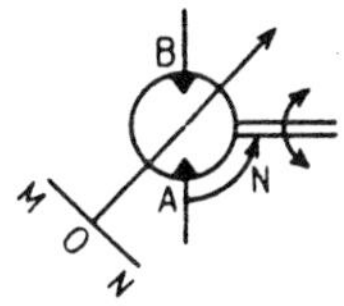	• A포트가 유입구일 때, 출력축은 좌회전이 되고, 이때의 가변조작은 조작요소의 위치 N의 방향으로 된다.
A - 7	정용량형 유압펌프 • 모터	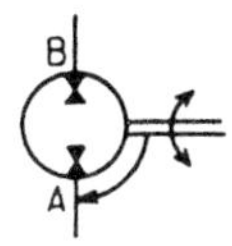	• 2방향 회전형 • 펌프로서의 기능을 하는 경우 입력축이 우회전할 때 A포트가 송출구로 된다.
A - 8	가변용량형 유압펌프 • 모터	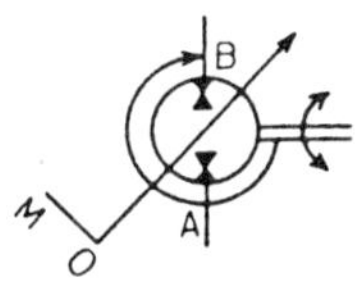	• 2방향 회전형 • 펌프 기능을 하고 있는 경우, 입력축이 우회전할 때 B포트가 송출구로 된다.
A - 9	가변용량형 유압펌프 • 모터	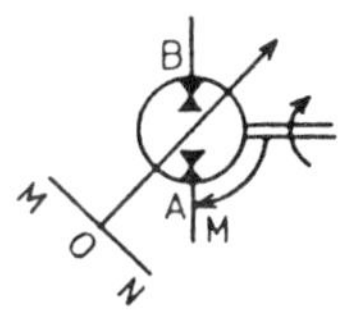	• 1방향 회전형 • 펌프 기능을 하고 있는 경우, 입력축이 우회전할 때 A포트가 송출구가 되고, 이때의 가변조작은 조작요소의 위치 M의 방향이 된다.
A - 10	가변용량형 가역회전형 펌프 • 모터	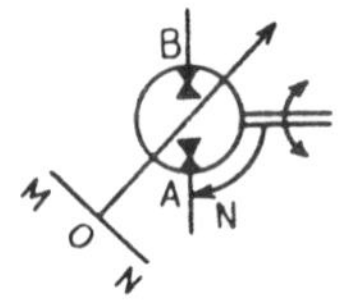	• 2방향 회전형 • 펌프 기능을 하고 있는 경우, 입력축이 우회전할 때 A포트가 송출구가 되고, 이때의 가변조작은 조작요소의 위치 N의 방향이 된다.
A - 11	정용량 • 가변용량 변환식 가역회전형 펌프	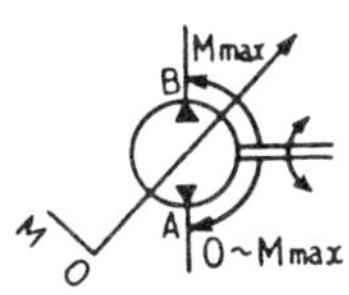	• 2방향 회전형 • 입력축이 우회전일 때는 A포트를 송출구로 하는 가변용량 펌프가 되고, 좌회전인 경우에는, 최대 배제용적의 적용량 펌프가 된다.

–본–

유공압과 센서기술

2006년 3월 1일 초판 인쇄

2006년 3월 5일 초판 발행

역 자 : 조병기 · 강형선

발행인 : 김 병 계

발행처 : 도서출판 보문당

서울시 마포구 신수동 448-6

전 화 704-7025, 704-0635

팩 스 704-2324

등 록 1990. 6. 15 제 1-1066호

ISBN 89-8413-112-1

· 가 격 13,000원